AF320859

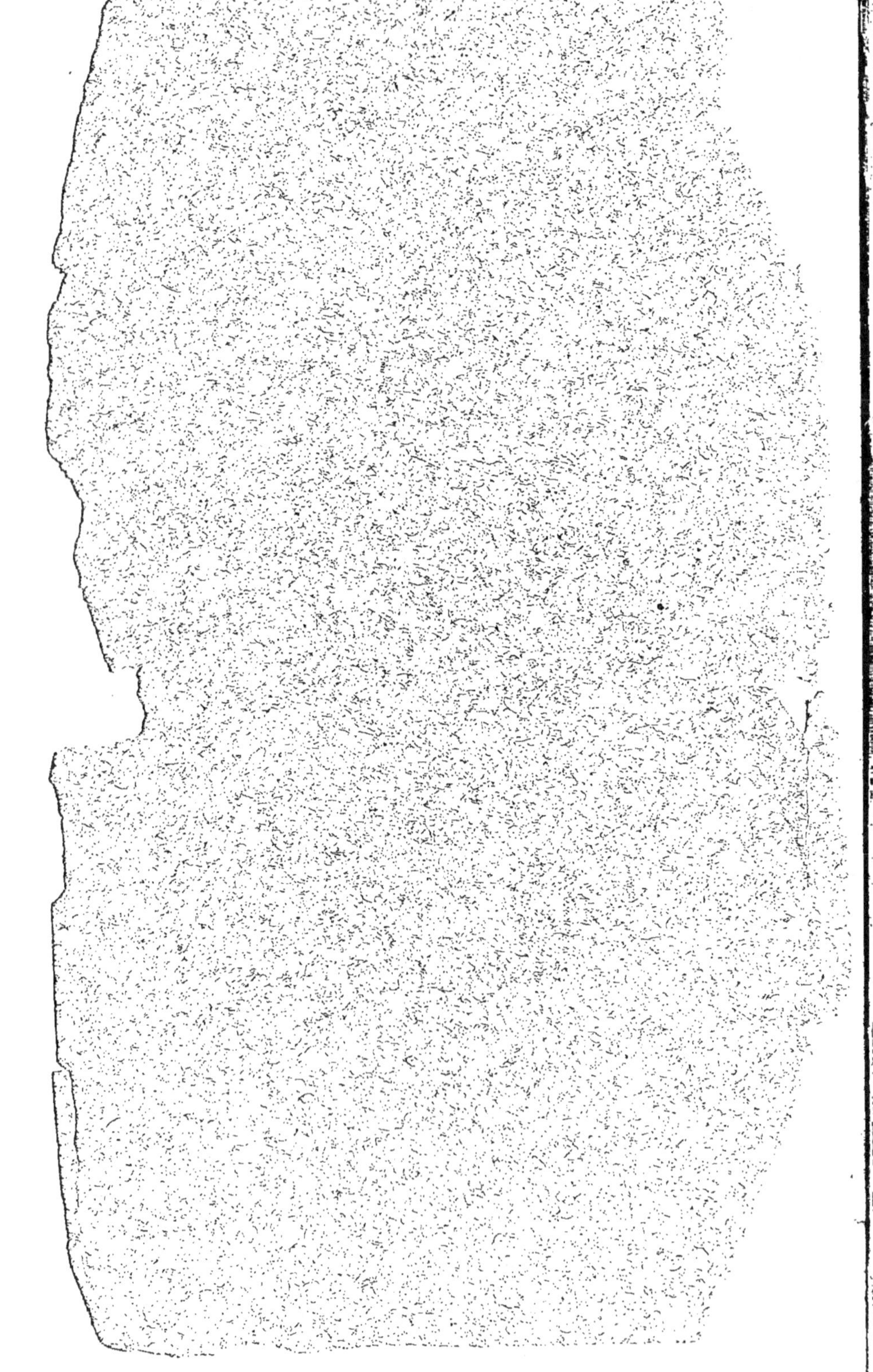

COURS COMPLET

D'INSTRUCTION ÉLÉMENTAIRE

ZOOLOGIE

COURS COMPLET

D'INSTRUCTION ÉLÉMENTAIRE

A L'USAGE DE LA JEUNESSE

DANS LES COLLÈGES ET DANS LES INSTITUTIONS DE JEUNES PERSONNES

PAR MM.

RIQUIER	**L'ABBÉ COMBES**
Ancien élève de l'Ecole normale supérieure, professeur agrégé d'histoire et prêtre.	Vicaire général de Mgr l'évêque de Poitiers.

Couronné par l'Académie française

ZOOLOGIE

Par J.-H. FABRE

DOCTEUR ÈS SCIENCES, LAURÉAT DE L'INSTITUT
CORRESPONDANT DU MINISTÈRE DE L'INSTRUCTION PUBLIQUE
CHEVALIER DE LA LÉGION D'HONNEUR

Troisième édition

PARIS

LIBRAIRIE CH. DELAGRAVE

15, RUE SOUFFLOT, 15

1884

174-84. — Corbeil. Typ. et stér. Crété.

AVERTISSEMENT.

Nos arrière-grands-pères seraient certes bien étonnés, s'ils voyaient toutes les transformations que notre terre a subies, depuis qu'ils l'ont quittée pour un autre monde : les voyages accomplis sans chevaux ur les routes, sans voiles sur les mers, avec la rapidité du vent ; nos messages franchissant comme l'éclair ies pays, les continents, l'Océan lui-même ; la main de l'homme partout remplacée, dans l'industrie, par ces puissantes machines que la vapeur met en mouvement nuit et jour ; nos villes et nos demeures splendidement illuminées, sans que l'œil aperçoive rien de ce qui produit et entretient la lumière ; des portraits d'une ressemblance frappante tracés à peu de frais en quelques secondes ; les montagnes percées, les isthmes creusés, et les relations des hommes et des peuples affranchies de tout obstacle et de toute barrière. L'homme se sent aujourd'hui plus que jamais le roi et le maître de la nature, et c'est à ces conquêtes sur la nature que notre époque doit un de ses caractères les plus originaux, une de ses gloires les plus incontestées. Descartes, Pascal, Leibnitz, Képler, Newton, Galilée, Harvey au XVIIe siècle, Euler, Linné, Lavoisier, Haüy, au XVIIIe, avaient eu l'incomparable grandeur de poser tous les principes de la science. Le nôtre, non content de fonder avec Cuvier une science nouvelle, la géologie, et de reconstituer avec lui le monde primitif et les races perdues, a fait sortir de ces principes des applications sans nombre ; il a montré, par d'éclatants exemples, tout ce que peuvent renfermer d'utile à la vie pratique les spéculations abstraites et les recherches, en apparence oiseuses, des savants. Nous avons cru qu'à une pareille époque, il était nécessaire à tout esprit cultivé de connaître, d'une manière nette et précise, les éléments de ces sciences dont il est question partout et sans cesse ; et nous y avons consacré cinq volumes de notre cours (arithmétique, physique, chimie, astronomie, histoire naturelle).

Dans cette force unique qui devient tour à tour mouvement, chaleur, électricité, lumière ; dans ces lois, si grandes et si simples, qui régissent l'univers entier, depuis les astres des cieux jusqu'aux plus infimes atômes de la matière ; dans ces incessantes combinaisons et transformations des corps ; dans cette organisation des êtres vivants, animaux ou plantes, non moins admirable par l'unité du plan que par l'infinie variété des espèces ; dans ces instincts si étonnants qu'il est difficile parfois de les distinguer de l'intelligence ; partout enfin dans la création, nos enfants reconnaîtront à chaque pas la main de Dieu et sa Providence. L'histoire leur montre son action souveraine sur la vie des peuples : « L'homme s'agite, mais Dieu le mène » a dit Fénelon. La science à son tour, et mieux encore, leur montrera la sagesse et la puissance divines dans l'harmonie et l'immensité de l'univers. Que les savants pénètrent par leurs calculs dans les profondeurs de cet espace peuplé de soleils et de mondes, ou qu'armés de la loupe ils étudient les organes de ces êtres infiniment petits qui échappent à nos regards, toujours leur pensée reste confondue, et la création leur paraît plus merveilleuse encore dans l'infini de la petitesse que dans l'infini de la grandeur : *Magnus in magnis*, a-t-on dit de Dieu, *Maximus in minimis*. Képler, après de longs travaux, trouve enfin le secret de l'équilibre et de la marche des corps célestes, et c'est par une sorte d'hymne qu'il nous apprend comment .a vérité s'est révélée par degrés à son génie : « Il y a huit mois, « dit-il, j'entrevoyais un rayon de la lumière ; il y a « trois mois, le jour s'est fait ; aujourd'hui, c'est comme « un soleil resplendissant que je vois cette loi divine. « Grand est le Seigneur ! grande est sa puissance ! « Cieux, chantez ses louanges ! Astres et soleil, glo-« rifiez-le dans votre langue ineffable ! » Le plus grand des naturalistes, Linné, pousse le même cri d'adoration en exposant le système du monde : « J'ai vu Dieu, j'ai vu son passage et ses traces, et je « suis demeuré saisi et muet d'admiration. Gloire, « honneur, louange infinie à Celui dont l'invisible bras « balance l'univers et en perpétue tous les êtres ! à « ce Dieu éternel, immense, infini, sachant tout, pou-« vant tout, gouvernant tout, que tu ne peux ni définir « ni comprendre, mais que le sens intime te révèle et « que l'univers et ses lois te prouvent ! Que tu l'ap-« pelles Destin, tu n'erres point : il est Celui de qui « tout dépend. Que tu l'appelles Nature, tu ne te « trompes point : il est Celui de qui tout est né. Que

« tu l'appelles Providence, tu dis vrai : c'est la sagesse
« de ce Dieu qui régit le monde. » Les hommes dont
le cœur s'élançait ainsi vers le Ciel en transports de
reconnaissance, ne pouvaient que se sentir bien
pauvres et bien petits, tout grands qu'ils étaient, en
présence de Dieu et de ses œuvres. Ils ne préten-
daient point, comme d'autres ont fait parfois, tout pénétrer et comprendre tout, et c'est avec une touchante
humilité que ces illustres génies parlent de leurs glo-
rieuses découvertes : « Je suis, disait Newton, comme
« un enfant qui s'amuse sur le rivage, et qui se réjouit
« de trouver de temps en temps un caillou plus uni ou
« une coquille plus jolie que d'ordinaire, tandis que le
« grand océan de la vérité reste voilé devant mes yeux. »

C'est dans cet esprit, avec le sentiment de la su-
prême perfection de l'œuvre de Dieu, et celui des
bornes étroites de l'intelligence humaine, reine du
monde et faible roseau tout ensemble, que seront
rédigés nos petits livres de science. M. Fabre, qui a
bien voulu se charger de ce modeste travail, a largement et depuis longtemps fait ses preuves de savant
du premier ordre et d'incomparable vulgarisateur.
Nous sommes heureux que, pour mettre avec nous
son vaste savoir à la portée des plus humbles, il ait
consenti à se détourner quelque peu d'une œuvre de
plus haute portée, où quinze années de patientes
recherches sur l'instinct des animaux lui fourniront
une nouvelle démonstration de la Providence divine.

A. RIQUIER.

COURS ÉLÉMENTAIRE

D'HISTOIRE NATURELLE

ZOOLOGIE

NOTIONS SUR L'ORGANISATION ET LA PHYSIOLOGIE DE
L'HOMME ET DES ANIMAUX.

CHAPITRE PREMIER

NOTIONS PRÉLIMINAIRES.

1. Définitions. — Les *sciences naturelles* ont pour objet l'étude des êtres qui peuplent aujourd'hui la surface de la terre ou qui l'ont peuplée à des époques antérieures à la nôtre ; elles s'occupent aussi des modifications que le globe terrestre a subies, depuis son origine, pour devenir ce qu'il est maintenant. Par leur côté pratique, elles touchent à l'agriculture, à la médecine, à l'industrie ; mais elles ont, avant tout, un avantage moral que ne partage au même degré aucune autre branche du savoir humain : en nous donnant la connaissance raisonnée de la création, elles élèvent l'âme et nourrissent l'esprit de hautes et salutaires pensées.

Les sciences naturelles se divisent en trois parties, savoir :

1° La *Zoologie*, ou histoire naturelle des animaux ;

2° La *Botanique*, ou histoire naturelle des végétaux ;

3° La *Géologie*, ou histoire naturelle du globe terrestre. Cette dernière partie traite des changements que la terre a éprouvés dans le cours des âges, ainsi que des animaux et des végétaux antérieurs aux espèces de nos jours.

2. Communauté d'éléments chimiques entre les corps vivants et les corps bruts. — Les animaux et les végétaux sont des êtres *vivants*; ils se sont formés et se maintiennent ce qu'ils sont sous l'influence de la *vie;* les *minéraux*, c'est-à-dire les diverses substances faisant partie de la masse de la terre, sont des corps *bruts;* ils se sont formés en dehors du concours de la vie, par le seul jeu des *forces chimiques.*

Or ce n'est pas la substance qui distingue les corps à la création desquels la vie a présidé de ceux qu'engendrent les simples forces chimiques. Dans l'animal et dans la plante ne se trouve aucun élément qui n'appartienne au domaine du minéral ; la matière vivante et la matière brute ont les mêmes métaux et les mêmes métalloïdes (1). Pour ses ouvrages, la vie emprunte ses matériaux au règne minéral et les lui rend tôt ou tard, car tout en provient chimiquement et tout y revient. Ce qui est aujourd'hui substance minérale, acide carbonique, vapeur d'eau, gaz ammoniac, peut devenir un jour, par le travail de la vie dans l'animal et dans la plante, substance vivante, chair, plume, écaille, feuille, fleur, fruit, semence ; comme aussi ce qui est constitué en un animal, en

(1) Voir, dans notre Cours élémentaire de Chimie, ce qu'il faut entendre par *élément, métal* et *métalloïde.*

une plante, sera certainement, dans un avenir peu éloigné, acide carbonique, vapeur d'eau, gaz ammoniac, que la vie reprendra pour de nouveaux ouvrages, toujours détruits et toujours renouvelés. Les éléments chimiques constituent le fond commun des choses, où tout puise, où tout rentre, sans qu'il y ait jamais ni perte ni gain d'un atome matériel ; ils sont la substance première sur laquelle travaillent indistinctement, suivant les lois qui leur sont propres, et les forces chimiques et la vie.

3. Différences entre les corps vivants et les corps bruts. Mode d'origine. — Les corps bruts résultent de la simple combinaison de leurs éléments ; ils naissent de l'union de quelques corps simples dont les propriétés n'ont rien de commun avec celles des corps produits. Pour constituer un cristal de couperose bleue, par exemple, la préexistence de cristaux pareils n'est en aucune façon nécessaire ; il suffit de combiner le cuivre, l'oxygène, l'acide sulfurique et l'eau qui doivent entrer dans sa composition.

Le minéral n'a pas de généalogie. Le marbre ne vient pas du marbre, le granit ne vient pas du granit ; ils viennent de leurs éléments chimiques assemblés par l'affinité. Ils ne procèdent pas d'êtres antérieurs et semblables : ils se forment de toutes pièces.

Les corps vivants, au contraire, ont besoin, pour exister, d'une impulsion étrangère qu'ils reçoivent d'autres corps vivants semblables à ce qu'ils seront eux-mêmes ; ils procèdent de parents qui leur donnent l'être et la vie. Toute plante et tout animal, depuis les plus grandes espèces jusqu'aux moindres, invisibles sans le secours du microscope, présupposent une plante et un animal de même espèce, d'où ils dérivent. Telle est la conséquence où nous amènent, non-seulement l'observation des faits élémentaires qui se passent journellement sous nos yeux, mais encore les études les plus délicates touchant aux dernières limites du visible.

4. Erreur des générations spontanées. — Jusqu'au xviie siècle, époque des premières observations sérieuses, la croyance à la production d'êtres vivants, par le concours seul de la matière, en d'autres termes, la croyance aux *générations spontanées*, a été générale. L'observation méthodique faisant défaut, on s'en rapportait aux apparences les plus grossières ; toute plante, tout animal dont l'origine échappait à un examen superficiel était regardé comme le produit spontané du milieu où il se trouve. On croyait ainsi que les grenouilles et certains poissons naissent de la vase, que les chenilles vertes du chou sont produites par les feuilles de cette plante, que les vers sont engendrés par la pourriture.

Personne encore n'avait élevé des doutes sur la croyance insensée de la production d'êtres vivants par la pourriture, quand un savant italien, Redi, mit à néant l'antique préjugé par une expérience aussi simple que concluante.

Il recouvrit d'une gaze des viandes en voie de putréfaction, des fromages sur le point de se corrompre, et autres matières auxquelles on attribuait la génération des vers. Attirées par l'odeur, des mouches ne tardèrent pas à venir voltiger autour des substances putrides et à déposer les œufs sur la gaze même, dans les points les plus rapprochés de la viande et du fromage, qu'elles ne pouvaient atteindre; mais, dans aucun cas, malgré la décomposition la plus avancée, des vers, premier état des mouches, ne se développèrent dans ces matières corrompues qui n'avaient pas reçu des œufs. Il fut dès lors évident, pour tous les bons esprits, que les vers ou larves d'insectes naissent des œufs pondus par des insectes semblables, et non de la pourriture.

Redi eut des successeurs dans la voie qu'il venait d'ouvrir avec tant de lucide simplicité. Les recherches de Valisnieri, de Swammerdam et de Réaumur, eurent bientôt mis hors de doute que le plus obscur vermisseau procède d'un être de son espèce et non de la fermentation des matières corrompues. On prit sur le fait le moucheron qui dépose dans les cerises l'œuf d'où provient le ver connu de tous; on reconnut que les fruits véreux doivent les habitants qui les rongent, non à la corruption, mais à des germes déposés là par des insectes divers; on s'assura que les grenouilles ne sont pas engendrées par la boue des marais, mais qu'elles naissent d'œufs pondus par d'autres grenouilles; on releva mille autres erreurs de ce genre; enfin, de nos jours, par des expériences d'une exquise précision, dues principalement à M. Pasteur, il a été démontré que le moindre animalcule et la moindre moisissure proviennent d'êtres semblables, et non d'un groupement spontané de la matière. Toujours la vie est l'œuvre de la vie.

5. Mode d'existence. — Une fois formé par la combinaison chimique de ses éléments, le corps brut n'éprouve plus de modifications dans sa masse; tel il s'est formé, tel il reste indéfiniment. Ses particules matérielles sont en repos pour toujours, s'il n'intervient quelque force accidentelle, étrangère à l'existence du corps; il n'y a désormais ni gain, ni perte ni rénovation de substance; ou bien, si le corps s'accroît, comme le fait un cristal continuant à grossir au sein de sa dissolution, c'est au moyen de nouvelles couches qui viennent se juxtaposer à l'extérieur des couches précédentes, mais sans pénétrer dans la masse centrale. Le caractère du mode d'existence des corps bruts est donc la permanence indéfinie de l'état primitif, si rien d'étranger ne vient troubler cette stabilité. Enfin, quand il y a accroissement, c'est par *juxtaposition* de nouvelles particules.

Les corps vivants, au contraire, sont le siége d'un continuel mouvement de composition et de décomposition, indispensable à l'exercice de la vie. Pour eux, la substance d'aujourd'hui n'est pas intégralement la substance d'hier; et celle de demain ne sera plus celle d'aujourd'hui. Une incessante rénovation s'effectue en tous les points de la masse vivante; les particules vieillies sont rendues au monde extérieur sous une forme ou sous une autre, des particules nouvelles les remplacent, en égal nombre, plus nombreuses ou moins nombreuses. S'il y a parité entre la perte et le gain continuels de substance, le corps se maintient identique dans ses formes, mais renouvelé dans ses matériaux; si le gain dépasse la perte, le corps s'accroît, non par addition de couches extérieures; mais par *intussusception*, c'est-à-dire que les nouveaux matériaux pénètrent partout dans la masse et s'ajoutent à ceux qu'il y a déjà; enfin, si la perte excède le gain, le corps diminue de volume, il dépérit. Par le fait même de l'exercice de la vie, tout corps vivant use sans discontinuer une partie de sa propre substance et en rend les éléments au monde extérieur ; sans discontinuer aussi, il remplace les matériaux usés par d'autres matériaux venus de l'extérieur. Ce renouvellement moléculaire continuel se nomme *nutrition*.

6. **Structure. Corps organisés ; corps inorganiques.** — Lorsqu'on examine, avec un instrument grossissant, une parcelle quelconque d'une plante, on la voit composée d'une foule de cavités, dont les minces parois tantôt affectent la forme plus ou moins globulaire, tantôt s'allongent en fuseaux ou bien en canaux déliés, cylindriques. Ces cavités sont des *cellules*, des *fibres*, des *vaisseaux*. Leur contenu est le plus fréquemment de nature liquide.

Une structure intime analogue se retrouve en toute partie prise dans l'animal, chair musculaire, substance nerveuse, matière des os.

L'être vivant, quel qu'il soit, est donc un ensemble d'appareils primordiaux, dont le type est la cavité circonscrite par de minces parois, appareils éminemment aptes à l'imbibition par les liquides et nommés *organes élémentaires*.

Le minéral, dans son arrangement intime, ne présente jamais rien de pareil ; il est d'une parfaite uniformité dans sa masse compacte.

Ces différences de structure sont la condition indispensable du mode d'existence. L'être vivant est dans un état continuel de destruction et de rénovation ; sa substance vieillie disparaît peu à peu, rendue au monde extérieur ; d'autre la remplace, fournie par l'alimentation. Son corps est un édifice en réparation permanente : des déblais hors d'usage sont sans cesse rejetés ; des matériaux nouveaux viennent occuper leur place, pour être rejetés à leur tour. Comme ce renouvellement s'effectue dans la masse entière du corps, jusque dans les moindres parties, les matériaux déplacés, les uns s'en allant, les autres arrivant, doivent être dans un état d'extrême division, afin de s'insinuer partout. Ils doivent donc être dissous dans un liquide, dans l'eau notamment, et par suite tout corps vivant doit posséder une structure spongieuse apte à l'imbibition par les liquides. Mais les corps bruts, dont la masse est totalement étrangère à ces mouvements internes, à ces flux incessants de liquides, peuvent être et sont le plus souvent d'une texture uniforme et compacte.

La structure spongieuse, propre à l'imbibition, consistant en petites cavités à minces parois, en canaux déliés, prend le nom d'*organisation*. Les êtres qui la possèdent se nomment *corps organisés*; ce sont les animaux et les végétaux. Les corps bruts ne la possèdent pas et portent par opposition le nom de *corps inorganiques*.

7. **Forme.** — Dissoute dans un liquide convenable ou liquéfiée par la chaleur, la substance de tout corps brut possède une mobilité qui lui permet de grouper ses molécules d'après des lois qui lui sont propres, et, par la solidification lente, elle *cristallise*, c'est-à-dire qu'elle prend une forme régulière. Très-variable d'un corps brut à l'autre, cette forme est toujours néanmoins d'une frappante simplicité et se borne à une combinaison de lignes droites, de facettes planes, d'angles d'une rude netteté. La forme du minéral appartient donc à la géométrie la plus élémentaire.

Chaque espèce vivante se distingue des autres espèces par une forme qui la caractérise, chacune de ses parties a des détails de structure qui lui sont propres. Une géométrie particulière préside à la forme d'une feuille et de la plante qui la porte, à la forme d'un simple brin de poil et de l'animal qui l'a dans sa toison. La vie, pour différencier ses produits, a recours à des formes différentes de l'un à

Fig. 1. — Cristaux d'un minéral : le quartz.

l'autre, mais permanentes dans chacun. Or, chez les êtres organisés bien rarement apparaissent la ligne droite, la facette plane et l'angle saillant des corps bruts cristallisés ; une géométrie supérieure les remplace par des contours émoussés, arrondis, par des lignes et des surfaces gracieusement courbes.

8. **Composition chimique.** — La chimie ramène toute matière terrestre, soit d'origine organique, soit d'origine minérale, à une soixantaine de substances primordiales nommées *corps simples* ou *éléments*. Tout corps, minéral, plante, animal, n'importe son origine,

1.

sa fonction, ses apparences, se résout toujours en un certain nombre de ces éléments.

Les corps bruts sont d'une composition chimique en général très-simple. Tantôt ils ne comprennent qu'un seul élément, tels sont un morceau de fer, un cristal de soufre; tantôt ils résultent de l'association de deux éléments, de trois, plus rarement de quatre et au delà. Dans ces associations chimiques, les divers corps simples peuvent entrer indifféremment, mais toujours dans des proportions d'une remarquable simplicité.

Des diverses parties des corps organisés, feuilles des végétaux, grains des céréales, os, chair musculaire, sang, graisse, lait, etc., on retire de nombreuses substances qui, une fois isolées, n'ont plus rien de la structure que la vie avait donnée à leur ensemble. Ces substances ont fréquemment la configuration cristalline des minéraux, dont il serait parfois difficile de les distinguer. De la pulpe du citron, corps organisé, on retire un corps solide cristallisable, c'est l'acide citrique, *substance organique*; de la pulpe de la betterave, corps organisé, provient le sucre cristallisé, corps organique. Pareillement, le sang donne l'albumine et la fibrine; les os donnent la gélatine, les grains des céréales donnent l'amidon, le lait donne les corps gras constituant le beurre. Albumine, fibrine, amidon, corps gras, gélatine, sucre, acide citrique, sont des substances organiques. *Les substances organiques sont les matériaux des corps organisés.*

Quatre corps simples, au plus, les composent en général; ce sont : le carbone, l'hydrogène, l'oxygène et l'azote.

Le carbone se trouve dans tous les composés de la

nature vivante, il est par excellence l'élément organique. Aussi toute substance d'origine organique se *carbonise* par l'action de la chaleur, c'est-à-dire dégage ses autres éléments à l'état de composés volatils, et laisse du charbon pour résidu.

Au carbone s'associe l'hydrogène pour former des composés solides ou liquides, parmi lesquels nous citerons la gomme élastique ou caoutchouc et les essences de thérébenthine et de citron.

Si l'oxygène prend part à l'association hydrogénée et carbonée, il en résulte la grande majorité des composés organiques, tels que le sucre, l'amidon, la substance du bois, les acides végétaux, les matières grasses.

Enfin l'azote complète la série des éléments qui jouent le plus grand rôle dans les produits chimiques de la vie. On le trouve dans la fibrine, principe de la chair musculaire; dans la caséine, principe du lait; dans l'albumine, matière du blanc d'œuf et principe de la partie fluide du sang; dans l'acide urique, résidu provenant des matériaux vieillis de l'organisation et rejeté avec l'urine.

Le carbone, l'hydrogène, l'oxygène et l'azote, portent à juste titre la dénomination d'*éléments organiques*, car on les trouve dans toute substance d'origine animale ou d'origine végétale, associés deux à deux, trois à trois ou tous les quatre ensemble. Les autres éléments peuvent intervenir aussi dans les composés organiques, mais d'une manière bien moins générale et pour ainsi dire accessoire. Ainsi le soufre, le phosphore, le potassium, le sodium, le fer, le calcium et autres, font partie en faibles proportions de certains composés.

Quatre corps simples constituent, à peu de chose

prés, la matière première d'où résulte l'ensemble des composés organiques, édifice chimique des êtres vivants. Une telle simplicité de matériaux pourrait faire croire à un nombre très-borné de produits, et cependant la chimie des corps vivants est d'une richesse inépuisable, peut-être sans limites assignables. Cette profusion de composés est la conséquence des proportions très-complexes suivant lesquelles les quatre corps simples entrent dans les combinaisons organiques.

Le caractère dominant des combinaisons minérales est la simplicité des proportions : pour un atome d'un corps simple, il entre dans l'association chimique un atome d'un autre corps, quelquefois deux ou trois, rarement quatre ou cinq. Dans les composés d'origine organique, les proportions sont beaucoup plus complexes. Ainsi, par exemple, l'oxygène entre dans le sucre cristallisable pour la proportion de 11 atomes, et l'hydrogène entre dans l'un des principes du suif pour la proportion 112.

Si l'on considère qu'il suffit d'augmenter ou de diminuer, même dans d'étroites limites, la proportion d'un élément, de substituer en totalité ou en partie un corps simple à un autre, de faire intervenir ou deux, ou trois, ou quatre éléments dans la combinaison, chacun suivant une proportion très-variable, pour obtenir chaque fois un composé doué de propriétés physiques et chimiques spéciales, l'esprit n'entrevoit plus de bornes aux associations diverses qui peuvent résulter du carbone, de l'hydrogène, de l'oxygène et de l'azote.

A cause de sa simplicité, le composé minéral est un édifice stable, qui se prête difficilement à des transformations ou n'en subit que de peu nombreuses. Par sa structure complexe, le composé organique est, au contraire, un édifice plus ou moins altérable et doué d'une mobilité d'éléments qui se prête à de nombreuses transformations.

9. **Mode de terminaison.** — Les corps bruts, dont la masse entière est en parfait repos, n'ont en eux aucune cause de destruction ; ils persistent donc indéfiniment si rien d'étranger ne vient mettre fin à leur existence. Un corps vivant, au contraire, est assimilable à un mécanisme d'une extrême complication, dont toutes les parties, jusqu'aux moindres rouages, sont dans une continuelle activité. Par cela même qu'il fonctionne, le mécanisme s'use, dépérit et tôt ou tard ne peut plus servir ; par cela même qu'ils vivent, la plante et l'animal usent pareillement leurs organes, et, après avoir fonctionné un certain temps, variable d'une espèce à l'autre, dépérissent au point de perdre leur activité, ce qui détermine le repos final, la mort, conséquence nécessaire de la vie.

Mais, après la mort, la vie reparaît sous de nouvelles formes. La matière qui a cessé de vivre tantôt reprend vie en servant à l'alimentation des animaux ; tantôt elle retourne au monde minéral par l'action de l'oxygène de l'air, qui transforme le carbone en acide carbonique, l'hydrogène en eau et laisse l'azote se dégager à l'état d'ammoniaque. De ces résidus de tout corps organisé, gaz carbonique, eau, ammoniaque, la végétation fait emploi pour de nouvelles œuvres, de sorte que les êtres vivants tournent dans le même cercle de leurs éléments chimiques. Les générations d'aujourd'hui mettent en œuvre les dépouilles des générations d'hier ; la destruction fournit à la rénovation ses matières premières ; d'une perpétuelle mort découle une perpétuelle vie.

10. Différence entre les animaux et les végétaux. — Comme nous venons de le reconnaître, les êtres vivants diffèrent des corps bruts sous tous les points de vue. Ils en diffèrent par le mode d'origine, le mode d'existence et de destruction, par la forme, la structure et la composition chimique. Mais les êtres vivants comprennent les animaux et les végétaux. Quels traits de démarcation y a-t-il entre les deux séries, le *règne animal* et le *règne végétal?*

La limite entre les deux règnes est bien difficile à établir si l'on compare entre eux les êtres de la plus simple structure ; il est parfois même impossible au naturaliste de décider s'il a sous les yeux une plante ou un animal. Mais, dans l'immense majorité des cas, la démarcation est des plus nettes.

Le végétal se nourrit et perpétue sa race en produisant des germes ; l'animal se nourrit aussi et perpétue sa race. Ces deux fonctions primordiales, qui assurent l'une la conservation temporaire de l'individu et l'autre la conservation indéfinie de l'espèce, prennent le nom de fonctions de la *vie végétative*, parce qu'elles sont communes aux animaux et aux végétaux. Mais la vie se manifeste en outre chez les animaux par une fonction d'un ordre supérieur, dite fonction de la *vie animale*, parce qu'elle appartient exclusivement aux animaux. Ces derniers seuls ont la faculté d'exécuter des *mouvements volontaires*, tendant à un but déterminé ; seuls aussi ils ont la faculté de *sentir*, c'est-à-dire de recevoir des impressions du monde extérieur et d'en avoir conscience. Sous ce rapport, les animaux sont des êtres *animés*, tandis que les végétaux sont des êtres *inanimés*.

On peut résumer ainsi les différences fondamentales entre les trois règnes : le *règne minéral*, le *règne végétal* et le *règne animal*.

Les *minéraux* sont inorganisés.

Les *végétaux* sont organisés. Ils vivent.

Les *animaux* sont organisés. Ils vivent, sentent et se meuvent volontairement.

Vivre est pris ici dans son acception la plus élémentaire et signifie se nourrir, car la vie, considérée collectivement dans les animaux et dans les plantes et réduite à son expression la plus simple, consiste dans la conservation de l'individu par la nutrition.

QUESTIONNAIRE.

1. Quel est l'objet des sciences naturelles ? — Comment les divise-t-on ? — Qu'est-ce que la zoologie ? — Qu'est-ce que la botanique ? — Qu'est-ce que la géologie ? — 2. Les corps vivants sont-ils composés des mêmes éléments chimiques que les corps bruts ? — 3. Comment se forment les corps bruts ? — Quelle est l'origine des corps vivants ? — 4. Que faut-il entendre par génération spontanée ? — Donnez quelques exemples des croyances à cet égard ? — En quoi consistent les expériences de Redi ? — Quels sont les principaux observateurs qui ont continué les travaux de Redi ? — Y a-t-il réellement génération spontanée même pour les êtres les plus élémentaires ? — D'où provient toujours la vie ? — 5. Quel est le mode d'existence des corps bruts ? — Comment s'accroissent-ils ? — En quoi consiste le trait fondamental de l'existence des êtres vivants ? — Comment les êtres vivants s'accroissent-ils ? — Qu'est-ce que la nutrition en général ? — Les corps bruts se nourrissent-ils ? — 6. Quelle est la structure interne des corps bruts ? — Quelle est la structure interne des corps vivants ? — Pourquoi cette structure est-elle nécessaire aux corps vivants ? — Qu'appelle-t-on organisation ? — Quels sont les êtres organisés, et les êtres inorganiques ? — 7. Que faut-il pour qu'un corps brut cristallise ? — Quels sont les caractères géométriques d'un cristal ? — Les corps vivants ont-ils ces formes géométriques élémentaires ? — 8. Qu'y a-t-il à remarquer dans la composition chimique des corps bruts ?

— Qu'appelle-t-on substances organiques ? — De quels éléments se composent en général les substances organiques? — Citez des exemples de substances organiques composées de carbone et d'hydrogène ; de carbone, d'hydrogène et d'oxygène ; de carbone, d'hydrogène, d'oxygène et d'azote. — Qu'appelle-t-on éléments organiques ? — Quel est celui des quatre qui se trouve dans toutes les substances organiques ? — Comment ces quatre corps simples peuvent-ils donner un nombre indéfini de composés ? — Quels sont les plus stables, des composés minéraux ou des composés organiques ? — D'où provient le peu de stabilité de ces derniers ? — 9. Pourquoi l'existence d'un corps brut est-elle illimitée en durée ? — Pourquoi l'existence d'un corps vivant est-elle limitée ? — Que devient après la mort la matière d'un corps organisé ? — 10. Résumez les différences entre les corps bruts et les corps vivants. — En quoi les animaux diffèrent-ils des végétaux ? — La démarcation est-elle bien nette entre les derniers animaux et les derniers végétaux ? — Qu'appelle-t-on fonctions de la vie végétative, et fonctions de la vie animale ? — Qu'est-ce que sentir ? — Résumez les caractères différentiels des trois règnes.

CHAPITRE II

ALIMENTS.

1. Nutrition en général. — Un état permanent de destruction et de rénovation de leur propre substance, est le caractère fondamental commun à tous les êtres organisés. D'une manière insensible mais continue, les vieux matériaux, mis hors d'usage et transformés par l'exercice de la vie, sont éliminés de l'organisation où leur présence serait désormais nuisible, et rendus au monde extérieur sous des formes chimiques très-simples, vapeur d'eau, gaz carbonique, acide urique, urée. Fournis par les aliments, des matériaux nouveaux les remplacent, et se distribuent dans les diverses parties du corps, qui se les *assimilent*, c'est-à-dire les organisent, les façonnent et les rendent semblables à leur substance même. Ces matériaux séjournent quelque temps dans l'organisation, concourent à l'activité de l'ensemble, s'usent, se transforment et sont rejetés à leur tour pour faire place à d'autres.

L'entretien de la vie est ainsi un échange continuel de substance entre le corps de l'animal et le monde extérieur. A ce point de vue, trois périodes sont à distinguer dans le cours de l'existence. D'abord la somme des acquisitions en substance est supérieure à celle des pertes, et le corps s'accroît. Dans l'âge de maturité, la balance est à peu près exacte entre les matériaux assimilés et les matériaux éliminés, et la masse du corps reste stationnaire. Enfin arrive tôt ou tard une période où l'organisation, altérée dans son mécanisme, perd plus qu'elle ne gagne; c'est l'âge du dépérissement, de là décrépitude.

L'état continuel de recomposition et de décomposition de l'être organisé se nomme *nutrition*.

2. Fonctions de nutrition. — Pour accroître la substance du corps, la renouveler à mesure qu'elle s'use et maintenir ainsi l'activité de l'organisation, il faut un ensemble d'actes qui portent en commun le nom de *fonctions de nutrition*.

Les aliments, c'est-à-dire les matériaux qui doivent accroître et renouveler la substance du corps, sont en général sous forme solide. Afin de pouvoir se distribuer dans les diverses parties du corps, ils ont donc à subir nécessairement un travail préparatoire qui les divise, les fluidifie et les rend ainsi aptes à pénérer partout. Ce travail est effectué par la *digestion*.

Les matériaux ainsi préparés sont déversés dans le sang, *liquide nourricier* où tous les organes, jusqu'à la moindre particule du corps, puisent les substances nécessaires à leur accroissement, à leur entretien, et rejettent aussi les produits à éliminer. Le sang doit circuler partout, il doit pénétrer en tous les points de l'organisation afin d'y apporter les principes nutritifs qu'il charrie ; il doit en revenir afin de ramener des différents organes les matériaux mis hors d'usage et les conduire aux voies qui doivent les rejeter au dehors. Ce va-et-vient continuel du liquide nourricier se nomme *circulation*.

Le sang ne charrie pas simplement des matériaux aptes à l'entretien des organes qu'il baigne, il transporte aussi de l'oxygène, puisé dans l'air atmosphérique, pour faire du corps entier de l'animal un vrai foyer de combustion, aux dépens des organes eux-mêmes servant de combustible. De cette combustion résultent la chaleur et l'activité vitales; de même que de la combustion de la houille dans le foyer d'une machine résulte l'activité du mécanisme. Le sang doit donc se mettre en rapport avec l'air atmosphérique pour y renouveler sa provision d'oxygène et y rejeter les produits gazeux de la combustion. Ces actes sont le domaine de la *respiration*.

La combustion vitale transforme en urée et en acide urique les matériaux azotés de l'organisation. Le sang chargé de ces résidus s'en débarrasse par la *sécrétion urinaire*.

Ces fonctions primordiales, *digestion, circulation, respiration* et *sécrétion urinaire*, par lesquelles s'accroît, s'entretient et se renouvelle le corps de l'être animé, vont faire le sujet des premiers chapitres de ce cours. Nous les étudierons plus particulièrement chez l'homme, mais il ne sera pas sans intérêt d'examiner aussi de quelle manière elles s'exercent chez les diverses espèces d'animaux.

3. **Aliments respiratoires.** — On nomme *aliments* toutes les substances qui, par le travail digestif, deviennent aptes à l'accroissement et à l'entretien du corps. Les aliments de l'animal sont toujours de nature organique ; seuls les végétaux ont la faculté de se nourrir avec des substances minérales, qu'ils élaborent en matériaux organiques, dont l'animal doit se nourrir, soit directement s'il est *herbivore* ou mangeur de végétaux, soit indirectement s'il est *carnivore* ou mangeur de chair, puisque cette chair provient, en dernière analyse, d'un herbivore et par conséquent des végétaux.

D'après le rôle qu'ils remplissent dans l'organisation animale, les aliments se divisent en deux catégories : les *aliments respiratoires* et les *aliments plastiques*.

Les aliments respiratoires ne font qu'un séjour momentané dans l'organisation ; ils constituent par excellence le combustible du foyer vital, en activité partout où le sang amène de l'oxygène. La combustion respiratoire les brûle pour entretenir la chaleur animale, et les convertit en eau et en acide carbonique. Ils sont en quelque sorte pour le corps ce que la houille est pour un calorifère. Leur besoin se fait d'autant plus sentir, que l'animal doit réagir davantage par sa chaleur propre contre la froide température de l'extérieur. Aucun d'eux ne renferme de l'azote dans sa composition chimique, mais simplement du carbone en abondance, de l'hydrogène et de l'oxygène. A la catégorie des aliments respiratoires appartiennent la fécule, le sucre, l'alcool, l'huile, les divers corps gras et enfin toutes les matières végétales ou animales qui sont des mélanges naturels de ces principes.

5. Aliments plastiques. — Les aliments plastiques sont les matériaux avec lesquels s'accroît et se renouvelle la masse du corps. Le travail de la vie les organise et les transforme en substance pareille à celle des divers organes où ils se fixent. Ils deviennent chair, tissu, vaisseaux, membranes, matière nerveuse, et doués alors de la vie commune, prennent part à l'activité générale. Une fois transformés, ils séjournent plus ou moins longtemps dans l'organisation dont ils font partie constitutive, jusqu'à ce que la combustion respiratoire les atteigne et les élimine du corps, principalement sous forme d'urée et d'acide urique. Les aliments, quels qu'ils soient, ont donc même destination finale : les uns, aliments respiratoires, n'entrent pas dans la composition des tissus du corps, mais sont immédiatement employés comme combustible pour entretenir le calorifère vital; les autres, aliments plastiques, s'organisent d'abord en tissus, puis sont livrés, quand l'usage les a vieillis, à l'action comburante de l'oxygène amené par le sang.

Les aliments plastiques sont tous *azotés*, c'est-à-dire qu'ils contiennent dans leur composition chimique les quatre éléments organiques, carbone, hydrogène, oxygène et azote. Ce sont la *fibrine*, l'*albumine*, et la *caséine*. L'oxygène dissous dans le sang les convertit, par le travail respiratoire, en urée, substance composée des mêmes quatre éléments, et bientôt transformée, par la putréfaction au contact de l'air, en eau, acide carbonique et ammoniaque. Finalement, la substance de l'animal, qu'elle provienne d'aliments respiratoires ou d'aliments plastiques, se résout en trois composés minéraux, eau, acide carbonique, ammoniaque, dont la végétation fait emploi pour reconstituer de nouveaux aliments plastiques et de nouveaux aliments respiratoires, utilisés par l'animal d'une manière directe ou indirecte.

5. **Albumine, fibrine.** — Le blanc de l'œuf est de l'albumine. On retrouve le même principe dans le sang, dans les divers liquides de l'organisation, et enfin dans le suc de toutes les plantes, qui élaborent l'albumine avec de l'eau, du gaz carbonique et de l'ammoniaque. — La substance de la chair musculaire est la fibrine. Sa composition chimique est la même que celle de l'albumine. La fibrine se retrouve dans l'organisation végétale, chimiquement identique à celle de l'organisation animale. Nous citerons en particulier la fibrine des céréales, habituellement nommée *gluten*.

6. **Gluten.** — La farine des céréales est un mélange naturel où prédominent deux principes, l'un azoté, le gluten ou fibrine végétale, l'autre non azoté, l'amidon ou fécule. Si l'on réduit de la farine en pâte que l'on pétrit et malaxe sous un mince filet d'eau, les granules d'amidon sont peu à peu entraînés par le lavage, et il reste entre les doigts une matière molle, tenace, élastique, qui est le gluten. Frais et humide, le gluten est d'une odeur particulière et assez forte, d'une couleur grisâtre; il éprouve rapidement la décomposition putride et se réduit en une sorte de bouillie qui répand l'odeur du vieux fromage. Desséché, il est dur, sonore, cassant, translucide et d'un jaune foncé.

7. **Caséine.** — Abandonné à lui-même dans un endroit frais, au contact de l'air, le lait laisse bientôt surnager une couche jaunâtre, onctueuse, formée de corps gras. On lui donne le nom de *crème*. La par-

tie liquide constitue le *lait écrémé*. Celui-ci, additionné de quelques gouttes d'un acide quelconque, *tourne*, comme on dit vulgairement, c'est-à-dire produit des grumeaux coagulés, des caillots d'une matière blanche servant à la fabrication du fromage et nommée pour ce motif *caséine*. Le liquide restant s'appelle *petit-lait*, et renferme en dissolution un principe sucré nommé *lactose* ou *sucre de lait*.

On retrouve la caséine chimiquement identique à celle du lait, dans l'organisation végétale. Le gluten des céréales, par exemple, obtenu comme nous venons de le dire, est un mélange de fibrine et de caséine. Soumis à l'action de l'alcool bouillant, il lui abandonne la caséine, qui se dépose en flocons blancs par le refroidissement. Les pois, les haricots, les lentilles, les amandes et diverses semences en fournissent aussi. Les Chinois, à ce qu'on dit, préparent du fromage avec de la farine de pois.

8. Relations alimentaires entre les animaux et les végétaux. — Les trois corps azotés, albumine, fibrine et caséine, sont isomères, c'est-à-dire sont composés des mêmes éléments exactement dans les mêmes proportions, de manière que leurs propriétés particulières sont déterminées simplement par une différence d'arrangement moléculaire et non par une différence de composition chimique.

Or les deux substances primordiales de l'organisation des animaux sont l'albumine et la fibrine, qui entrent dans la composition de la chair musculaire et du sang. Ces deux substances sont isomères avec la caséine, que le travail vital transforme en albumine et en fibrine par une simple retouche dans la structure moléculaire, sans faire intervenir d'autres éléments, sans modifier les proportions primitives.

On comprend ainsi comment l'animal à la mamelle trouve dans la caséine du lait la substance de sa chair, comment l'oiseau dans son œuf organise ses muscles avec sa provision d'albumine. L'un des trois corps étant donnés, les autres en dérivent par le travail chimique de la vie sans qu'il y ait création de toutes pièces. La chair musculaire dont se nourrit l'animal carnivore devient caséine pour le lait, albumine pour l'œuf; à leur tour la caséine et l'albumine deviennent chair musculaire pour le nourrisson à la mamelle et pour l'oiseau dans sa coquille.

Mais les animaux de proie vivent aux dépens des espèces herbivores, qui elles-mêmes trouvent toutes formées dans la plante les substances primordiales de leur organisation. Ce sont donc, en dernière analyse, les végétaux qui associent chimiquement l'oxygène, l'hydrogène, le carbone et l'azote pour produire l'albumine, la fibrine et la caséine. Directement s'il est herbivore, indirectement s'il est carnivore, l'animal trouve dans la plante les principes chimiques de sa chair musculaire, de ses os, de ses nerfs, de son sang; il ne les crée pas de toutes pièces, il les emprunte au règne végétal, qui seul a la faculté chimique de faire de l'albumine, de la fibrine et de la caséine avec de l'eau, du gaz carbonique et de l'ammoniaque.

Réciproquement, par l'exercice de la vie, l'animal transforme les principes organisés de son corps en vapeur d'eau, gaz carbonique et ammoniaque, avec lesquels la plante constamment reconstruit l'édifice primitif. La plante crée et nourrit l'animal; l'animal détruit et rend à la plante des ruines, matériaux pour de nouvelles créations.

9. Aliments complets. — Le double rôle des ali·

ments, combustion respiratoire, entretien et rénov-
tion des organes, doit constamment marcher de pa
Pour ce double rôle, les aliments azotés ou plaques paraissent tout d'abord suffisants puisqu'
sont employés au renouvellement des organes et p
tard à la combustion vitale ; mais ils sont bien moi
aptes à cette combustion que ne le sont les alimer
respiratoires, aussi l'association des deux catégori
d'aliments est-elle indispensable. On nomme *alimen*
complets ceux qui satisfont à cette association ; tel
sont ceux dont l'animal est exclusivement nourri en
son bas âge : le lait et l'œuf.

Le lait est aliment respiratoire par les matières
grasses constituant d'abord la crème, puis le beurre ;
et par le lactose, espèce de sucre qui donne au lait
sa saveur douce. Il est aliment plastique par sa caséine. Avec les deux premiers principes, le nourrisson à la mamelle entretient le foyer vital, source de
la chaleur naturelle du corps ; avec le troisième, il
façonne et accroît ses organes.

L'œuf est aliment respiratoire par les matières
grasses faisant partie du jaune ; il est aliment plastique par son albumine.

Cette précieuse chose qu'on appelle le pain est aussi
un aliment complet. Il est respiratoire par sa fécule
que la fermentation de la pâte levée convertit en sucre ; il est plastique par le gluten ou fibrine.

10. Aliments accessoires. — Outre les aliments
proprement dits que nous venons d'examiner et qui,
avant d'être utilisés par l'organisation, doivent subir
un travail préparatoire, c'est-à-dire être digérés,
d'autres substances, d'origine minérale, concourent
à l'alimentation et sont absorbées sans préparation
préalable. On les nomme *aliments accessoires*. C'est

D'abord l'eau, qui imbibe les tissus de tout animal et forme la majeure partie de la masse du corps. Ce sont encore le sel marin, qu'on retrouve dans le sang et dans les divers liquides de l'organisation ; le carbonate de chaux, nécessaire à l'oiseau pour la coquille de son œuf et à tous les animaux supérieurs pour la charpente de leurs os ; l'acide phosphorique, qui, à l'état de phosphate de chaux, fait également partie de la charpente osseuse ; enfin divers sels minéraux, tels que ceux de potasse et de soude. Les animaux herbivores se montrent très-friands de sel marin et de salpêtre (azotate de potasse), parce que leurs aliments en contiennent fort peu ; pour s'en procurer, ils lèchent les murailles, les pierres couvertes d'efflorescences salines. Le pain, la chair, le lait contiennent du phosphate de soude, qui fournit l'acide phosphorique des os ; l'eau ordinaire tient en dissolution du carbonate de chaux, autre principe minéral des os.

11. La faim. Inanition. — La vie s'entretient dans le corps d'un animal par la continuelle combustion de l'organisme, au moyen de l'oxygène de l'air atmosphérique introduit dans le sang par la respiration, de même que s'entretient la flamme d'une lampe aux dépens de l'huile brûlée. Tant que dure la provision d'huile, la lampe donne chaleur et lumière et vit en quelque sorte ; quand elle est épuisée, la lampe meurt, s'éteint. Mais si l'huile était renouvelée à mesure qu'elle se consume, la durée de la flamme serait illimitée. La vie est réellement comparable à cette flamme : elle persiste si l'alimentation renouvelle l'organisme, continuellement consumé par l'oxygène du sang, et fournit ainsi de nouveaux matériaux à la combustion respiratoire ; elle s'éteint si l'alimentation cesse de fournir ces matériaux combustibles.

Aussi, en tête des besoins les plus impérieux auxquels nous sommes assujettis, sont ceux du manger et du boire. Tant que la faim n'est que son diminutif l'appétit, ce savoureux assaisonnement des mets les plus grossiers ; tant que la soif n'est que cette aridité naissante de la bouche qui donne un si grand charme à un verre d'eau fraîche, ces besoins primordiaux réclament leur satisfaction plutôt par l'attrait du plaisir que par le rude aiguillon de la douleur. Mais si leur satisfaction se fait par trop attendre, ils s'imposent en maîtres inexorables et commandent par la torture. Qui peut songer sans effroi aux angoisses de la faim et de la soif !

L'inquiétude, l'agitation sont les premiers effets de faim portée au delà des bornes de l'appétit ; puis surviennent des tortures comme si l'estomac était pincé, tordu, tiraillé, arraché avec des tenailles ; enfin un délire furieux s'empare de l'homme affamé, absorbe toutes ses facultés morales et intellectuelles, et ne laisse subsister qu'un seul sentiment, celui de la faim, qu'une seule volonté, celle de satisfaire à ce besoin inexorable.

Tout ce qui diminue la déperdition de substance de l'organisme, comme le repos, l'oisiveté, la chaleur, amoindrit aussi la sensation de la faim ; tout ce qui augmente cette déperdition, comme l'activité, le froid, la respiration fréquente, augmente aussi le sentiment de la faim. La faim se supporte donc mieux dans les pays chauds que dans les pays froids, dans la vieillesse que dans le jeune âge, dans l'état de repos et d'assoupissement que dans l'état actif.

La privation d'aliments se nomme *inanition*. L'animal qui endure la faim ne continue pas moins à déperdre sa substance par la combustion respiratoire.

Il consume d'abord sa graisse, véritables matériaux de réserve, amassés dans l'organisme en des temps d'abondance pour alimenter la combustion vitale en des temps de disette. La substance musculaire, la chair, prend part ensuite à l'oxygénation, et quelque temps préserve à ses dépens, de l'action de l'atmosphère, les organes les plus essentiels de la vie. Un état d'amaigrissement extrême est la conséquence de ces déperditions non réparées. Pour nous borner à un seul exemple, citons celui d'un porc gras, qui, englouti par l'effet d'un éboulement, fut retrouvé vivant encore sous les décombres après 160 jours passés sans nourriture; l'animal avait perdu 60 kilogrammes de son poids. Enfin les parties les plus essentielles de l'organisation, le cerveau, les poumons, le cœur, sont livrés à leur tour à l'action de l'air, et la vie s'éteint comme s'éteint la lampe qui a brûlé sa dernière goutte d'huile.

12. **La soif**. — Dans l'âge adulte, une personne déperd en moyenne par jour 300 grammes de carbone et 20 grammes d'azote, qui doivent être renouvelés par l'alimentation; elle perd dans le même temps environ 3 kilogrammes d'eau. Aussi la privation de boisson agit plus rapidement encore que celle des aliments solides. Après la sensation de sécheresse et d'ardeur de l'arrière-bouche, après la siccité et l'empâtement de la langue, premiers effets de la soif, se manifeste un état de souffrance plus violent que celui de la faim. La peau devient sèche et brûlante, le pouls s'accélère, l'œil s'injecte de sang, l'haleine acquiert de la fétidité, enfin en peu de jours la mort arrive dans les angoisses du délire.

Pour tous les êtres organisés, l'eau est de nécessité absolue puisque leurs tissus sont largement imprégnés de ce liquide; cependant divers animaux, le lapin par exemple, boivent très-peu ou même ne boivent pas du tout. Mais il faut remarquer que l'eau est introduite dans l'organisation en quantité considérable par les aliments. Ainsi le pain, la viande, les végétaux frais surtout, en contiennent de fortes proportions et suppléent plus ou moins à la boisson normale. Des lapins nourris avec des matières végétales absolument sèches, ne tarderaient pas à souffrir de la privation de l'eau, bien qu'ils ne boivent pas.

Certains animalcules, les Tardigrades et les Rotifères, vivant au milieu de la poussière des toits, ont la singulière propriété de supporter sans périr une dessiccation complète. Privés de l'eau nécessaire au jeu de leurs organes, ces petits êtres tombent dans une mort apparente qui peut longtemps se continuer. Mais qu'une goutte d'eau vienne à les imbiber, et ils reprennent mouvement et vie. Le règne végétal nous offre de nombreux exemples de cette vie intermittente, qui suspend son cours quand vient la sécheresse et le reprend quand vient l'humidité. Les lichens qui recouvrent les rochers arides de leurs croûtes, sont morts en apparence quand le soleil a tari la dernière goutte d'eau de leur tissu; mais à la première ondée qui les gonfle, ils reprennent vie et continuent leur végétation interrompue.

Fig. 2. — Rotifère.

QUESTIONNAIRE

1. En quoi consiste la nutrition en général? — Que devient la substance de l'animal par l'exercice de la vie? —

Comment se renouvelle cette substance ? — 2. Que signifie le terme assimiler ? — Le gain et la perte en substance sont-ils toujours équivalents ? — Qu'appelle-on fonctions de nutrition ? — Qu'est-ce que la digestion ? — En quoi consiste la circulation ? — En quoi consiste la respiration ? — Quel rôle remplit la sécrétion urinaire ? — 3. Comment classe-t-on les aliments ? — Quel est le rôle des aliments respiratoires ? — Citez les principaux. — Quelle est leur composition chimique ? — En quoi se résolvent-ils par l'effet du travail vital ? — 4. Qu'appelle-t-on aliments plastiques ? — Citez les principaux. — Quelle est leur composition chimique ? — En quoi se résolvent-ils finalement lorsqu'ils sont éliminés de l'organisation — 5. Où trouve-t-on de l'albumine ? — Y a-t-il de la fibrine dans les végétaux ? — 6. — Comment s'obtient le gluten des céréales ? — Quels sont les caractères du gluten ? — 7. Comment s'obtient la caséine ? — Qu'est-ce que le beurre, la lactose, le petit-lait ? — Dans quelles substances végétales trouve-t-on de la caséine ? — Comment peut s'obtenir la caséine des céréales ? — 8. Quelle relation chimique y a-t-il entre l'albumine, la fibrine et la caséine ? — Comment le nourrisson à la mamelle trouve-t-il dans le lait la substance de son organisation ? — Comment l'oiseau dans l'œuf trouve-t-il la sienne ? — Comment se nourrissent les animaux de proie ? — Comment se nourrissent les herbivores ? — L'animal crée-t-il sa substance de toutes pièces ? — Où la puise-t-il en dernière analyse ? — Où se créent réellement la fibrine, l'albumine et la caséine ? — Avec quels matériaux ces corps sont-ils élaborés ? — Sous quelle dépendance réciproque se trouvent les animaux et les végétaux ? — 9. Qu'appelle-t-on aliments complets ? — Comment le lait, l'œuf, le pain sont-ils des aliments complets ? — 10. Qu'appelle-t-on aliments accessoires ? — Citez les principaux.—Comment s'introduisent dans l'organisation les sels de chaux nécessaires à la constitution des os ? — 11. Quelle analogie y a-t-il entre la vie et une lampe qui brûle ? — Comment se traduit la faim ? — Quelles sont les conditions qui l'exaltent et celles qui l'affaiblissent ? — Qu'est-ce que l'inanition ? — Que se passe-t-il dans l'organisation d'un animal privé de nourriture ? — 12. Combien une personne adulte perd-elle d'eau par jour ? — D'où provient le besoin si impérieux de la soif ? — Quelles circonstances accompagnent une soif extrême ? — L'eau est-elle nécessaire à tous les animaux ? — Comment les animaux qni ne boivent jamais introduisent-ils dans leur organisation l'eau qui leur est nécessaire? — Que présentent de remarquable les Tardigrades et les Rotifères ? — Y a-t-il dans le règne végétal des faits analogues ?

CHAPITRE III

DIGESTION

1. Actes de la digestion. — La préparation des aliments en matériaux propres à faire partie de l'organisme, ou bien la *digestion*, se subdivise en divers actes qui se succèdent dans l'ordre suivant :

Préhension des aliments,
Mastication,
Insalivation,
Déglutition,
Digestion stomacale ou chymification,
Digestion intestinale ou chylification,
Absorption,
Défécation.

2. Préhension des aliments. — C'est l'acte au moyen duquel les aliments sont amenés à l'entrée des voies digestives. L'homme se sert de ses mains pour porter les aliments à la bouche ou les tenir à la portée des dents.

Les singes, dont les extrémités des membres antérieurs ont la structure des mains de l'homme, emploient les mêmes moyens ; l'écureuil tient sa nourriture à la portée de la bouche avec ses deux pattes de devant réunies ; les perroquets et les chouettes, dressés sur une seule patte, portent avec l'autre les

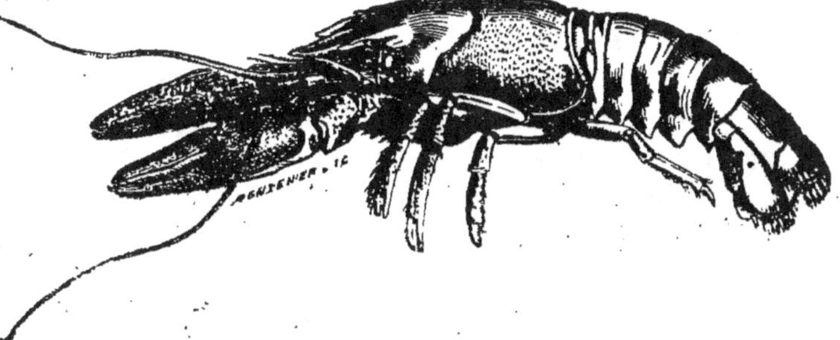

Fig. 3. — Écrevisse.

aliments au bec; certains insectes, les mantes, main-

Fig. 4. — Éléphant.

tiennent leur proie dans le voisinage de la bouche

avec leurs pattes ravisseuses, c'est-à-dire avec leurs membres antérieurs dont le bras et l'avant-bras dentelés en scie constituent, en se rapprochant, de robustes tenailles ; l'écrevisse, les crabes, le homard ont, pour rapprocher les aliments de la bouche, de grosses pinces terminées par deux doigts dont l'un est mobile. L'acte de porter les aliments à la bouche avec un instrument spécial n'est donc pas une prérogative subordonnée au

Fig. 5. — Poulpe.

développement intellectuel de l'animal, puisque le chien, bien mieux doué sous le rapport des facultés intellectuelles que le homard, la mante, la chouette et l'écureuil, ne peut qu'assujettir contre le sol, entre ses deux pattes de devant, l'os qu'il veut ronger à l'aise.

L'éléphant porte les aliments à la bouche avec sa trompe, qui n'est autre chose que le nez démesurément prolongé, et dont l'extrémité est munie d'un appendice flexible, faisant office de doigt d'une surprenante adresse. Les insectes ont à l'entrée de la bouche des barbillons nommés *palpes* qui soutiennent, tournent et retournent le morceau pendant que l'animal le ronge ; ces organes sont en quelque sorte de petits bras uniquement destinés au service de la bouche. L'écrevisse, et les divers animaux analogues, nommés *Crustacés*, ont des appendices buccaux remplissant les mêmes fonctions que les palpes des insectes. Les poulpes, les seiches, les calmars et les divers animaux connus sous le nom général de *mollusques céphalopodes*, ont autour de la bouche une couronne de huit ou dix organes très-longs, flexibles en tous sens comme des lanières de fouet, et armés sur l'une de leurs faces de nombreuses *ventouses*, qui s'appliquent énergiquement sur les objets saisis en faisant le vide. Ces organes, nommés *tentacules*, enlacent la proie et la maintiennent à la portée d'un bec semblable à celui d'un perroquet et placé au centre de leur couronne.

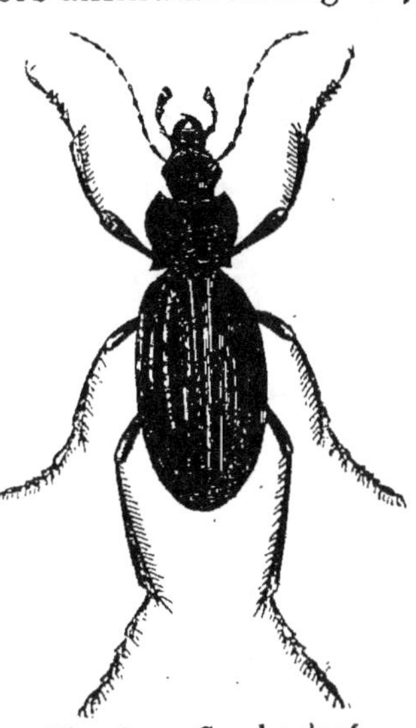
Fig. 6. — Carabe doré.

Chez les animaux supérieurs herbivores, ce sont en général les lèvres, amples et mobiles, qui sont chargées de la préhension des aliments. C'est avec les lèvres que le cheval saisit par pincées le foin au râtelier ; que le mouton et la chèvre assemblent úne bouchée de gazon. La girafe, à l'aide de son long cou, cueille de ses lèvres le feuillage des arbres élevés.

Quelques espèces ont la langue pour principal organe de préhension. D'un tour de langue, le bœuf saisit le fourrage. Certains oiseaux qui se nourrissent de fourmis, le torcol et le pic en particulier, ont une langue très-longue et visqueuse qu'ils étalent à terre sur le passage de ces insectes ; ils la retirent quand le menu gibier s'y est englué en nombre suffisant. A portée d'un ver ou d'un insecte, la grenouille et le crapaud projettent vivement leur langue au dehors et happent la proie convoitée. Le caméléon est encore plus remarquable sous ce rapport. Sa langue, presque aussi longue que tout l'animal, est un tuyau musculeux, dont une partie rentre dans l'autre. Si quelque insecte vient se poser dans le voisinage, cette langue se dégaîne brusquement, se déboîte, s'allonge, et, plus rapide qu'un trait, frappe et englue la proie de son bout épaissi. La mouche la plus alerte n'a pas même le temps de songer à la fuite. Le fourmilier a pour museau un long tube que termine une petite bouche sans aucune espèce de dents. De ce tube sort une langue filiforme, très-allongée, qui pénètre dans les nids des fourmis et rentre chargée d'insectes englués.

Certains oiseaux pêcheurs, sans suspendre leur

Fig. 7. — Le Pic.

vol, jettent en l'air le poisson saisi par le travers du corps, et le reçoivent dans le bec la tête la première pour l'avaler plus commodément. Le bec long et menu de la bécasse, de la huppe, s'enfonce dans la

Fig. 8. — Le Fourmilier.

vase molle et la fouille pour en extraire les vermisseaux ; le bec large du canard cueille cette vase et la tamise entre les crénelures de ses bords pour retenir les parties nutritives.

La préhension des aliments liquides exige en général un autre mécanisme. L'éléphant remplit d'eau par aspiration les deux fosses nasales de sa trompe, qu'il recourbe après pour déverser le liquide dans la bouche. Le chien, le chat et les autres carnivores se servent de la langue pour *laper*, c'est-à-dire pour projeter l'eau dans la bouche en courbant brusquement la langue en arrière. Le bœuf, le mouton, le cheval, l'âne *hument* l'eau en y trempant leurs lèvres.

Ainsi font encore les pigeons et les oiseaux de proie. Mais la poule et la plupart des oiseaux puisent l'eau dans la mandibule inférieure du bec comme dans une cuiller, et la font tomber dans le gosier en relevant la tête. Les insectes qui vivent exclusivement

Fig. 9. — Bécasse.

d'aliments liquides ont un suçoir, une trompe plus ou moins longue, remarquable surtout chez les papillons, où elle s'enroule en spirale pendant le repos et se déroule pour aller puiser au fond des fleurs une goutte de liqueur sucrée. S'il doit pénétrer dans des parties résistantes, le suçoir est accompagné d'outils perforants qui lui ouvrent un passage. C'est ainsi que le cousin plonge le sien dans notre corps pour s'abreuver de sang.

3. **Mastication. Développement des dents.** — Avant d'être introduits dans les cavités digestives, les aliments solides doivent éprouver une division, une trituration qui les rend plus aptes à être digérés. Cet acte, purement mécanique, constitue la *mastication*,

effectuée par les dents chez l'homme et les animaux supérieurs. Nous examinerons d'abord le développement et la structure des dents de l'homme.

Malgré leur apparence, les dents ne sont pas de petits os, dont elles n'ont ni la structure ni le mode de formation. Ce sont des organes spéciaux, ayant avec les poils certaines analogies qui seront ultérieurement mises en évidence.

Chaque dent débute dans l'épaisseur de l'os de la mâchoire par un petit bourgeon charnu, nommé *bulbe*, où viennent se ramifier des filets nerveux et des vaisseaux sanguins. A son origine, le bulbe est lui-même contenu dans un sachet membraneux appelé *capsule dentaire*. Le sang, amené par les vaisseaux, apporte avec lui des substances minérales, qui transsudent peu à peu à la surface du bulbe charnu et s'y déposent en une couche solide, d'abord en certains points déterminés, puis sur la surface entière. Graduellement cete couche solide gagne en épaisseur et prend la configuration finale de la dent; celle-ci, arivée à un degré convenable d'élaboration, perce le sachet ou capsule dentaire qui protégeait le délicat travail du début; elle se fait jour à travers la mâchoire, qu'elle perce ainsi que la gencive, et montre enfin au dehors sa *couronne*, tandis que sa *racine*, simple ou multiple, reste engagée dans l'*alvéole* ou cavité de la mâchoire.

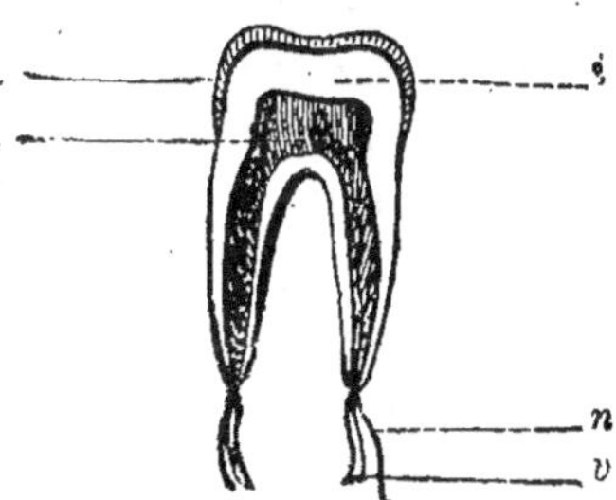

Fig. 10. — Coupe d'une dent humaine.

4. Structure des dents. — Complétement développée, la dent se compose au centre du *bulbe dentaire b* (fig. 10), qui reçoit par la base de la racine des filets nerveux *n* et des vaisseaux *v*. Cette partie centrale est charnue; elle est l'organe producteur de la dent, le bulbe primitif, qui, d'abord nu dans sa capsule dentaire, s'est revêtu d'un fourreau minéral. Par les nerfs et les vaisseaux qu'elle reçoit, elle est la partie vivante et sensible; ses vaisseaux amènent des matériaux pour accroître et renouveler la substance dentaire; ses nerfs animent ce travail générateur et malheureusement sont aussi cause des atroces douleurs que détermine la moindre altération du bulbe.

L'enveloppe minérale se compose de deux parties, l'une tenace, mais peu résistante au frottement et nommée *ivoire*, l'autre, très-dure mais fragile et nommée *émail*. L'ivoire *i* enveloppe de partout le bulbe dentaire, à la racine comme à la couronne; l'émail *e* recouvre la couronne d'une couche protectrice. L'ivoire est composé d'un tiers environ de son poids de matière animale analogue à la gélatine des os, et des deux tiers de substances minérales, dont les principales sont le phosphate de chaux et le carbonate de chaux. Le phosphate est 12 fois environ plus abondant que le carbonate. Quant à l'émail, si remarquable par sa dureté, qui lui permet de faire feu sous le briquet à la manière d'un caillou, il renferme à peine un centième de matière organique; le phosphate de chaux fait à peu près les neuf dixièmes de son poids; le reste est représenté principalement par du carbonate de chaux.

Examiné au microscope, l'ivoire montre dans sa substance une infinité de canaux rameux d'une délicatesse extrême, qui débouchent à la partie centrale de la dent et se dirigent vers la surface. Ces canaux renferment des granulations minérales. Ce sont les voies par lesquelles le phosphate et le carbonate de chaux, apportés par le sang et transudés par le bulbe, se sont peu à peu déposés en couche compacte.

Soumis à l'examen microscopique, l'émail apparaît formé d'une multitude de prismes hexagonaux, d'aspect cristallin, étroitement serrés l'un contre l'autre et dirigés perpendiculairement à la surface de la dent.

5. **Dents de lait et dents de remplacement.** — Chez l'homme et chez les animaux mammifères (1), les premières dents apparues, appelées *dents de lait* ou dents de *première dentition*, sont tôt ou tard remplacées par d'autres, nommées *dents de remplacement* ou de *seconde dentition*. A ces dernières, il n'en succède pas d'autres. Les dents de lait sont peu nombreuses et s'usent pendant la jeunesse; on en compte vingt chez l'homme. Les dents de remplacement sont plus nombreuses et doivent servir pendant le reste de la vie. L'homme en a trente-deux, seize à chaque mâchoire, huit symétriques de forme et de position pour chaque moitié de la mâchoire.

6. **Classification des dents.** — Les trente-deux dents de la seconde dentition de l'homme se divisent en trois classes d'après leur forme et leurs fonctions. Dans chacune, deux parties sont à distinguer : la *couronne* et la *racine*. La racine est la partie de la dent enchâssée dans l'*alvéole*, c'est-à-dire enfoncée dans une cavité de la mâchoire à la manière d'un

(1) On appelle *mammifères* les animaux dont la mère est douée de mamelles pour allaiter ses petits. Le chien, le chat, le mouton, le bœuf, en sont des exemples familiers.

clou implanté dans le bois. La couronne est la partie qui fait saillie au dehors; on peut la comparer à la tête du clou. La racine maintient la dent en place et la fixe solidement; la couronne coupe, déchire, broie la nourriture. Enfin on appelle *collet* la ligne de réunion de la couronne avec la racine.

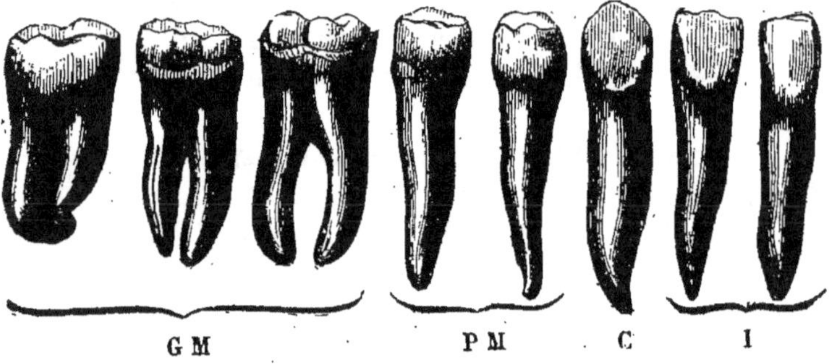

Fig. 11. — Dents de l'homme. — I, incisives; C, canine; PM, petites molaires; GM, grosses molaires.

Les deux dents de devant de chaque demi-mâchoire ont la couronne obliquement amincie de la base au sommet. Leur bord est droit et tranchant, propre à couper la nourriture, à la diviser par petites bouchées. Aussi les nomme-t-on *incisives* d'un mot latin signifiant couper. Leur racine est un pivot simple. Le nombre total des incisives est de huit, quatre pour chaque mâchoire. La première dentition a le même nombre d'incisives.

La dent suivante se nomme *canine*. Sa racine est un peu plus longue que celle des précédentes et sa couronne est légèrement pointue. Les chiens, les chats, les loups et en général les animaux carnivores ont cette dent façonnée en un croc puissant, qui leur sert à retenir et déchirer la proie, mais remplit avant tout le rôle d'arme de combat pour l'attaque et pour la défense. Ce sont les canines que l'on voit se croiser, longues et pointues, deux de chaque côté, quand on soulève les lèvres du chat ou du chien. En souvenir des crocs si remarquables des carnivores, spécialement du chien, en latin *canis*, on a donné le nom de *canines* aux dents qui leur sont analogues chez l'homme, sinon par la forme et les fonctions, du moins par la place qu'elles occupent. La première dentition comprend également quatre canines. — Les cinq dents suivantes sont les plus utiles de toutes. On les nomme *molaires* (1) parce qu'elles font office de meules pour broyer les aliments. A cet effet, leur couronne est large; en outre, elle est légèrement irrégulière et tuberculeuse et non aplatie comme celle des molaires du cheval ou disposée en lames tranchantes comme celle des molaires du loup, parce que la nourriture de l'homme ne se compose exclusivement ni de végétaux ni de chair, mais des deux à la fois. Pour un genre d'alimentation aussi variée que celle de l'homme, il faut des molaires aptes à tous les usages. Elles doivent broyer comme celles des herbivores, elle doivent découper comme celles des carnivores; par leur structure enfin elles doivent être un moyen terme. Et en effet, par leur couronne large elles conviennent au régime végétal; par les irrégularités un peu tranchantes dont leur surface est armée, elles conviennent au régime animal.

Les deux premières se nomment *petites molaires*. Elles sont les plus faibles des cinq et n'ont qu'une racine. Les deux petites molaires, la canine et les

____

(1) *Mola*, meule de moulin.

deux incisives sont les seules qui se renouvellent. Répétées quatre fois pour l'ensemble des deux mâchoires, elles constituent les vingt dents de la première dentition, dents qui commencent à tomber vers l'âge de sept ans et peu à peu sont remplacées par d'autres.

Les trois suivantes ne poussent qu'une fois, elles appartiennent exclusivement à la seconde dentition. On les nomme *grosses molaires*. La dernière, tout au fond de la mâchoire, est vulgairement appelée *dent de sagesse* parce qu'elle vient à un âge où la raison est formée. Comme les grosses molaires ont à supporter, lorsqu'on mange, une pression très-forte, leur racine se compose de plusieurs pivots qui plongent chacun dans une cavité spéciale. Cette disposition a évidemment pour but de multiplier les points d'appui pour consolider les molaires et les empêcher soit de s'ébranler, soit de s'enfoncer par leur mutuelle pression dans l'épaisseur de la mâchoire.

En résumé, l'homme adulte possède 32 dents, 16 pour chaque mâchoire, savoir : 4 incisives, 2 canines et 10 molaires. Ces dernières se subdivisent en petites molaires, au nombre de 4, et en grosses molaires, au nombre de 6. La première dentition ne comprend pas les six grosses molaires.

Dans toutes, l'ivoire, plus tenace, plus apte à résister à la pression sans casser, par suite d'une plus forte proportion de matière animale, constitue en entier la racine, dont le rôle est de servir d'inébranlable appui, et l'intérieur de la couronne, qui doit, sans se rompre, supporter d'énergiques pressions. L'émail, au contraire, très-dur, mais fragile, enveloppe la couronne d'une couche protectrice et l'empêche de s'user par le frottement tout en lui donnant la dureté nécessaire pour broyer.

7. Adaptation des dents au régime de l'animal.

— La nourriture de l'herbivore est chose tenace, résistante, filamenteuse, que l'animal doit longtemps broyer pour la diviser convenablement et la réduire en une bouchée pâteuse, apte à être avalée et plus tard digérée sans obstacle. Dans ce cas, les dents opposées des deux mâchoires doivent se présenter l'une à l'autre des surfaces larges et à peu près plates, qui triturent la nourriture à la manière des meules d'un moulin.

Au contraire, la chair dont se nourrit le carnivore est matière molle, qu'il est facile d'avaler et de digérer. Il suffit à l'animal de la déchirer, de la couper par lambeaux. Les dents du carnivore doivent donc se présenter l'une à l'autre des arêtes tranchantes, qui manœuvrent à la façon des lames de ciseaux.

Le régime de l'animal entraîne ainsi une forme spéciale des dents, des molaires surtout, plus importantes que les autres. Les figures 12 et 13 mettent en parallèle, sous le rapport de la forme générale, une molaire d'herbivore et une molaire de carnivore. La première appartient au cheval et la seconde au loup.

8. Disposition de l'émail et de l'ivoire suivant le régime.

— Si les molaires de l'herbivore, du cheval, pour prendre un exemple, avaient une couronne unie, sans rugosités faisant office de râpe, elle se borneraient à écraser le fourrage sans parvenir à le réduire en menus fragments. Les meules d'un moulin, si elles étaient polies comme des tables de marbre, aplatiraient le grain sans en faire de la farine; elles doivent présenter de nombreuses inégalités semblables aux dents d'une râpe, aux arêtes d'une lime, inégalités qui saisissent entre elles le blé pendant la rotation de la meule supérieure sur la meule inférieure immobile, et le déchirent violemment. Lorsque par un travail longtemps

Fig. 12. — Molaire d'un herbivore (le cheval).

Fig. 13. — Molaire d'un carnivore (le loup).

continué, ces inégalités sont effacées, les meules ne peuvent plus servir et il faut les repiquer avec soin au marteau.

Les molaires du cheval sont comparables à ces meules ; leur couronne porte des replis sinueux, qui s'élèvent un peu au-dessus de la surface et font légèrement saillie de manière à constituer une grossière lime, qui fractionne les brins de fourrage quand frotte la dent opposée. Les replis sont formés par des lames d'émail qui plongent dans l'épaisseur de la couronne, le reste est formé par de l'ivoire. Par le fait du frottement d'une mâchoire contre l'autre, l'ivoire, plus tendre, s'use plus vite que l'émail, de

sorte que les lames de celui-ci, engagées dans l'é-
paisseur de la dent, sont peu à peu mises à découvert
et reconstituent en l'état primitif les replis de surface,
à mesure qu'ils sont usés par la trituration. La molaire, la meule se repique ainsi d'elle-même ; la machine à mastication se répare tout en travaillant.

Des molaires à replis saillants, plus ou moins
sinueux et formés par des lames d'émail plongeant
dans l'épaisseur de la couronne, se retrouvent chez
les divers animaux dont le régime se compose exclusivement d'herbages coriaces, comme le mouton, le
bœuf, la chèvre, le lapin. La fonction de ces replis
d'émail est comparable à celle des inégalités que
doit présenter une meule de moulin pour être apte à
triturer le grain.

Pour les molaires des carnivores sont inutiles les
rugosités de la râpe, les arêtes de la lime, les inégalités de la meule, puisque l'aliment, la chair, doit
être découpé en lambeaux et non broyé en pâte. A
cet effet, il faut des lames tranchantes, des ciseaux,
dont la condition première soit d'être bien aiguisées
et d'avoir une dureté qui les empêche de s'émousser.
La surface des molaires n'est donc plus aplatie en
manière de meule, mais façonnée en larges crêtes
coupantes. De plus, pour garantir l'efficacité de ces
espèces de couteaux, la substance plus tendre mais
plus résistante aux efforts qui pourraient la casser,
l'ivoire enfin, constitue la masse centrale de la couronne, tandis que l'émail, beaucoup plus dur, mais
aussi plus fragile, forme à l'extérieur un enduit continu et compose à lui seul les bords tranchants.
Pareillement un coutelier, s'il veut fabriquer un instrument qui coupe bien tout en étant capable de résister à de violents efforts, compose la masse cen-

trale de l'outil avec du fer, substance tenace qui supporte très-bien le choc, mais n'est pas assez dure pour tailler, et met par-dessus, pour constituer les flancs et le tranchant, le fin acier qui joint une dureté excessive à la fragilité du verre. Ce que l'industrie humaine a trouvé de plus efficace pour l'art du taillandier, se retrouve, avec une haute perfection, dans la gueule d'un carnivore.

9. **Râtelier du loup**. — Le nombre des dents va-

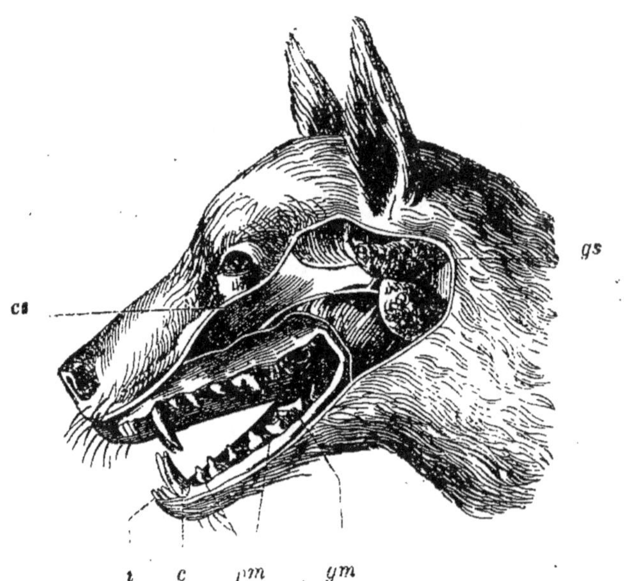

Fig. 14. — Râtelier du loup. — *i*, incisives ; *c*, canines ; *pm*, petites molaires ; *gm*, grosses molaires ; *gs*, glandes salivaires ; *cs*, canal salivaire.

rie tout autant que leur forme d'une espèce animale à l'autre. Quelques exemples vont nous renseigner à cet égard.

La figure 14 représente la gueule d'un loup. Si l'on

ne le savait déjà, le régime de la bête se détermine-
rait à la seule inspection des dents. Il faut une proie
saignante aux robustes dentelures de ces molaires,
aux crocs puissants de ces canines. Le râtelier trahit
des appétits carnivores.

En *i* sont les incisives au nombre de six. Elles sont
petites et de peu d'usage, car l'animal ne découpe
pas sa proie en menues portions, mais l'avale glouton-
nement par gros lambeaux. En *c* sont les canines, vrais
poignards que le bandit enfonce dans le cou du mouton. Les petites molaires sont en *pm*; les grosses molaires viennent après. La première *gm* est la plus
forte et prend le nom significatif de *carnassière*. C'est
avec les carnassières
que le loup et le chien
cassent les os les plus
durs.

Le nombre total des
dents est de quarante-
deux, dont vingt-deux
pour la mâchoire infé-
rieure et vingt pour la
mâchoire supérieure.
Le râtelier du chien est
pareil à celui du loup.

Fig. 15. — Râtelier du chat.

10. **Râtelier du
chat.** — Le chat est,
par excellence, un autre mangeur de chair. Six petites
incisives forment sur le devant de chaque mâchoire
plutôt un ornement qu'un outil. Les dents qui vraiment fonctionnent sont d'abord les canines, longues
et acérées, armes redoutables qui transpercent la
proie saisie; puis les molaires, quatre en haut, dont
la dernière très-petite, et trois en bas. Les dentelures

des molaires du chat sont encore plus aiguës, plus tranchantes que celles des molaires du loup ; aussi les appétits du chat et de ses congénères, le tigre, la panthère, le jaguar, sont-ils plus sanguinaires que ceux du loup et des animaux qui s'en rapprochent comme le renard, le chacal, le chien surtout.

11. Râtelier du cheval. — La différence est des plus frappantes entre le râtelier du sanguinaire chasseur et du pacifique mâcheur d'herbes. La figure 16 représente la tête du cheval. Les incisives, au nombre de six, sont puissantes, car maintenant leurs fonc-

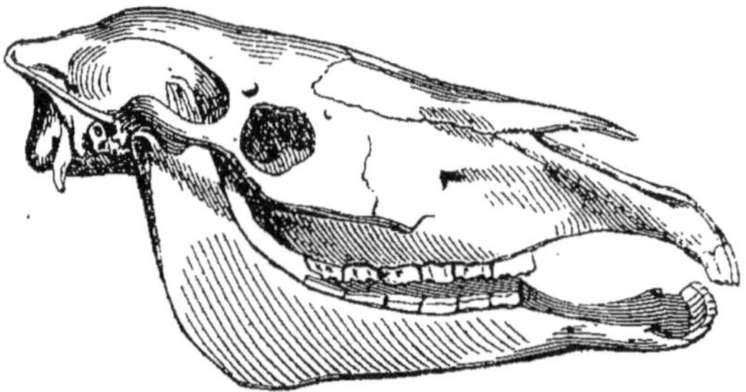

Fig. 16. — Râtelier du cneval.

tions sont d'une haute importance ; elles doivent saisir le fourrage et le tailler bouchée par bouchée. Les canines, inutiles, ne montrent au dehors qu'un faible tubercule ; par delà vient un large intervalle vide nommé *barre*. C'est là que repose le frein du cheval harnaché. Après la barre se montre la véritable machine à triturer, composée de quatorze paires de robustes molaires, à couronne plate et carrée, armée en outre de replis sinueux et légèrement saillants dont nous avons déjà reconnu la haute utilité. Ce râtelier est éminemment capable de broyer la paille coriace et le foin filandreux.

12. Râtelier des rongeurs. — Chaque mâchoire du lapin (fig. 17) est armée de deux incisives énormes, qui s'enfoncent profondément dans l'os, se recourbent au dehors et se terminent par une couronne

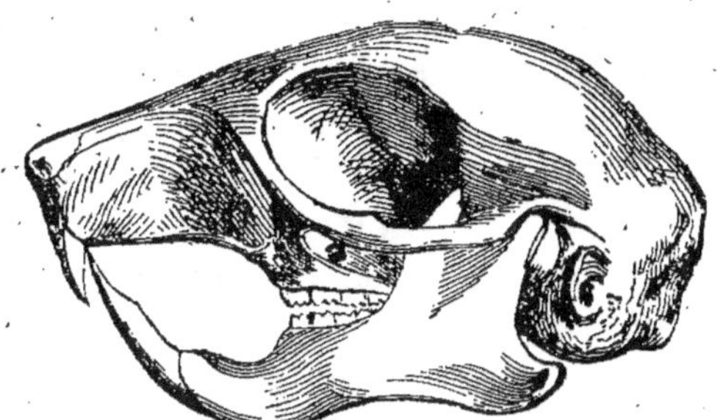

Fig. 17. — Râtelier du lapin.

taillée en biseau et aussi tranchante qu'une lame de couteau. De pareilles incisives sont l'apanage du lapin, du lièvre, du surmulot, du rat, de la souris et autres espèces en général misérables, qui rongent à toute heure du jour et de la nuit les substances végétales les plus coriaces, écorce, bois, papier, chiffons, quand il n'y a rien de meilleur à mettre sous leur râtelier presque toujours en action. Ce n'est pas d'ailleurs exclusivement pour satisfaire la faim que ces animaux rongent ; une autre nécessité impérieuse les y porte. Leurs incisives croissent pendant toute la vie et tendent à s'allonger indéfiniment ; il faut donc que l'animal les use par une friction continuelle, sinon leurs couronnes s'éloigneraient l'une de l'autre en se croisant et ne pourraient plus tôt ou tard se rejoindre. Incapable dès lors de s'alimenter, l'animal périrait. Pour pouvoir manger lorsqu'ils ont faim, le rat et le lapin doivent manger alors même qu'ils n'ont pas faim, dans le but seul de s'aiguiser les incisives et de les maintenir, par la friction, dans les limites convenables. Il est vrai qu'ils s'adressent alors à des matières peu substantielles. Un brin de bois, un fêtu de paille, un rien suffit pour maintenir le jeu de leurs infatigables incisives. Le terme expressif de *rongeurs* désigne l'ensemble des animaux dont le râtelier présente cette remarquable organisation.

Les canines manquent ; à leur place, les mâchoires présentent un large intervalle vide. Tout au fond de la bouche sont les molaires, peu nombreuses, mais fortes, à couronne plate et armée de replis sinueux d'émail.

13. **Râtelier des chauves-souris.** — Le râtelier des animaux qui se nourrissent d'insectes est caractérisé par des molaires à dentelures fines et tranchantes, s'emboîtant dans les creux à bords aigus de la mâchoire opposée. Ce sont des molaires de carnivores par leurs lames acérées, mais leurs délicates dentelures, s'engrenant avec précision les unes dans les autres, les rendent aptes à mâcher le plus menu gibier.

Fig. 18. — Râtelier de la chauve-souris.

Telles sont les molaires des chauves-souris, qui nous rendent d'importants services en détruisant, pendant leurs évolutions aériennes du soir, une infinité d'insectes nuisibles, moucherons, phalènes, teignes, pyrales, cousins, scarabées.

Divers petits mammifères qui, sans avoir l'organisation des chauves-souris, partagent leur régime alimentaire, portent le nom collectif d'*insectivores* parce qu'ils se nourrissent principalement d'insectes. De ce nombre sont la taupe, qui se livre sous terre à la chasse des larves et serait un animal précieux pour

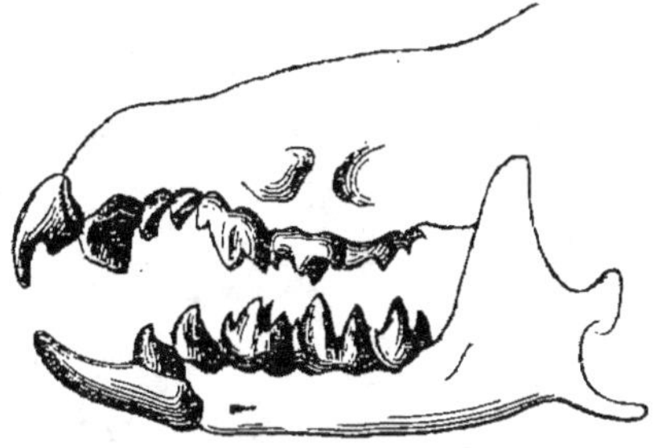

Fig. 19. — Râtelier d'un insectivore (la musaraigne).

l'agriculture si elle ne bouleversait le sol en creusant ses galeries ; les musaraignes, dont les appétits nettoient les champs de diverses petites espèces nuisibles. Tous les insectivores ont les molaires hérissées de pointes acérées.

14. Défenses. — Chez quelques animaux, certaines dents prennent un développement considérable, ne servent plus à la mastication et deviennent des armes offensives. Déjà le chien, le loup, le chat, le tigre et autres carnivores ont, dans les robustes crocs de leurs canines, des armes pour l'attaque, plutôt que des outils pour mâcher. Un degré de plus nous conduit aux *défenses* des sangliers, constituées pareillement par les canines, surtout par celles d'en bas. Ce sont des crocs fortement recourbés qui se montrent de droite et de gauche hors des lèvres.

Les incisives supérieures forment les *défenses* de l'éléphant, une de chaque côté de la trompe. Le poids de chacune peut atteindre jusqu'à soixante kilogram-

Fig. 20. — Musaraigne.

mes. L'animal les emploie pour fouiller le sol et dé-
terrer les racines nutritives ; s'il fond sur un en-
nemi sérieux, il le perce de ces terribles armes. Les
défenses de l'éléphant fournissent l'ivoire commercial. Une grande partie de cette précieuse matière
provient d'éléphants dont la race n'existe plus aujour-
d'hui et dont les restes se trouvent, en abondance,
enfouis dans le sol glacé des régions arctiques, en
Sibérie surtout et dans les parties septentrionales de
l'Amérique du Nord.

15. Fanons des baleines. — Malgré leur vie aquatique et leur configuration qui les rapprochent des
poissons, les baleines allaitent leurs petits et par
conséquent appartiennent à la classe des mammifères. Elles n'ont pas de dents osseuses. Leur mâchoire
supérieure est garnie de grandes lames minces, de
nature cornée, serrées les unes contre les autres, au
nombre de huit cents à neuf cents et longues de trois
mètres environ. On les nomme *fanons*. Ce sont ces
lames qui fournissent la substance employée dans
les arts sous le nom de *baleine*. Leur structure filamenteuse, qui rappelle une agglutination de crins,
nous fournit une première preuve de l'analogie déjà
annoncée entre les poils et les dents. Malgré sa taille
énorme, qui atteint une trentaine de mètres de longueur, la baleine ne se nourrit que d'animaux très
petits, mais très-nombreux en certains parages des
mers. L'animal engloutit dans sa vaste gueule quelques mètres cubes d'eau où nagent par milliers diverses espèces de petits mollusques, de zoophytes, de
crustacés, de vers ; puis, comprimant la bouchée par
la pression de la langue et des parois buccales, il
fait jaillir le liquide par deux ouvertures ou *évents*
placées au-dessus de la tête, et le lance, à une dizaine

de mètres de hauteur, en deux colonnes capables de submerger les embarcations qu'elles atteignent en

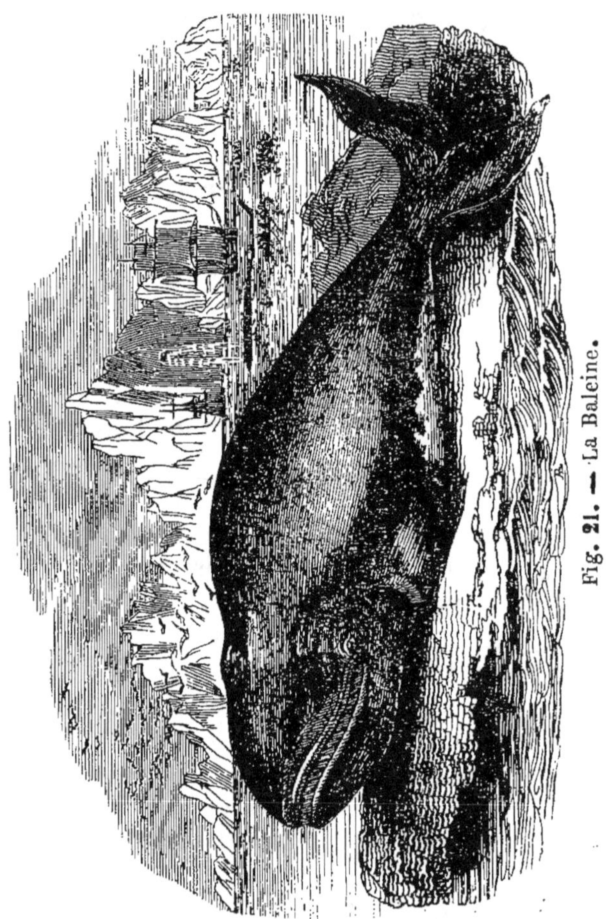

Fig. 21. — La Baleine.

retombant. Tandis que s'écoule ainsi le liquide inutile, les fanons retiennent, entre leurs nombreuses lames, les animalcules avalés en même temps que l'eau; ils font office de crible pour tamiser chaque bouchée.

QUESTIONNAIRE.

1. Quels sont les actes dont se compose la digestion ? — 2. Qu'est-ce que la préhension des aliments ? — Citez quelques exemples d'animaux qui portent la nourriture à la bouche. — En quoi consiste la trompe de l'éléphant? — A quel usage l'animal l'emploie-t-il ? — Quel rôle remplissent les palpes des insectes, les tentacules des poulpes ?—Citez quelques animaux qui saisissent les aliments avec les lèvres. — Comment le torcol et le pic prennent-ils les fourmis dont ils se nourrissent? — Comment la grenouille et le crapaud happent-ils les insectes ? — Que présente de remarquable la langue du caméléon? — Comment s'y prennent certains oiseaux pêcheurs pour avaler commodément le poisson saisi? — Quelles particularités présentent le bec de la bécasse et celui du canard? — Comment boivent l'éléphant, le chat, le cheval, les pigeons? — Comment boivent la poule et la plupart des oiseaux ? — Avec quel organe les insectes puisent-ils les aliments liquides ?—En quoi consiste la trompe des papillons ? — 3. Qu'est-ce que la mastication? — Comment se développe une dent? — Qu'appelle-t-on bulbe, capsule dentaire, couronne, racine, alvéole ? — 4. Quelle est la structure d'une dent ? — Quels organes fournissent à la dent ses matériaux ? — D'où proviennent les douleurs si vives des dents? — Comment nomme-t-on les deux substances qui composent la partie solide d'une dent ? — Quelle est leur composition ? — Où se trouve l'ivoire, où se trouve l'émail ? — Quelle est la structure de l'ivoire et de l'émail examinés au microscope? — 5. Qu'appelle-t-on dents de lait et dents de remplacement? — Combien l'homme a-t-il de dents de lait, combien en a-t-il de seconde dentition ? — 6. Quelle est la fonction de la racine d'une dent, quelle est la fonction de la couronne ? — Qu'appelle-t-on collet? — Comment classe-t-on les dents de l'homme ? — Quelle est la forme des incisives et d'où vient leur nom ? — Combien y en a-t-il à chaque mâchoire? — Quelle est la forme des canines et d'où vient leur nom ? — Combien y en a-t-il? — Quelle est la forme des molaires et d'où vient leur nom ? — Qu'appelle-t-on petites molaires et grosses molaires? — Quelle dents désigne-t-on par le nom de dents de sagesse ? — Quelles sont les molaires qui font partie de

la première dentition ? — Quelles sont celles dont la racine est simple et celles dont la racine est multiple ? — Comment les molaires de l'homme conviennent-elles à l'alimentation végétale et à l'alimentation animale ? — Quelle est l'utilité des racines multiples ? — 7. Quels caractères généraux présentent les molaires des herbivores et les molaires des carnivores ? — 8. Quelle disposition remarquable présentent l'ivoire et l'émail dans les molaires des herbivores ? — De quelle utilité sont les replis sinueux de l'émail ? — Comment ses replis sont-ils remis en état à mesure qu'ils s'usent ? — A quoi peut-on comparer les molaires des herbivores ? — Comment sont disposés l'émail et l'ivoire dans les molaires des carnivores ? — De quelle utilité est cette disposition ? — A quoi peut-on la comparer ? — 9. De quoi se compose le râtelier du loup, du chien ? — Qu'appelle-t-on carnassière ? — 10. Que présente de remarquable le râtelier du chat ? — Par quelles dents sont constitués les crocs du chien et du chat ? — 11. De quoi se compose le râtelier du cheval ? — Qu'est-ce que la barre ? — 12. Qu'y a-t-il de remarquable dans les incisives des rongeurs ? — Pourquoi ces animaux rongent-ils presque continuellement ? — Citez quelques animaux rongeurs. — 13. De quoi se nourrissent les chauves-souris ? — Quels services nous rendent-elles ? — Quelle est la forme de leurs molaires ? — Quel caractère présentent en général les molaires des animaux qui se nourrissent d'insectes ? — 14. Par quelles dents sont formées les défenses du sanglier et celles de l'éléphant ? — D'où retire-t-on l'ivoire commercial ? — 15. En quoi consistent les fanons de la baleine ? — De quoi se nourrit la baleine ? — Comment recueille-t-elle les petits animaux contenus dans l'eau dont la gueule s'est remplie ? — En quoi consistent les évents ?

CHAPITRE IV

DIGESTION (*suite*).

1. Mécanisme de la mastication. — La mâchoire inférieure, courbée en arc, ne s'articule avec

la tête que par l'extrémité de ses deux branches.
Des muscles, fixés d'une part à cet os et d'autre part
aux os voisins, la rapprochent et l'éloignent tour à
tour, par leurs contractions, de la mâchoire supérieure, immobile. En même temps, la poussée de la
langue et des joues ramène sans cesse les aliments
entre les deux mâchoires pour les soumettre à la
pression des molaires rapprochées. Quelques légers
glissements latéraux rendent l'écrasement plus efficace. Des glissements analogues mais bien plus pro-
noncés se montrent chez les animaux dont la nourriture est coriace. Le cheval, le bœuf, le mouton,
par exemple, broient le fourrage en frottant leurs
molaires en travers les unes des autres ; les rongeurs
les meuvent d'avant en arrière.

La mastication est un acte préparatoire fort important, car plus elle est complète, plus l'élaboration
qui doit s'effectuer dans l'estomac est facilitée. Et en
effet, les aliments mieux divisés s'imprègnent aisément des sucs digestifs qui doivent les fluidifier.

2. **Insalivation. Glandes salivaires**. — En
même temps qu'elles sont broyées par les dents, les
matières alimentaires sont imprégnées d'un liquide
spécial, nommé *salive*, qui les convertit en pâte et
en rend ainsi la déglutition plus aisée. La salive
remplit en outre un rôle plus important : elle provoque la transformation de certaines substances insolubles en d'autres substances solubles et prend part
ainsi au travail chimique de la digestion.

La salive suinte du fond de petites cavités ou *follicules* creusées dans l'épaisseur de la langue et des
joues, ou réunies en deux petites masses charnues, dites *amygdales*, situées de chaque côté de l'entrée du gosier. Elle est plus abondamment encore fournie par les

glandes salivaires, au nombre de trois paires, savoir : les *glandes sublinguales* placées sous la langue, les *glandes maxillaires* logées dans l'angle des mâchoires, et les *glandes parotides* situées au-devant des oreilles (fig. 14). Toutes sont composées de fines granulations creuses, communiquant entre elles par des canaux très-fins, qui se réunissent en un tronc commun, déversant la salive dans la bouche par un étroit orifice. La salive se forme aux dépens du sang dans les cavités des follicules ou des granulations, et suinte peu à peu au dehors à peu près comme la sueur transpire de l'épaisseur de la peau.

3. **Action de la diastase sur la fécule.** — Pour que la jeune plante puisse se suffire à elle-même pendant son premier développement, alors que manquent les racines aptes à puiser dans le sol les matériaux alimentaires, les germes des végétaux sont approvisionnés de granules amylacés, c'est-à-dire de cette substance blanche et farineuse employée dans l'économie domestique sous les noms de *fécule* et d'*amidon*. Les grains des céréales, les tubercules de la pomme de terre en sont composés pour la majeure partie. La masse féculente a pour fonction de nourrir, en leur premier âge, les jeunes plantes issues des germes des grains et des bourgeons des tubercules. Mais la matière amylacée, fécule ou amidon, se compose de corpuscules solides et de plus insolubles dans l'eau. En cet état, elle ne peut donc servir à la nutrition de la jeune plante, qui exige un aliment soluble et de la sorte susceptible d'être amené partout au moyen de l'eau qui imbibe l'organisation naissante. Alors se passe un acte chimique vraiment admirable. Au voisinage du germe, se développe, en très-petite quantité, une substance

quaternaire azotée, la *diastase*, qui par sa seule présence, sans rien ajouter, sans rien retrancher aux éléments chimiques, transforme la fécule d'abord en une matière gommeuse nommée *dextrine*, puis en une substance sucrée nommée *glucose*.

Cette métamorphose opérée, la provision alimentaire, désormais soluble dans l'eau, se répand, à mesure qu'il en est besoin, dans les tissus de la jeune plante en voie de formation et leur fournit des matériaux d'accroissement. Si l'on écrase un grain de blé qui germe, on voit que la masse farineuse primitive est transformée en un liquide d'aspect laiteux, ayant à la fois une saveur douce et gommeuse. Ce changement est le résultat de la diastase, qui de l'amidon a fait de la dextrine et du glucose, et de la sorte a transformé pour ainsi dire le grain en une mamelle gonflée de lait, à laquelle s'abreuve la délicate petite plante.

L'industrie utilise ce merveilleux travail chimique de la germination. On fait germer l'orge pour obtenir la transformation de sa matière amylacée en glucose par l'action de la diastase. La métamorphose terminée, le grain est desséché dans des étuves et réduit en farine nommée malt. Enfin le malt délayé dans de l'eau est soumis à la fermentation, qui transforme le glucose en alcool. Le résultat final est la bière.

4. Action de la salive sur les substances féculentes. — Cette action est absolument semblable à celle de la diastase. La salive, par sa seule présence sans modifier en rien les éléments chimiques, transforme la fécule en glucose, qui, soluble, passe dans le sang en grande partie formé d'eau, se répand dans tout le corps par le fait de la circulation et alimente la combustion respiratoire. On voit maintenant de quelle importance est la salive puisque notre nourriture comprend en abondance des matières féculentes, pain, légumes et fruits.

Quelques misérables peuplades de la Polynésie et de l'Amérique du Sud préparent des boissons enivrantes où la salive remplit l'office de la diastase dans notre manière d'obtenir la bière. Voici la dégoûtante méthode. Les convives, assis en rond autour d'une calebasse, mâchent des matières végétales féculentes jusqu'à ce qu'elles soient réduites en pâte bien imprégnée de salive. Les bouchées préparées à point sont déposées dans la calebasse commune, additionnées d'eau et abandonnées à la fermentation, qui est très-rapide. La salive transforme d'abord la fécule en glucose, et celui-ci devient alcool par le travail de la fermentation. La boisson enivrante circule ensuite d'un convive à l'autre.

5. Déglutition. — Triturée par les dents, imprégnée de salive et réunie sur le dos de la langue en une seule masse qui prend le nom de *bol alimentaire*, la bouchée est finalement soumise à la déglutition, c'est-à-dire avalée. Cet acte est assez compliqué à cause des voies multiples où les aliments pourraient s'engager.

A la bouche (fig. 22) fait suite le *pharynx* ou *arrière-bouche*, espèce de carrefour où convergent quatre voies différentes. En haut, ce sont les fosses nasales; en bas, l'orifice de l'*œsophage* où doivent s'engager les aliments pour être conduits dans l'estomac, et la *glotte*, orifice de la *trachée-artère* par laquelle va et revient l'air nécessaire aux poumons; en avant enfin, c'est la bouche.

La bouche est séparée du pharynx par un rideau

charnu nommé *voile du palais*, qui, pendant la mastication, descend d'aplomb sur le dos de la langue, perpendiculairement à l'axe des voies digestives, ferme ainsi le fond de la bouche et empêche les aliments de passer outre tant que dure la mastication.

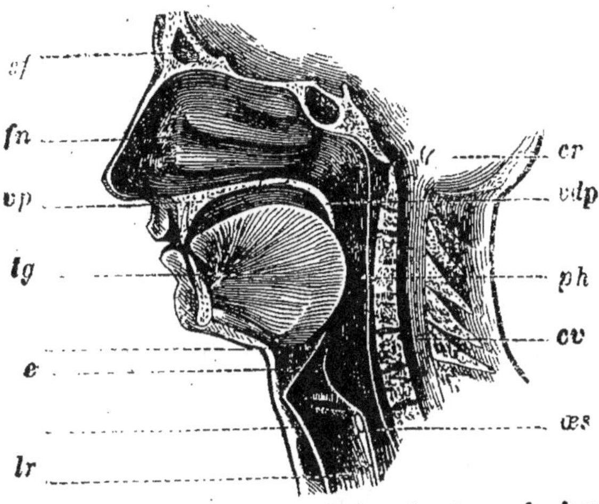

Fig. 22. — Coupe de la bouche. — *sf*, sinus frontaux; *fn*, fosses nasales; *vp*, voûte du palais; *lg*, langue; *e*, épiglotte; *lr*, larynx; *œs*, œsophage; *cv*, canal vertébral; *ph*, pharynx; *vdp*, voile du palais; *cr*, base du crâne.

Quand elle est mâchée à point, la bouchée vient presser contre cette cloison, qui se relève en se dirigeant dans l'intérieur du pharynx et de la position verticale passe à la position à peu près horizontale. Les aliments pénètrent alors dans le pharynx. La voie supérieure, celle des fosses nasales, leur est fermée par le voile du palais relevé ; mais deux voies restent en bas, celle des poumons ou trachée-artère en avant, celle de l'estomac ou œsophage en arrière. Il est de haute importance que la moindre parcelle solide ou liquide ne pénètre dans la voie des poumons ; la mort par suffocation pourrait en être la conséquence. Il y a donc là pour les aliments un pas délicat à franchir. Trois précautions sont prises à cet effet. D'abord l'orifice de la trachée-artère, la glotte fendue en étroite boutonnière, se resserre au moment de la déglutition ; de plus le *larynx*, c'est-à-dire le haut de la trachée-artère, disposé en renflement cartilagineux, s'élève tout d'une pièce et abrite la glotte sous la base de la langue. Le larynx se traduit au dehors par une protubérance occupant le devant du cou. Il est aisé de suivre du regard et du doigt le mouvement ascensionnel de cette protubérance pendant l'acte de la déglutition. Ce n'est pas tout encore. En remontant sous la langue, le larynx fait abaisser une languette cartilagineuse nommée *épiglotte*, qui vient s'appliquer sur la fente de la *glotte* à la façon d'une soupape. Triplement protégé par l'écran de l'épiglotte, par l'abri de la langue, par sa propre constriction, l'orifice aérien est fermé aux aliments. Il ne reste donc à ceux-ci que l'œsophage, où les pousse la contraction des muscles du pharynx.

Deux mouvements principaux s'effectuent au moment de la déglutition : celui du voile du palais, qui se relève en arrière et en haut pour protéger la voie des fosses nasales ; celui du larynx, qui remonte un peu pour mettre la glotte sous l'abri de la langue. Tout ce qui contrarie ce double mécanisme entrave la déglutition et amène des conséquences plus ou moins fâcheuses. Les éclats de rire, la parole, exigent la glotte libre, pour le passage de l'air, et le larynx dans sa position normale. Si l'on rit, si l'on parle en avalant, quelques particules peuvent pénétrer dans la voie aérienne, et de là résulte une toux suffocante provenant des efforts de la glotte pour les expulser. D'autres fois la colonne d'air chassée des poumons par un éclat de rire ou une parole bruyante, projette les aliments dans les fosses nasales en forçant le voile du palais.

6. Déglutition chez les oiseaux et les serpents.— Les animaux qui ne mâchent pas leur nourriture, tels que les reptiles et les oiseaux, sont dépourvus de voile de palais. Cet organe, destiné à empêcher les aliments de passer outre tant qu'ils ne sont pas suffisamment convertis en pâte par l'action des dents, devient inutile du moment que la nourriture est aussitôt engloutie dans l'œsophage sans éprouver de trituration préalable.

Les oiseaux ont autour de la glotte des denticules rigides, demi-cornées et dirigées en arrière pour faciliter la descente des aliments; ils ont en outre la langue généralement en fer de flèche, c'est-à-dire armée en arrière de deux prolongements aigus propres à empêcher les aliments de refluer du gosier dans le bec.

Chez les serpents, les parties osseuses de la bouche ont une organisation qui leur permet de s'écarter largement, de manière que l'animal peut avaler, non sans effort il est vrai, une proie quatre à cinq fois plus volumineuse que ne l'est sa propre tête au repos. Des dents aiguës dirigées en arrière entraînent graduellement la proie dans l'œsophage.

Supposons une couleuvre venant de saisir une souris. La proie étouffée dans les replis du reptile est d'abord enduite d'une salive abondante et visqueuse. La déglutition commence par la tête que la couleuvre reçoit dans sa gueule hideusement fendue. Les petites dents crochues de droite s'y implantent en la poussant dans le gosier, puis se maintiennent fixes et servent de point d'appui, tandis que les dents de gauche avancent, s'implantent, tirent et font faire à la bouchée un nouveau progrès. Ainsi, tirant et servant d'appui à tour de rôle, les dents de deux côtés des mâchoires parviennent à introduire dans le gosier une proie qui n'aurait jamais semblé pouvoir y passer. Pendant cette déglutition laborieuse, le cou est tellement distendu, que les écailles cessent de s'imbriquer l'une sur l'autre et se dressent, séparées ; la tête enfin est horriblement déformée. Une fois la souris engagée avant, les écailles s'abaissent, les mâchoires se rapprochent, la tête revient à sa forme normale, et l'animal s'assoupit de lassitude, les flancs rendus noueux et difformes par l'énorme bouchée.

C'est à l'aide d'une semblable déglutition que des boas et des pythons, d'une dizaine de mètres de longueur, peuvent avaler, en une seule bouchée, des cerfs et de jeunes buffles, préalablement pétris contre un tronc d'arbre dans les replis de leurs vigoureux anneaux.

7. **Œsophage. Estomac.** — L'œsophage, dont le nom signifie porte nourriture, conduit les aliments du pharynx à l'estomac. C'est un canal droit qui longe la colonne vertébrale. Sa structure ne présente rien de particulier. La cavité du corps de l'homme et des divers animaux dont l'organisation se rapproche le plus de la nôtre, est divisée par une cloison charnue, appelée *diaphragme*, en deux compartiments vulgairement nommés poitrine et ventre. Le premier contient les organes de la circulation et de la respiration, c'est-à-dire le cœur et les poumons ; le second contient les organes principaux de la digestion, savoir : l'estomac et l'intestin. L'œsophage traverse cette cloison un peu à gauche, et, dès qu'il l'a franchie, s'abouche avec l'estomac.

L'estomac est donc placé immédiatement au-dessous
du diaphragme, dans la région gauche et supérieure
du ventre ou *abdomen*. Sa position est transversale. Il

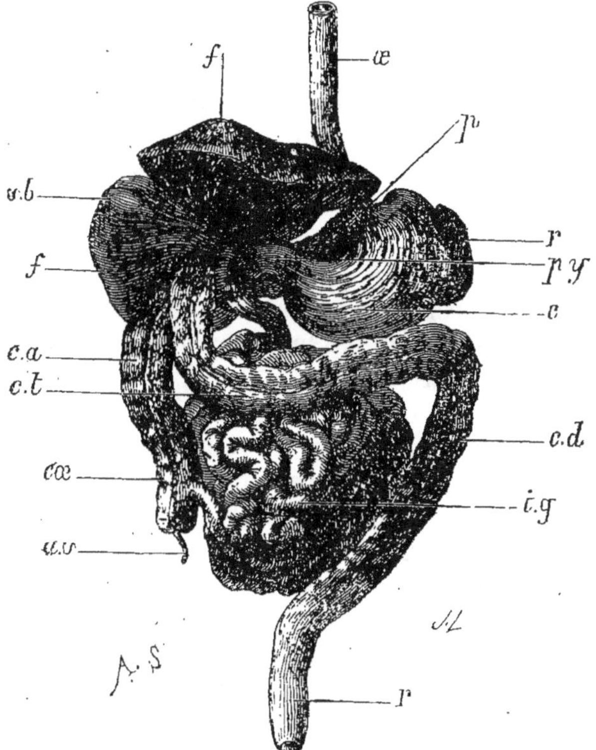

Fig. 23. — Organes digestifs de l'homme : *œ*, œsophage; *p*, pancréas;
r, rate; *f*, foie; *vb*, vésicule biliaire; *e*, estomac; *py*, pylore;
ig, intestin grêle ; *cœ*, cœcum; *av*, appendice du cœcum; *ca*, côlon
ascendant; *ct*, côlon transversal; *cd*, côlon descendant; *r*, rectum.

est formé par une dilatation du canal digestif, qui se
renfle en une vaste poche, concave dans le haut, convexe dans le bas et graduellement rétrécie de la région d'entrée à la région de sortie. L'orifice d'entrée,

4.

où s'abouche l'œsophage, porte le nom d'*ouverture cardiaque* ou de *cardia*, parce qu'il est situé au-dessous de la pointe du cœur de l'autre côté du diaphragme ; l'orifice de sortie, par lequel l'estomac se continue avec l'intestin, se nomme *pylore*. Les parois de ces deux orifices sont douées d'un muscle annulaire, qui en se contractant ferme l'issue à la manière des cordons d'une bourse. Pendant que l'on mange, le cardia est ouvert par le relâchement de son muscle annulaire, et le pylore est fermé par la contraction du sien. Le repas fini, les deux muscles se maintiennent contractés, celui du cardia pour empêcher les aliments de refluer vers la bouche, celui du pylore pour les empêcher de passer outre tant que n'est pas accompli le travail digestif de l'estomac. Mais il arrive parfois que, surchargé de nourriture ou rebuté par certaines substances, l'estomac rejette son contenu en forçant l'ouverture cardiaque. Cet acte anormal constitue le *vomissement*. Quant au pylore, il ne livre passage qu'aux aliments digérés.

La membrane dont est formée l'estomac est épaisse, veloutée en dedans, et parcourue dans son épaisseur par de nombreux vaisseaux sanguins, dont le principal rôle est d'absorber certaines substances naturellement liquides ou bien liquéfiées par le travail digestif. Ce travail a pour agent un suc particulier, d'une acidité prononcée, nommé *suc gastrique* et transsudé par d'innombrables fossettes creusées à la face interne de l'estomac. Ces fossettes se nomment *follicules gastriques*. De leur cavité suinte le suc gastrique comme une partie de la salive suinte des follicules de la langue.

78. Action du suc gastrique. Expériences de Spallanzani et de Beaumont. — Le suc gastrique est un liquide clair, transparent, d'une saveur franchement acide, non susceptible de se corrompre et possédant en outre la remarquable propriété d'empêcher ou d'arrêter la putréfaction des matières organiques qui en sont imbibées. On comprend de quelle importance est cette aptitude sans laquelle la bouillie alimentaire de l'estomac tournerait rapidement à la corruption. Vide, l'estomac n'en produit que peu ou point ; mais lorsque ses parois sont excitées par le contact des aliments, des aliments solides surtout, le suc gastrique coule en abondance des follicules. En même temps, par ses contractions, l'estomac pétrit, agite la masse alimentaire, dont les couches superficielles font place à d'autres plus internes, de manière que toute la masse ne tarde pas à être imprégnée du liquide digestif.

On doit à un savant italien, l'abbé Spallanzani, les premières recherches expérimentales sur la nature du travail digestif qui s'effectue dans l'estomac. Il fit avaler à des corneilles de la chair hachée menu et contenue dans des tubes métalliques à parois criblées de trous. La digestion s'accomplit comme si les aliments avaient pénétré sans enveloppe dans l'estomac ; les tubes retirés du corps de l'animal expérimenté ne renfermaient plus rien, la chair avait disparu quoique l'étui métallique fût intact. La digestion n'est donc pas un acte mécanique, une sorte de trituration de la matière alimentaire remuée par les contractions stomacales, puisque l'enveloppe de métal, en protégeant les aliments contre toute friction, ne les a pas empêchés de disparaître. C'est nécessairement une dissolution au moyen d'un liquide dont les aliments se sont imbibés à la faveur des trous de l'étui métallique. Ce liquide, quel est-il ?

Spallanzani fait avaler à des corneilles à jeun de petites éponges qui, après quelque temps de séjour dans l'estomac, sont rejetées par le vomissement des oiseaux. Les éponges sont recueillies et exprimées. Elles rendent un suc acide, dont elles se sont imprégnées dans la cavité digestive. En possession d'une suffisante quantité de ce liquide, le savant abbé en arrose de la chair crue coupée en menus morceaux et introduit le tout dans des tubes de verre, qu'il met sous ses vêtements pour les tenir à la température naturelle du corps. En quelques heures, un admirable travail est accompli, une véritable digestion artificielle. La chair est rendue coulante; elle est fluide, soluble dans l'eau.

Les belles expériences de Spallanzani ont pu être continuées sur l'homme lui-même, en particulier par un médecin du Canada, le docteur Beaumont, qui mit à profit, dans l'intérêt de la science, des circonstances bien exceptionnelles. Un jeune homme avait eu l'estomac ouvert par une blessure d'arme à feu. La plaie, quoique cicatrisée, avait laissé un orifice béant qui mettait en libre communication avec le dehors la cavité stomacale. Le blessé d'ailleurs était bien portant et mangeait comme d'habitude Le jeune homme s'y prêtant de bonne volonté, Beaumont entreprit avec son concours une série d'expériences du plus haut intérêt. Par l'orifice accidentel, il lui était facile de suivre tout ce qui se passait dans l'estomac; il pouvait assister à l'arrivée des aliments, à leur imbibition par le suc gastrique, à leur dissolution par ce liquide; il pouvait encore introduire lui-même des aliments ou les retirer. Ses observations confirmèrent pleinement celles de Spallanzani, en démontrant que le suc gastrique a la propriété de fluidifier les substances alimentaires, la chair en particulier. Des morceaux de bœuf introduits dans l'estomac par la blessure, puis retirés quand ils étaient imprégnés de suc gastrique, ne tardaient pas à se transformer en une substance fluide sous l'influence d'une douce température pareille à celle du corps ; d'autres morceaux arrosés de suc gastrique, recueilli avec un tube pendant qu'il ruisselait des parois de l'estomac, éprouvaient la même transformation dans des vases maintenus à la température du corps, c'est-à-dire à la température d'une quarantaine de degrés.

A la suite de ces expériences, corroborées par bien d'autres dues à divers physiologistes, il est évident que le travail digestif accompli dans l'estomac est une dissolution des substances alimentaires, au moyen d'un liquide spécial fourni par les parois mêmes de l'estomac et nommé suc gastrique. Ce liquide n'agit pas indifféremment sur toutes les substances alimentaires ; il n'attaque et ne fluidifie que les aliments azotés, fibrine, albumine et caséine.

9. **Composition du suc gastrique.** — Le suc gastrique contient de quatre-vingt-dix-huit à quatre-vingt-dix-neuf parties d'eau sur cent ; le reste se compose de diverses substances, parmi lesquelles sont principalement à remarquer l'*acide lactique* et la *pepsine*. L'acide lactique, cause de la saveur aigre des sucs de l'estomac, est le même acide qui se trouve dans le lait aigri. La pepsine est une substance quaternaire azotée, soluble dans l'eau. On lui attribue la propriété de gonfler d'abord, avec le concours de l'acide lactique, puis de diviser et de dissoudre les aliments azotés, notamment la chair musculaire. Si l'on fait macérer dans de l'eau l'estomac d'un animal

à la température d'une quarantaine de degrés, on obtient une dissolution de pepsine à laquelle il suffit d'ajouter une faible quantité d'acide lactique pour avoir un liquide apte à dissoudre la chair musculaire, à la digérer artificiellement.

10. **Chyme.** — Dans la bouche, les aliments se sont imprégnés de salive, dont le principe actif, la diastase salivaire, transforme les matières féculentes en une substance soluble, le glucose ; dans l'estomac, ils se sont imbibés de suc gastrique, dont la pepsine fluidifie la fibrine et ses analogues. Sous l'influence de ces deux dissolvants, le contenu alimentaire de l'estomac est transformé en une bouillie demi-fluide, grisâtre, d'odeur fade, de saveur acide et nommée *chyme*. Cette bouillie est un mélange de matières azotées dissoutes, de substances féculentes partiellement converties en glucose, de matières grasses encore intactes et dont la digestion ne doit s'effectuer que dans l'intestin, enfin de résidus non nutritifs. Le travail digestif est terminé pour les aliments dont la fibrine, l'albumine et la caséine forment la base ; il est plus ou moins avancé pour ceux qui se composent de fécule, dont la transformation en glucose doit se poursuivre, dans l'intestin, sous la double influence de la salive dont ils sont déjà imprégnés et d'un nouveau liquide qui va se mélanger avec eux à la sortie de l'estomac ; il est enfin nul pour les matières grasses. En somme, le produit de la digestion stomacale, le chyme, contient actuellement des matériaux nutritifs liquéfiés et par conséquent aptes à se mélanger désormais avec la masse du sang, pour être distribués dans tout le corps et servir à l'accroissement, à la rénovation des organes. A ces matériaux liquéfiés ajoutons les boissons qui, naturelle-

ment liquides, n'ont besoin d'aucune préparation pour passer dans le sang.

11. Endosmose. — Pour nous rendre compte de l'*absorption*, c'est-à-dire du passage des liquides nutritifs dans le sang, considérons l'appareil suivant nommé *endosmomètre*. Sur l'orifice d'une petite cloche en verre est tendu, avec un cordon, un lambeau de vessie *b* ou de membrane animale quelconque. La tubulure *a* de la cloche porte un tube *c* recourbé supérieurement. On met dans l'appareil, jusqu'à la naissance du tube, une dissolution de gomme arabique dans l'eau, et l'on plonge la cloche dans un vase contenant de l'eau pure. Nous avons ainsi, séparés par la cloison de la membrane, deux liquides de propriétés physiques différentes : l'un,

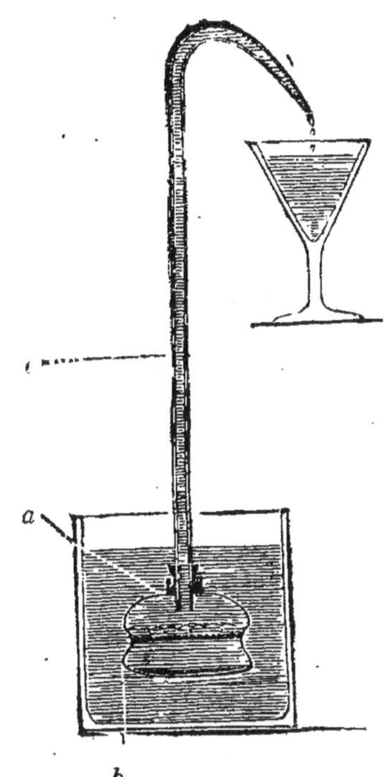

Fig. 24. — Endosmomètre.

l'eau gommée, à l'intérieur de l'endosmomètre, l'autre, l'eau pure, à l'extérieur. Chacun des deux liquides tend à suinter à travers la membrane et à passer de l'autre côté par une imbibition semblable à celle qui s'exerce dans tous les corps poreux ; mais cette tendance n'a pas la même énergie de part et d'autre. L'eau gommée, à cause de son état visqueux, s'infiltre

mal dans le tissu de la membrane et traverse difficilement la cloison; l'eau pure, au contraire, la traverse
très-bien à la faveur de sa fluidité. Le résultat de ces
deux courants inverses, dont l'un est très-affaibli et
presque rendu nul par la viscosité du liquide, doit être
une augmentation de volume dans le contenu de la
cloche. On voit bientôt, en effet, le niveau monter peu
à peu dans le tube, par suite du mélange de l'eau
pure avec l'eau gommée à travers la membrane ;
et si la hauteur de ce tube n'est pas trop considérable,
le liquide finit par se déverser dans le verre *d*. On
nomme *endosmose* le transport d'un liquide plus
fluide vers un autre plus visqueux à travers la cloison
d'une membrane. Il y a en même temps transport
inverse, mais dans des proportions d'autant moindres que le contenu de l'endosmomètre a plus de
viscosité. Après l'expérience, on trouve un peu de
gomme dans l'eau du vase extérieur (1).

12. **Absorption par les veines de l'estomac.**
—Dans l'épaisseur de la paroi de l'estomac rampent
de nombreuses veines, qui, avec l'estomac lui-même,
constituent un véritable endosmomètre. Deux liquides, en effet, sont en présence, séparés seulement
par des cloisons membraneuses, cloison des veines
et cloison stomacale, toutes les deux plus ou moins
perméables aux liquides suivant l'état de viscosité de
ceux-ci. Dans les veines se trouve le liquide plus visqueux, le sang; dans l'estomac se trouve le liquide
plus fluide, consistant en substances alimentaires dis-

(1) Un endosmomètre facile à construire consiste en une
vessie natatoire de poisson, que l'on perce d'une ouverture
pour y fixer un tube en verre de petit calibre. On remplit
la vessie d'eau gommée et l'on plonge la partie inférieure
de l'appareil dans un verre d'eau pure.

soutes soit par la salive, soit par le suc gastrique, et en outre étendues d'eau par la boisson. Il se fait donc une infiltration de l'estomac vers les veines, et les matériaux digérés passent dans le sang, de même que l'eau pure va se mélanger avec l'eau gommée en traversant la cloison membraneuse de l'endosmomètre. Cette absorption stomacale introduit dans l'organisme l'eau, les aliments plastiques ou azotés, et quelques aliments respiratoires, tels que le glucose provenant des matières féculentes déjà digérées, et l'alcool, principe alimentaire du vin.

QUESTIONNAIRE.

1. Quel est le mécanisme de la mastication ? — Qu'y a-t-il à remarquer dans le mouvement des mâchoires du bœuf, du cheval, du mouton, des rongeurs ? — Quelle est l'influence de la mastication sur la digestion ? — 2. Quels sont les organes qui fournissent la salive ? — Qu'appelle-t-on follicules, amygdales ? — Citez les trois paires de glandes salivaires ? — Aux dépens de quel liquide se forme la salive ? — Quel rôle remplit la salive ? — 3. Qu'est-ce que la fécule ou amidon ? — Quel changement éprouve cette substance pendant le travail de la germination ? — Qu'est-ce que la diastase, la dextrine, le glucose ? — Comment s'obtient la bière ? — 4. Quelle est l'action de la salive sur les substances féculentes ? — 5. En quoi consiste la déglutition ? — Qu'appelle-t-on bol alimentaire ? — Quelle est la fonction du voile du palais ? — Qu'est-ce que le pharynx ? — Comment les aliments sont-ils empêchés de s'engager dans les fosses nasales ? — Comment sont-ils empêchés de s'engager dans la glotte? — Quels sont les deux mouvements principaux accompagnant la déglutition ? — Dans quelles circonstances des parcelles d'aliments peuvent-elles pénétrer dans la glotte ou dans les fosses nasales ? — 6. Quels sont les animaux qui manquent de voile du palais ? — Que présentent de remarquable la glotte et la langue des oiseaux sous le rapport de la déglutition ? — Comment se fait la déglutition chez les couleuvres ? — Comment les serpents peuvent-ils, en une seule bouchée, avaler une proie si volumineuse ? — 7. Qu'est-ce que l'œsophage ? — Qu'est-ce que le diaphragme? — Quels organes y a-t-il au-dessus et au-dessous du diaphragme? — Où se trouve l'estomac? — Quelle est sa configuration? — Qu'appelle-t-on pylore et cardia? — Comment s'ouvrent et se ferment ces deux ouvertures? — Qu'y a-t-il à remarquer dans la structure de la membrane stomacale? — 8. Qu'appelle-t-on suc gastrique? — Par quoi est-il fourni? — Citez les principales expériences de Spallanzani? — Comment peut-on réaliser une digestion artificielle? — Quelles observations doit-on à Beaumont? — Quels sont les aliments que dissout le suc gastrique? — 9. Que contient le suc gastrique? — Qu'est-ce que la pepsine? — Comment peut-on obtenir un liquide apte à dissoudre la chair musculaire? — 10. Qu'appelle-t-on chyme? — Que contient le chyme? — Quel aspect a-t-il? — Quelles sont les substances alimentaires dont la digestion se termine dans l'estomac? — Quelles sont celles dont la digestion y est plus ou moins avancée, et celles dont la digestion ne commence que dans l'intestin? — 11. Décrivez l'endosmomètre. — Que se passe-t-il dans cet appareil? — En quoi consiste l'endosmose? — 12. Comment se fait l'absorption par les veines de l'estomac? — Quels sont les aliments introduits dans l'organisme par l'absorption stomacale?

CHAPITRE V

DIGESTION (*suite*).

1. Intestin. — A la suite de l'estomac, les voies digestives se continuent par les *intestins*, tube membraneux contourné un grand nombre de fois sur lui-même dans la cavité abdominale et maintenu en place par les replis d'une enveloppe nommée *péritoine*, qui les suspend à la colonne vertébrale. Ce canal varie beaucoup de longueur suivant le régime alimentaire; il est plus long chez les animaux herbivores, plus court chez les animaux carnivores. De tous les aliments, la chair est, en effet, le plus facile à digérer et celui qui à poids égal renferme le plus de principes nutritifs. L'appareil digestif destiné à ce genre de nourriture n'a donc pas besoin d'une grande capacité. L'aliment des herbivores est, au contraire, tenace, pauvre en substances alimentaires et lent à les céder. Il en faut beaucoup pour sustenter l'animal; il faut en outre que, par un contact prolongé avec les surfaces digestives, la maigre nourriture puisse céder le peu qu'elle contient. Ces conditions entraînent des poches stomacales de grande capacité et des intestins longuement développés. Ceux du mouton mesurent vingt-huit fois la longueur du corps de l'animal, tandis que ceux du lion n'atteignent que trois fois cette longueur. Chez l'homme, dont le régime est mixte et comprend à la fois des substances animales et des substances végétales, la longueur des intestins est de sept fois celle du corps.

2. **Intestin grêle.** — Les intestins se divisent en deux parties. La première, celle qui fait suite à l'estomac, se nomme *intestin grêle*, à cause de son étroit diamètre; elle forme près des trois quarts de la longueur totale des intestins. Sa face externe est lisse et uniforme; sa face interne est couverte d'une infinité de très-menus appendices un peu coniques, dont l'ensemble a l'aspect d'une fine toison veloutée, et qui pour ce motif portent le nom de *villosités*. C'est par les villosités que s'effectue l'absorption des matières digérées. La même face interne est criblée de très-petites glandes ou *follicules*, creusées dans l'épaisseur de la paroi; elle présente enfin de nombreux plis transversaux, dont le rôle est de ralentir la marche du chyme afin de soumettre

plus longtemps les matériaux alimentaires à l'action des parois digestives. Ces replis se nomment *valvules conniventes*. Sur tout son trajet, l'intestin grêle reçoit dans l'épaisseur de sa membrane des vaisseaux sanguins et des ramifications nerveuses ; enfin il est en rapport avec des vaisseaux nommés *chylifères*, qui absorbent certains produits de la digestion, ainsi qu'il sera dit plus loin.

Immédiatement après le pylore, l'intestin grêle débute par une portion qui n'est pas enroulée avec la masse générale, mais reste distincte et constitue une sorte de canal de communication entre l'estomac et l'intestin. Les anatomistes la nomment *duodénum*, parce que chez l'homme elle mesure environ douze travers de doigt de longueur. C'est dans le duodénum que se déversent le *suc pancréatique* et la *bile*, dont nous allons bientôt étudier le rôle dans la travail de la digestion.

3. **Gros Intestin.** — A l'intestin grêle fait suite le *gros intestin*, ainsi nommé à cause de l'ampleur de son diamètre, qui équivaut à trois fois celui du premier. L'abouchement se fait au voisinage de la hanche droite. Le gros intestin est remarquable par sa surface boursouflée et froncée. Il débute par un cul-de-sac nommé *cœcum*, très-développé chez les herbivores, à peu près nul chez les carnivores, d'une médiocre ampleur mais cependant très-distinct chez l'homme, où il se termine en outre par un étroit prolongement, plié sur lui-même et nommé *appendice vermiforme*. C'est au-dessus du cœcum que l'intestin grêle communique avec le gros intestin. L'orifice de communication porte un repli en entonnoir qui permet aux produits de la digestion de passer outre et de pénétrer dans le gros intestin, puis

rapproche ses bords et fait obstacle à un mouvement rétrograde. Ce repli se nomme *valvule iléo-cœcale*, parcequ'elle se trouve au confluent de la portion terminale de l'intestin grêle, nommée *iléon*, et de la portion initiale du gros intestin ou *cœcum*.

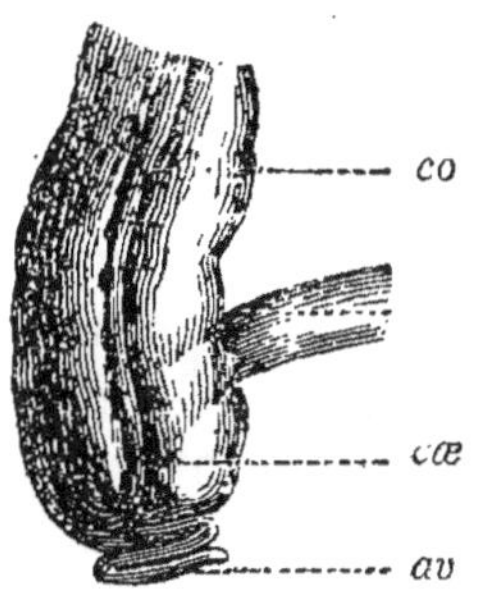

Fig. 25. — Cœcum de l'homme. *co*, colon ; *i*, intestin grêle ; *cœ*, cœcum ; *av*, appendice vermiculaire.

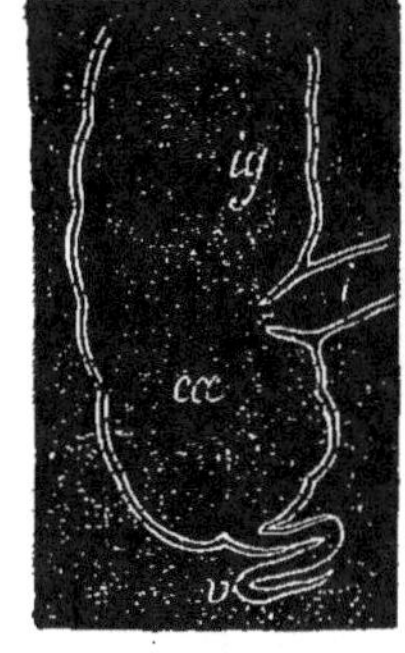

Fig. 26. — Coupe du cœcum montrant la valvule iléocœcale.

Au voisinage de la hanche droite, le gros intestin remonte en longeant le flanc droit ; puis il traverse de droite à gauche la cavité abdominale, au niveau inférieur de l'estomac ; enfin, il redescend en longeant le flanc gauche. Sur tout ce trajet, le gros intestin prend le nom de *colon*. Enfin il se termine par le *rectum*, à surface uniforme, dépourvue de boursouflures. Ce dernier conduit par le plus bref chemin, en ligne droite, les immondes résidus de la digestion, à l'égout final, l'*anus*.

4. **Pancréas. Suc pancréatique.** — Le pancréas est une volumineuse glande salivaire qui, au lieu de déverser la salive dans la bouche, à l'entrée des

voies digestives, la déverse dans l'intestin grêle non loin du pylore. On pourrait l'appeler *glande salivaire abdominale*. C'est une masse granuleuse, divisée en un grand nombre de lobes et de lobules, de consistance assez ferme et d'un blanc légèrement rosé. Sa structure est celle des glandes salivaires. Il est placé entre l'estomac et la colonne vertébrale, au voisinage de l'anse que forme le duodénum. Chacune des granulations qui le composent se continue par un conduit délié qui s'abouche avec

Fig. 27. — Fragment du pancréas, très-grossi.

les conduits des granulations voisines, de manière que l'ensemble se termine par un canal commun qui verse la *salive* ou *suc pancréatique* dans l'intestin grêle, à peu de distance du pylore, dans la région nommée duodénum.

Le suc pancréatique est un liquide clair, incolore, écumeux, semblable à la salive. Sa saveur est un peu salée. Il se coagule par l'action de la chaleur ou des acides énergiques, comme le fait une forte dissolution d'albumine.

5. Action du suc pancréatique. — Les aliments plastiques ou azotés, fibrine, albumine et caséine, sont, avons-nous dit, fluidifiés dans l'estomac par l'action du suc gastrique, et immédiatement absorbés par les veines stomacales. Sont également absorbées par ces veines les boissons et les substances solubles dans l'eau, telles que le sucre et l'alcool. La masse alimentaire, considérablement amoindrie par cette absorption et réduite en une pâte molle nommée *chyme*, passe dans l'intestin grêle en franchissant le pylore. Les principes nutritifs qui dominent alors dans le chyme sont les matières féculentes, dont la conversion en glucose est déjà plus ou moins avancée par l'action de la diastase salivaire, et les matières grasses, qui n'ont encore éprouvé aucune modifi-cation. Le suc pancréatique a précisément pour fonction de compléter le travail digestif en dissolvant les matières grasses sur lesquelles la salive et le suc gastrique n'ont pas d'effet, et en accélérant la transformation des substances amylacées en glucose, transformation qui se poursuit depuis la bouche sous l'influence de la salive buccale. La manière d'agir du suc pancréatique est ainsi double.

Si l'on arrose de la fécule ou de l'empois avec du suc pancréatique artificiellement extrait du corps d'un animal, et qu'on maintienne le mélange à une température de 30 à 40 degrés, on obtient rapidement un liquide sucré, c'est-à-dire une dissolution de glucose. Le suc du pancréas a donc, à un haut degré, la propriété déjà reconnue dans la salive, celle de métamorphoser, sans rien ajouter ni retrancher aux éléments chimiques, une substance insoluble et par conséquent non absorbable, la fécule, en une autre substance soluble et absorbable, le glucose. Le pancréas a non-seulement les apparences et la structure des glandes salivaires, il en a aussi les fonctions par sa manière d'agir sur les aliments amylacés.

En second lieu, si l'on agite à une douce température un mélange d'huile et de suc pancréatique, on obtient un liquide d'apparence laiteuse, qui, par le repos, laisse surnager une couche blanche, d'aspect crémeux, formée d'huile très-finement divisée. Traités par le suc pancréatique, les divers autres corps gras se comportent de la même manière; ils se divisent en particules d'une excessive finesse, ils *s'émulsionnent* et se résolvent en un liquide semblable à du lait. A la faveur de cette division extrême, équivalant à une dissolution, les corps gras sont désormais absorbables.

En résumé, le suc pancréatique convertit la matière amylacée en glucose et complète ainsi le travail digestif commencé par la salive; il remplit, en outre, une fonction qui lui est spéciale : celle de diviser les corps gras en particules d'une excessive finesse, de les *émulsionner*, enfin de les réduire en un liquide trouble ayant les apparences du lait.

6. **Chylification.** — Par un étroit canal où viennent de proche en proche déboucher toutes les granulations dont il se compose, le pancréas déverse ses produits dans le duodénum, à mesure que la masse alimentaire franchit cette portion initiale de l'intestin grêle. La masse pâteuse issue de l'estomac arrive donc dans l'intestin toute imprégnée de suc pancréatique; ses matières amylacées se dissolvent en devenant glucose; ses matières grasses se divisent finement et s'émulsionnent en un liquide laiteux. Ce travail, accompli dans toute la longueur de l'intestin grêle, se nomme *digestion intestinale* ou *chylification*. Le résultat absorbable est un liquide blanc, d'aspect laiteux, très-riche en graisse. On le nomme *chyle*. Dans l'intestin, il est mélangé avec les résidus non nutritifs qui doivent être ultérieurement rejetés; la séparation se fait par les *vaisseaux chylifères*, qui absorbent le liquide laiteux, le chyle, et laissent les parties non nutritives poursuivre leur trajet dans le canal digestif.

7. Vaisseaux chylifères et veines intestinales.
— De nombreuses veines rampent dans l'épaisseur de la paroi de l'intestin. Pour que toute particule nutritive soit utilisée dans ce laboratoire organique, merveilleux d'économie, elles continuent les fonctions des veines stomacales en absorbant le peu de substances plastiques que les premières ont laissé passer outre, ainsi que les substances devenues glucose ou du moins solubles et aptes à le devenir. Nous reviendrons bientôt sur l'ensemble des veines absorbantes de l'estomac et de l'intestin.

Les matières grasses, constituant le chyle, suivent une autre route, et s'engagent dans des vaisseaux particuliers uniquement destinés à leur transport. On les nomme *vaisseaux chylifères*. Ils naissent des divers points de l'intestin, très-abondants pour la région antérieure de l'intestin grêle, moins abondants en arrière, rares pour le gros intestin. Cette distribution est en parfaite harmonie avec la progression de la masse alimentaire qui s'appauvrit en principes nutritifs à mesure qu'elle s'engage plus avant. Les substances absorbables devenant plus rares d'avant en arrière dans le contenu de l'intestin, les appareils d'absorption deviennent plus rares aussi et cessent même tout à fait dans la région occupée par un résidu d'où il n'y a plus rien à extraire.

Nous avons reconnu à la face intérieure de l'intestin grêle une infinité de menus prolongements nommés *villosités*, dont l'ensemble a l'aspect de la molle toison d'un velours. Leur longueur varie de 1/2 millimètre à trois millimètres; leur forme est en général conique, d'autres fois cylindrique ou lamelleuse. Chaque villosité est le point de départ, la racine d'un vaisseau chylifère; elle constitue pour celui-ci une sorte de suçoir qui plonge dans la masse alimentaire et s'imbibe de chyle. Les délicates racines issues de ces suçoirs se réunissent avec leurs voi-

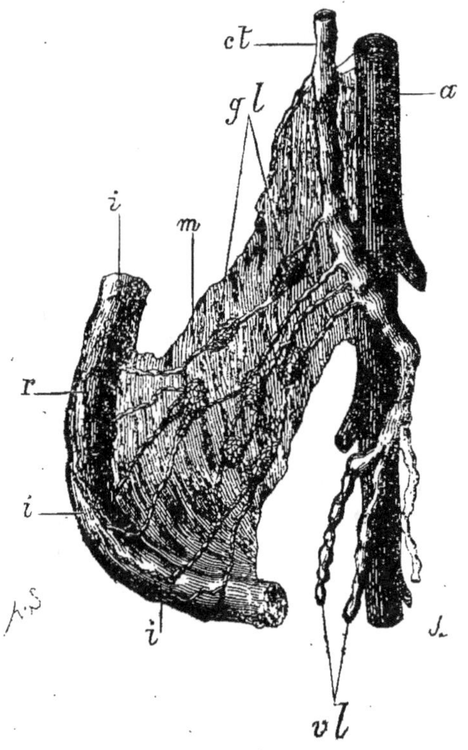

Fig. 28. — Vaisseaux chylifères.

i, i, i, intestin grêle; — *r*, racines des vaisseaux chylifères; — *vl*, vaisseaux chylifères; — *ct*, canal thoracique; — *a*, aorte; — *m*, mésentère; — *gl*, ganglions mésentériques.

sines, forment des ramifications plus grosses et finissent par s'assembler en canaux qui marchent tantôt isolés, tantôt groupés dans l'épaisseur d'une fine membrane enveloppant les intestins et nommée *mésentère*. Ces canaux ou *vaisseaux chylifères* se con-fondent de proche en proche en quelques troncs principaux et forment enfin, en avant de la colonne vertébrale, un peu au-dessous du diaphragme, un canal unique appelé *canal thoracique*. Celui-ci tra-verse le diaphragme en longeant, un peu à gauche, la colonne vertébrale et vient déboucher dans une veine qui ramène le sang du bras gauche en passant sous la clavicule de ce membre et porte, pour ce mo-tif, le nom de *veine sous-clavière gauche*.

En résumé, le liquide laiteux formé par les ma-tières grasses émulsionnées, c'est-à-dire le chyle, est absorbé par les villosités intestinales, qui s'en imbi-bent à peu près comme une éponge s'imbibe d'eau. Les villosités l'introduisent dans les vaisseaux chyli-fères, auxquels elles servent de racines. Ceux-ci le conduisent dans un canal commun, le canal thoraci-que, où il remonte, en longeant la colonne verté-brale, pour être finalement déversé dans la veine sous-clavière gauche.

Dans un animal à jeun, les vaisseaux chylifères sont flasques, vides et difficilement visibles; en pleine digestion, ils se gonflent de chyle, deviennent d'un beau blanc de lait et montrent nettement leurs moin-dres ramifications.

8. **Foie.** — Au niveau de l'estomac et à droite est un organe volumineux, d'un rouge brun, convexe à sa face supérieure, irrégulièrement concave et lobé à sa face inférieure. Sa substance est ferme et com-posée d'innombrables granulations où s'élabore, avec les matériaux du sang, un liquide spécial nommé *bile* ou vulgairement *fiel*. Le foie est une *glande*, comme le pancréas et les glandes salivaires, c'est-à-

dire un organe destiné à extraire du sang, à *sécréter* un liquide particulier. Le pancréas élabore ou sécrète le suc pancréatique, les glandes salivaires sécrètent la salive, le foie a pour fonction de sécréter la bile.

Des granulations du foie naissent des canaux très-fins qui se réunissent en troncs plus considérables, et se résument en un conduit commun qui débouche dans le duodénum au voisinage du canal amenant le suc pancréatique. Sur son trajet, ce conduit commun porte un embranchement qui se termine par une ampoule ou réservoir où s'amasse la bile, quand elle ne s'écoule pas directement dans l'intestin. Ce réservoir se nomme *vésicule biliaire* ou *vésicule du fiel*; le canal qui l'a fait communiquer avec le conduit terminal du foie s'appelle canal *cystique*; enfin le conduit qui met en rapport le foie avec le duodénum se nomme *canal cholédoque*.

Tous les animaux supérieurs, tous les mammifères en particulier, ne sont pas pourvus d'une vésicule biliaire; divers herbivores en manquent, l'éléphant par exemple, le cheval, le cerf, le chameau. Dans ces conditions, la bile se déverse directement dans le duodénum par le canal cholédoque. Quand il y a une vésicule biliaire, et c'est le cas de l'homme, la bile s'amasse dans ce réservoir, en refluant par le canal cystique; puis, à mesure qu'il est nécessaire, reprend son trajet vers l'intestin.

9. **Bile. Ses fonctions.** — La bile est un liquide visqueux, filant, d'un vert sombre, de saveur très-amère et d'odeur nauséabonde. Elle forme avec l'eau un liquide mousseux; elle dissout les corps gras à la manière du savon, dont elle se rapproche par sa constitution chimique. Cette dernière propriété est quelquefois mise à profit pour décrasser les étoffes. On

trouve dans la bile de la soude combinée avec divers acides gras, en particulier avec l'acide *cholique*; sa réaction est toujours alcaline.

Son rôle dans le travail de la digestion est encore très-obscur. On attribue à la bile la fonction de neutraliser par son alcali, la soude, l'acidité de la masse alimentaire imprégnée de suc gastrique; on pense encore qu'elle prend part, avec le suc pancréatique, à l'émulsion des matières grasses. Enfin il est hors de doute que la bile constitue, du moins en grande partie, un résidu d'épuration de la masse du sang. Elle conduit hors de l'organisation des matériaux inutiles que le foie extrait du sang, où les principes de la bile préexistent tout formés. Quant à la suite d'un état maladif cette épuration ne peut se faire et que le sang traverse le foie sans pouvoir s'y débarrasser de la bile, ce liquide s'accumule dans l'organisation et communique bientôt aux yeux et à la peau une teinte jaune très-prononcée, qui a valu à cet état maladif le nom de *jaunisse*.

10. Veine porte. — De nombreuses veines, avonsnous dit, rampent dans l'épaisseur de la paroi stomacale et absorbent, pour être mélangés avec le sang, les produits de la digestion de l'estomac, c'est-à-dire les aliments plastiques fluidifiés par le suc gastrique. Sont également absorbés par ces veines les liquides qui n'ont besoin d'aucune préparation préalable, et les principes sucrés que l'action de la salive sur la fécule peut avoir déjà produits. A la surface de l'intestin grêle, d'autres veines continuent le travail de celles de l'estomac: elles absorbent les matériaux plastiques et les matériaux respiratoires, les corps gras exceptés, qui ont échappé aux premières ou dont la digestion était incomplète et ne s'achève que sous l'influence du suc pancréatique. A ces veines de l'estomac et de l'intestin grêle s'en adjoignent d'autres venues du pancréas et de la rate, et leur ensemble se réunit au-dessous du foie en un tronc unique nommé *veine porte*.

La *rate* est un organe de petit volume, de texture molle, de couleur violacée, placé au voisinage de l'estomac et du côté gauche. Dans son tissu spongieux, elle reçoit en abondance du sang, qui sans doute y subit certaines modifications impossibles encore à préciser. Tout ce que l'on peut affirmer, c'est que ces modifications sont d'importance secondaire, car on a pu souvent, sans péril de mort, extirper la rate d'un animal vivant.

Revenons à la veine cave, tronc commun où se réunissent les veines de la rate, du pancréas, de l'intestin grêle et de l'estomac. Son contenu consiste en un mélange d'éléments nutritifs nouvellement fournis par la digestion, et de sang qui, ayant déjà parcouru l'organisme, charrie avec lui de vieux matériaux, résidus du travail vital. Au nombre de ces résidus sont les principes de la bile. La veine porte plonge dans le tissu du foie, où elle se divise et se subdivise en une multitude de fines ramifications, qui se mettent en rapport avec la masse entière de la glande. Chaque granulation du foie fonctionne alors à la manière d'un filtre qui tamise le sang, et en extrait les matériaux biliaires. Ceux-ci, par des voies qui leur sont spéciales, vont s'accumuler dans la vésicule du fiel, d'où ils se déversent finalement dans l'intestin; tandis que le sang épuré continue sa marche et sort du laboratoire du foie par les rameaux de la *veine hépatique*. Celle-ci l'amène à la *veine cave inférieure*, qui le conduit au cœur.

11. Fonction glucogénique du foie. — Un autre

acte de haute importance s'accomplit dans le foie. Non-seulement le sang y subit une épuration en se débarrassant de ses matériaux biliaires dans les granules hépatiques, mais encore il s'y enrichit en glucose par un travail spécial de transformation nommé *fonction glucogénique*, c'est-à-dire génératrice du glucose. Soumis aux recherches de la chimie, le sang avant de pénétrer dans le foie par la veine porte ne renferme que le peu de glucose provenant des matières amylacées métamorphosées par la salive et le suc pancréatique, ou même n'en renferme pas du tout si l'alimentation ne contient pas de matières féculentes, ainsi que cela a lieu pour les animaux purement carnivores. Cependant, même dans ce dernier cas, à sa sortie du foie par la veine hépatique, le sang renferme toujours une forte proportion de glucose. Il faut donc qu'à travers cet organe, un changement profond se soit accompli dans la masse du sang, et que de certains matériaux non sucrés amenés par la veine porte, du sucre se soit formé dans l'épaisseur du foie. Celui-ci est alors un vrai laboratoire de glucose; le sang y pénètre très-peu pourvu ou même dépourvu de ce principe, il en sort abondamment enrichi.

Des divers aliments respiratoires, le glucose est celui qui se prête le mieux, par sa facile altération, à la combustion vitale. Il est par excellence le combustible du foyer de la vie; pour entretenir la chaleur qui lui est propre, l'organisation brûle avant tout du glucose, du sucre. Ce glucose, les aliments féculents, transformés par la salive et le suc pancréatique, le fournissent en partie; mais cette provision de combustible est insuffisante et d'ailleurs les animaux exclusivement carnivores en sont dépourvus. Il importe donc que l'animal ne soit pas astreint à puiser toujours dehors, dans le règne végétal, la principale substance qui doit entretenir la combustion respiratoire ; il doit pouvoir en former de toutes pièces avec les matériaux du sang, n'importe la nature de son origine ; il doit avoir enfin un laboratoire de sucre qui approvisionne sans cesse l'organisation de la matière la plus apte à se transformer en eau et en acide carbonique sous l'influence du sang oxygéné, et à produire ainsi de la chaleur. Ce laboratoire de glucose, qui se retrouve sous les formes les plus variées chez tous les animaux, c'est le foie.

Dans certains cas maladifs, il arrive soit que la formation du glucose par le foie s'exagère, soit que l'organisation débilitée ne puisse consumer la proportion habituelle de combustible vital. Alors le glucose en excès est rejeté par la voie des urines. Celles-ci prennent une saveur fortement sucrée ; elles sont aptes à fermenter comme le moût de raisin (1), et à donner ainsi de l'alcool qui ne diffère en rien de celui du vin. Cette affection se nomme *diabète sucré*.

12. **Résidus de la digestion.** — Quand il atteint la valvule iléo-cœcale pour pénétrer de l'intestin grêle dans le gros intestin, le contenu du canal digestif a cédé à l'absorption des veines et des chylifères la presque totalité de ses principes nutritifs. Par un lent triage, le cœcum et le colon en retirent les derniers sucs alimentaires, et ce n'est plus alors qu'une masse sans valeur, un résidu de toutes les matières que la digestion n'a pu attaquer. Coloré par la bile, qui re-

(1) La substance qui donne au jus de raisin sa saveur douce et sa propriété de se transformer par la fermentation en une liqueur alcoolique, le vin, n'est autre chose que du glucose.

tarde sa décomposition putride et lui communique une odeur nauséabonde, ce résidu s'accumule finalement dans le rectum, d'où la *défécation* l'expulse. Ce que l'animal n'a pu utiliser, la plante le reprend pour de nouvelles œuvres, quand la décomposition putride en a fait du gaz carbonique et de l'ammoniaque; et l'immonde résidu, terminaison honteuse de la digestion, devient, par l'admirable travail de la vie, feuille, fruit, fleur, semence.

QUESTIONNAIRE.

1. Qu'est-ce que l'intestin ? — Quel rapport y a-t-il entre la longueur de l'intestin et le régime de l'animal ? — Quelle est la longueur de l'intestin chez l'homme, le mouton, le lion ? — Comment se nomme la membrane enveloppant l'intestin ? — **2.** Qu'est-ce que l'intestin grêle ? — D'où provient ce nom ? — Où commence l'intestin grêle, et où finit-il ? — Quel est le rôle des valvules conniventes ? — Qu'appelle-t-on villosités intestinales ? — Quel est l'aspect de la face interne de l'intestin grêle ? — Avec quels vaisseaux l'intestin grêle est-il en rapport ? — Qu'est-ce que le duodénum ? — Quels sont les liquides digestifs que reçoit le duodénum ? — **3.** D'où vient le nom de gros intestin ? — Quel est l'aspect de sa surface externe ? — Où est le cœcum ? — Qu'est-ce que la valvule iléo-cœcale ? — En combien de parties divise-t-on le gros intestin ? — **4.** Où est situé le pancréas ? — Quel est sa structure ? — A quelles glandes est-il comparable ? — Quelles sont les propriétés physiques du suc pancréatique ? — **5.** Quelle action exerce le suc pancréatique sur les matières amylacées et sur les matières grasses ? — Quelles expériences peut-on faire à cet égard ? — Quel aspect prennent les matières grasses émulsionnées par le suc pancréatique ? — Que signifie le terme émulsionner ? — **6.** En quoi consiste la chylification ? Qu'est-ce que le chyle ? — **7.** Y a-t-il une absorption par les veines intestinales ? — Où prennent naissance les vaisseaux chylifères ? — Quelle est leur répartition à la surface de l'intestin ? — Qu'absorbent-ils ? — Qu'est-ce que le canal thoracique ? — Où le chyle est-il finalement amené ? — Quel est l'aspect des vaisseaux chylifères dans un animal à jeun et dans un animal en pleine digestion ? — 8. Qu'est-ce que le foie? où se trouve-t-il ? — Quelle est sa structure? — Qu'appelle-t-on vésicule biliaire, canal cystique, canal cholédoque ? — Tous les animaux supérieurs sont-ils pourvus d'une vésicule biliaire? — 9. Quelles sont les propriétés physiques de la bile? — Quelles sont ses fonctions? — La bile préexiste-t-elle dans le sang ou se forme-t-elle dans le foie? — Qu'arrive-t-il dans la jaunisse? — 10. Qu'appelle-t-on veine porte? — Comment se comporte cette veine en pénétrant dans le foie? — Quel travail s'accomplit-il alors? — Qu'est-ce que la rate ? — Son rôle est-il connu? — Est-elle d'une importance capitale? — 11. Quel est le combustible le plus important pour la combustion respiratoire ? — Quelle est la fonction du foie relativement à la combustion respiratoire? —Comment démontre-t-on que le foie produit du glucose ?— Le travail du foie est-il bien important ? — Qu'appelle-t-on diabète sucré ? — 12. Où s'accomplit le dernier travail d'absorption ? — De quoi se compose alors le contenu du canal digestif? — Quelle est l'action de la bile sur ce résidu?

CHAPITRE VI

APPAREIL DIGESTIF CHEZ LES DIVERS ANIMAUX.

1. Appareil digestif du chien. — Les développements dans lesquels nous venons d'entrer au sujet de l'appareil digestif s'appliquent plus particulièrement à l'homme ; mais chez les animaux qui se rapprochent le plus de nous par l'organisation, nous retrouverions, avec des fonctions identiques et des formes plus ou moins semblables, les mêmes organes que nous venons de passer en revue. La figure ci-contre, représentant l'appareil digestif du chien, et la légende qui l'accompagne, suffisent pour nous renseigner à cet égard. Nous allons maintenant donner un rapide coup d'œil aux principales modificacions que présente l'appareil digestif dans la série animale.

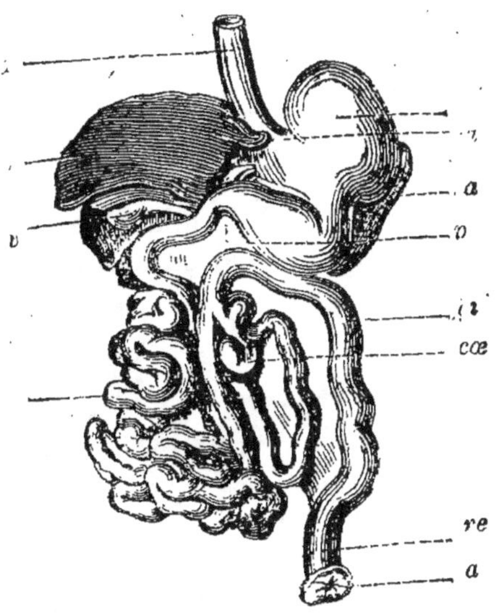

Fig. 29. — Appareil digestif du chien.

x, œsophage ; — *f*, foie ; — *v*, vésicule biliaire ; — *i*, intestin grêle ; — *e*, estomac ; — *ca*, cardia ; — *ra*, rate ; — *p*, pylore ; — *gi*, gros intestin ; — *cœ*, cœcum ; — *re*, rectum ; — *a*, anus.

2. Estomac multiple des ruminants. — On nomme ruminants les animaux qui, après avoir mâché une première fois la nourriture et l'avoir introduite dans les cavités digestives, la ramènent dans la bouche pour lui faire subir une trituration plus complète. De ce nombre sont le bœuf, la chèvre et le mouton, parmi nos animaux domestiques. Ils ont quatre cavités stomacales. La première, nommée *panse* ou *herbier*, est la plus grande de toutes. C'est une vaste poche, intérieurement hérissée de papilles,

ou villosités plates, et occupant la majeure partie du côté gauche de l'abdomen. L'animal y accumule le fourrage, précipitamment brouté et mâché d'une manière très-incomplète ; puis, quand ce réservoir est suffisamment approvisionné, il se retire dans un endroit paisible, se couche dans une position commode, et reprend à l'aise, des heures entières, le travail de la trituration. Ce second acte de la préparation des aliments sous les molaires se nomme *rumina tion*. On voit alors l'animal patiemment mâcher sans

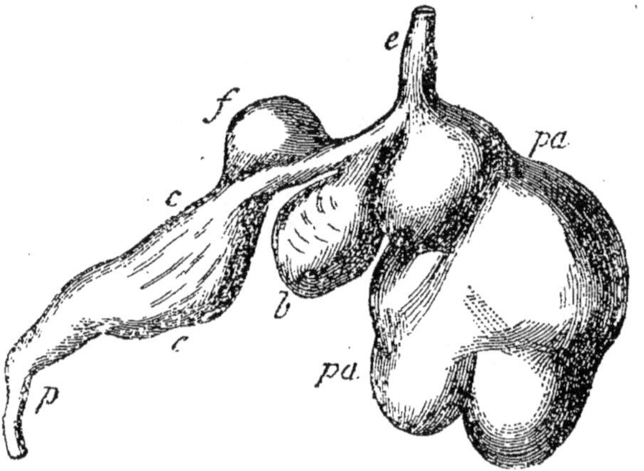

Fig. 30. — Estomac multiple des ruminants.

e, œsophage ; — *pa*, panse ; — *b*, bonnet ; — *f*, feuillet ; *c*, caillette ; — *p*, pylore.

rien prendre au dehors. Puis le mouvement des mâchoires cesse, la bouchée est avalée et aussitôt après quelque chose de saillant, de rond s'aperçoit remonter sous la peau du cou. C'est une nouvelle boule alimentaire qui remonte à la bouche pour être triturée.

La seconde cavité stomacale porte le nom de *bonnet*. Sa face intérieure est garnie de replis lamelleux, dentelés, dont l'ensemble forme des mailles polygonales. Le bonnet reçoit par petites portions les aliments déjà un peu ramollis dans la panse, et les moule en pelotes, qui remontent une à une dans la bouche pour y être de nouveau broyées et de nouveau imbibées de salive. Après cette seconde mastication, les aliments sont acheminés par l'œsophage dans la troisième cavité stomacale ou *feuillet*, ainsi nommée à cause de la largeur et du nombre de replis parallèles, semblables aux feuillets d'un livre, que présente sa face intérieure. Du feuillet, les aliments passent enfin dans la quatrième cavité stomacale ou *caillette*, espèce de sac conique, allongé, intérieurement plissé, où s'achève la chymification. On emploie sous le nom de présure la caillette des jeunes veaux pour faire cailler le lait dans la fabrication du fromage, et de là provient le nom donné à cette quatrième cavité stomacale des ruminants. Quant à l'action de la présure sur le lait, elle a pour cause le suc gastrique, acide dont la caillette est toujours imbibée.

En résumé, la panse reçoit dans sa vaste poche le fourrage mâché à la hâte ; le bonnet le façonne par portions ou pelotes, qui remontent dans la bouche pour être ruminés ; après cette seconde trituration commence la véritable digestion stomacale, qui s'effectue dans le feuillet et surtout dans la caillette, continuellement humectée d'un liquide acide, qui est le suc gastrique.

L'entrée des aliments tantôt dans la panse, tantôt dans le feuillet, suivant qu'ils ont été mâchés pour la première ou pour la seconde fois, s'effectue d'une manière très-simple. L'œsophage conduit directement au feuillet ; mais dans sa partie terminale, il est fendu sur le côté d'une large gouttière, dont les bords peuvent bâiller sous l'influence d'une pression interne ou se maintenir rapprochés par leur propre élasticité. Avec cette gouttière communiquent la panse et le bonnet. S'il descend une bouchée volumineuse et grossièrement mâchée, qui dilate l'œsophage et fait effort contre sa paroi, la gouttière bâille sous la pression des aliments, et ceux-ci tombent dans la panse. S'il arrive, au contraire, par petites bouchées, des aliments réduits en pâte bien fluide, la pression interne est nulle, la gouttière se maintient fermée, et l'œsophage, alors terminé en canal complet au lieu de s'ouvrir latéralement, les conduit au feuillet. C'est donc l'aliment lui-même, tantôt volumineux et grossier, tantôt de petit volume et fluide, qui détermine son entrée dans la panse ou le feuillet en faisant bâiller la rigole latérale de l'œsophage, ou bien en la laissant fermée. Le résultat grossier de la première mastication se rend de la sorte dans la panse, tandis que celui de la seconde mastication, bien plus fluide, plus souple, plus finement trituré, se rend dans le feuillet.

3. **Cœcum des herbivores.** — Le cœcum, ou portion initiale du gros intestin, est médiocrement développé chez l'homme, et se prolonge en un maigre appendice de la grosseur au plus du petit doigt d'un gant, nommé *appendice vermiforme*. Les carnivores ont pareillement un cœcum de petit volume, quelques-uns même en manquent, tel est l'ours. Les herbivores, au contraire, en ont un très-considérable. C'est une volumineuse poche faisant fonction de second estomac, placé à l'entrée du gros intestin, comme l'estomac proprement dit est placé à l'entrée de l'intestin grêle. Là s'accumule et séjourne longtemps la maigre nourriture de l'animal, pour y subir

une digestion complémentaire et céder à l'absorption les particules nutritives que n'ont pu extraire le premier estomac et l'intestin grêle. Le cœcum du lapin a près de trois fois la capacité de l'estomac; il est en outre doué à l'intérieur d'une large lame saillante, qui augmente la surface d'absorption. Beaucoup d'autres rongeurs sont également remarquables par l'énorme développement de leur cœcum. C'est le réservoir où s'amasse, jusqu'à épuisement complet, l'avare nourriture rongée presque sans discontinuer par leurs infatigables incisives. Le cœcum du cheval a un mètre de longueur; sa capacité équivaut à près de quatre fois celle de l'estomac.

4. Appareil digestif des oiseaux. Le bec. — Les oiseaux ne mâchent pas leur nourriture, ils l'avalent telle qu'elle a été saisie ou à peu près. Le bec,

Fig. 31. — Tête de l'Aigle.

toujours dépourvu de dents, n'est donc pas un organe de mastication, mais bien de préhension. Il saisit, happe, cueille, fouille, perce, casse, déchire, suivant le genre de nourriture dévolue à l'oiseau. Une corne solide revêt la charpente osseuse des deux mandibules et en rend les bords tranchants. Les oiseaux rapaces, qui se nourrissent de proie vivante, ont la mandibule supérieure courte, forte, crochue et terminée par une pointe aiguë, quelquefois dentelée sur les bords. Avec cette arme, l'oiseau chasseur tue sa proie et la dépèce par lambeaux, tandis que la maintiennent des serres vigoureuses armées d'ongles recourbés et acérés. — Ceux qui se nourrissent de cadavres, les vautours par exemple, ont encore la mandibule supérieure en crochet, mais le bec est plus long et par conséquent plus faible. L'attaque étant sans danger, le bec perd ses caractères d'arme offensive, pour devenir un simple outil propre à déchirer.

Les oiseaux piscivores qui, pour l'avaler, mettent en lambeaux le poisson saisi, ont le bec allongé et crochu des vautours ; tels sont les goëlands et les mouettes. Ceux qui l'engloutissent entier, ont le bec droit, à longues et amples mandibules. Quelques-uns le rejettent en l'air pour le recevoir une seconde fois dans le bec la tête la première et l'avaler ainsi sans obstacle, malgré les rayons des nageoires, qui se couchent d'avant en arrière quand le poisson franchit le défilé de l'œsophage. Un oiseau éminemment pêcheur, le pélican, a sous la mandibule inférieure une vaste poche membraneuse, sorte de vivier où il emmagasine le poisson tant que dure la pêche. La provision faite, il gagne une retraite tranquille, sur quelque corniche au bord des eaux, et reprend un à un les poissons ramollis dans la poche pour s'en repaître à loisir.

Les oiseaux qui vivent d'insectes ont le bec faible, menu, quelquefois très-allongé pour fouiller les fissures des bois morts, des écorces. Ceux qui saisissent les insectes au vol, comme l'hirondelle et l'engoulevent, ont le bec très-court, mais excessivement large, de manière que le gibier poursuivi s'engouffre de lui-même dans le gosier ouvert et enduit d'une salive visqueuse qui le retient englué.

Ceux qui se nourrissent principalement de graines, le moineau, la linotte, le pinson, la poule, ont le bec court, épais, conique, propre enfin à becqueter les semences sur le sol, à les extraire de leurs enveloppes, à casser leur coque pour en obtenir l'amande.

5. Jabot. Ventricule succenturié. Gésier. — La plupart des oiseaux ont, au bas du cou, une première poche digestive, simple dilatation de l'œsophage. C'est le *jabot*, très-développé chez les granivores, proportionnellement moins ample chez les oiseaux rapaces diurnes, nul chez les rapaces nocturnes, hiboux et chouettes, ainsi que chez la plupart des piscivores. Dans le jabot séjournent, des heures, des jours même, comme dans un réservoir, les aliments avalés à la hâte; ils s'y ramollissent un peu, puis sont soumis, portions par portions, à l'action des autres organes digestifs. Le jabot représente en quelque sorte la poche où le pélican entasse ses provisions; seulement cette poche au lieu d'être située au dehors, sous le bec, à l'entrée de l'œsophage, est placée à l'intérieur du corps, à la fin du canal œsophagien.

Au-dessous du jabot est une seconde dilatation, nommée *ventricule succenturié*, de faible capacité, mais remarquable par le nombre et l'ampleur des fossettes ou follicules qui sécrètent le suc gastrique. Les aliments ne font guère qu'y passer pour s'imbiber de ce liquide digestif. Les oiseaux dépourvus de jabot ont,

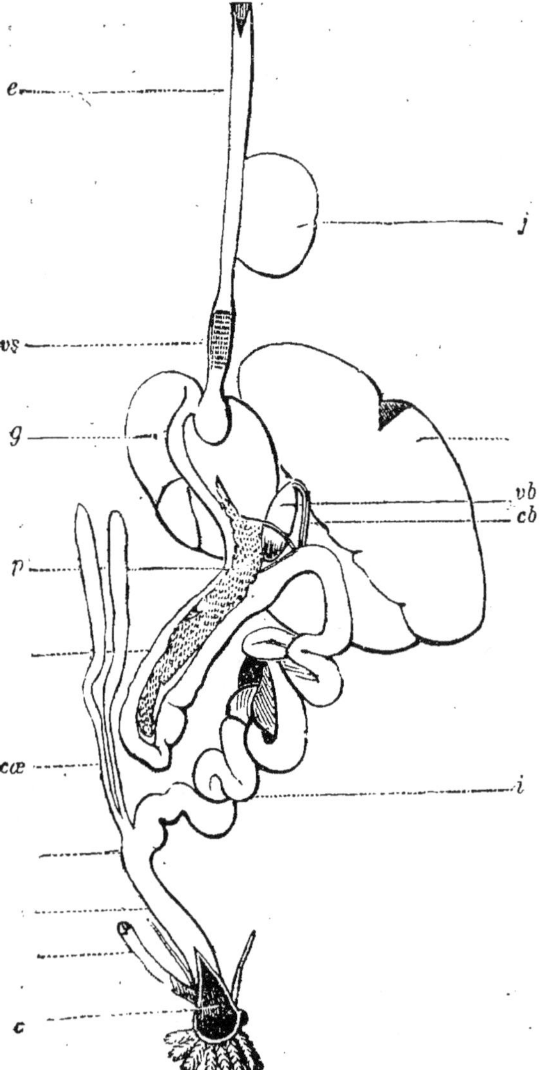

Fig. 32. — Appareil digestif de la poule.

e, œsophage; — *j*, jabot; — *vs*, ventricule succenturié; — *g*, gésier; — *i, i,* intestin grêle; — *cœ*, cœcums; — *r*, rectum; — *cl*, cloaque; — *f*, foie; — *vb*, vésicule biliaire; — *cb*, canal biliaire; — *p*, pancréas; — *o*, oviducte; — *u*, uretères.

pour en tenir place, un ventricule succenturié plus volumineux.

La véritable cavité digestive des oiseaux est le troisième estomac, que l'on nomme *gésier*. Les oiseaux carnivores ont un gésier à parois minces et membraneuses; ceux qui se nourrissent de graines, dures et difficiles à digérer, ont les parois du gésier très-épaisses et doublées de muscles puissants, qui, par leur contraction, peuvent comprimer et broyer le contenu. La face interne de cette cavité digestive est en outre revêtue d'un épiderme cartilagineux, d'une sorte de cuir dur et tenace, qui protége l'organe contre les violences de la friction. Enfin l'oiseau, en même temps qu'il avale le grain, a soin d'avaler quelques petits cailloux bien durs, quelques menus graviers inattaquables par les sucs digestifs. Ces cailloux, ces graviers vont, au sein du gésier, faire office de dents. L'oiseau n'a pas au bec les molaires du mammifère pour broyer, sous leur meule, la semence difficile à écraser; mais il en garnit son estomac d'artificielles, qu'il renouvelle à chaque repas. Le grain, ramolli dans le jabot, imbibé de suc gastrique dans le ventricule succenturié, arrive dans le gésier mélangé avec de petits cailloux, qui doivent favoriser l'action triturante. Protégées par leur épaisse doublure cartilagineuse, les parois musculaires entrent en jeu, se contractent et par une énergique friction ont bientôt réduit en bouillie les grains les plus durs. Le gésier est d'une puissance énorme comme appareil masticateur; d'après les expériences de Spallanzani, il peut émousser des aiguilles d'acier, pulvériser des boules de cristal, aplatir des tubes métalliques. Le troisième estomac des oiseaux granivores est ainsi à la fois une cavité digestive et un organe de trituration: aux fonctions de l'estomac des mammifères, il réunit les fonctions des mâchoires.

6. Cœcums. Cloaque. — Le reste de l'appareil digestif des oiseaux reproduit, sous des formes un peu différentes, ce que nous avons reconnu chez l'homme et chez les animaux mammifères. Une glande pancréas et un foie considérable versent leurs sécrétions dans le duodénum pour compléter la digestion et produire du chyle. La bile s'amasse dans une vésicule biliaire. Au point de réunion de l'intestin grêle et du gros intestin, s'élèvent deux longues et étroites poches d'égal volume. Ce sont deux cœcums, organes analogues à l'appendice vermiforme chez l'homme et à la volumineuse poche qui sert d'estomac complémentaire dans le cheval et le lapin. Le rectum se termine au *cloaque*, issue commune où viennent aboutir les uretères ou canaux de l'urine, t l'oviducte ou canal des œufs.

7. Appareil digestif de la grenouille. — L'appareil digestif de la grenouille, du crapaud et de quelques autres animaux analogues, connus sous le nom général de *batraciens*, ne présente par lui-même rien de remarquable, et il n'y aurait lieu de s'y arrêter si ce n'étaient les modifications profondes qu'amène dans les organes le changement de nourriture. La grenouille, comme tous les batraciens, subit des métamorphoses; elle débute par être *têtard*, à vie aquatique, et devient après grenouille, à vie aérienne. Le têtard se nourrit de substances végétales, la grenouille se nourrit d'insectes; le premier est herbivore, *la* seconde est carnivore. Il faut donc au têtard un appareil digestif longuement développé qui puisse contenir un copieux volume de nourriture peu substantielle; il faut à la grenouille un appareil digestif de médiocre ampleur, contenant sous un petit volume des aliments plus nutritifs. On doit retrouver enfin dans le canal digestif du même animal, changeant de régime après sa métamorphose, des différences pareilles à celles que nous avons reconnues entre les intestins de l'herbivore, le mouton, et du carnivore, le lion. Et en effet, l'intestin du têtard est un tube très-long, replié un grand nombre de fois en spirale, et occupant la presque totalité d'un ventre volumineux; celui de la grenouille, au contraire, est très-court et presque droit.

Des modifications semblables, amenées par un changement de régime, se montrent jusque chez les mammifères. Les ruminants, par exemple, tant qu'ils sont à la mamelle et nourris de lait, aliment très-nutritif sous un faible volume, ont leur premier estomac, la panse, moins développé que le quatrième, ou la caillette. C'est plus tard que la panse acquiert son énorme capacité, alors que le ruminant broute le fourrage, dont il lui faut des masses considérables pour se nourrir.

8. **Dents des poissons. Cœcums pyloriques. Valvule spirale des squales.** — La plupart des poissons sont très-voraces. Pour happer leur proie, la retenir et l'entraîner dans leur ample gosier, beaucoup d'entre eux ont plusieurs rangées de dents à chaque mâchoire. Tels sont les requins, dont le formidable appareil dentaire, composé de pièces triangulaires à côtés rectilignes et dentelés, est si redouté des navigateurs. Chez divers poissons, presque toute la cavité de la bouche est hérissée de dents, outre celles qui sont implantées sur les mâchoires. On en trouve sur la voûte du palais, sur la langue, sur les parois de l'arrière-bouche et jusqu'à l'entrée de l'œso-

phage Leur forme varie beaucoup suivant le régime:

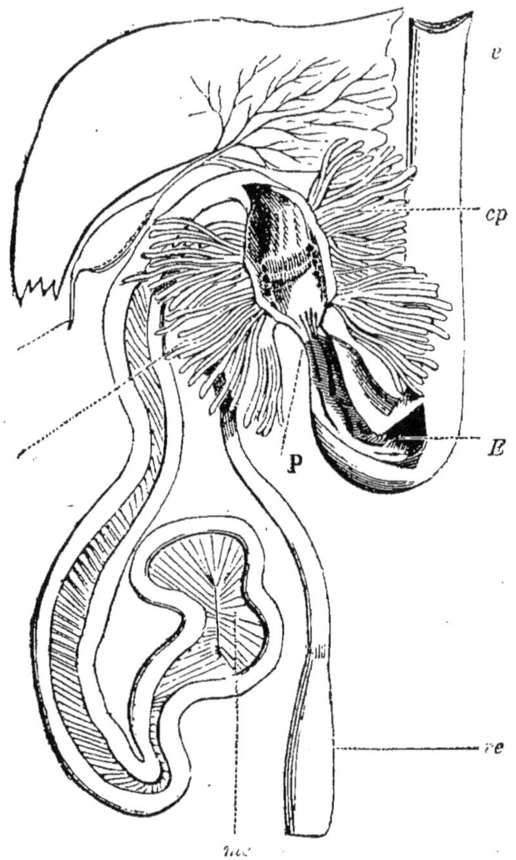

Fig. 33. — Appareil digestif d'un poisson, la morue.

œ, œsophage ; — *E*, estomac ouvert ; — *p*, pylore ; — *cp, cp*, cæcums pyloriques ; — *f*, foie ; — *me*, mesentère ; — *re*, rectum ; — *vb*, vésicule biliaire.

il y en a de très-fines et serrées les unes contre les autres, de manière à imiter un rude velours ; d'autres ont la forme de lames tranchantes, de crochets recourbés, de tubercules arrondis.

L'estomac et les intestins sont aussi très-variables de forme et d'ampleur. En général, l'œsophage est court, large, et se confond plus ou moins avec l'estomac. Le pancréas manque souvent. Il est remplacé dans ses fonctions par une couronne de sachets, plus ou moins longs et plus ou moins nombreux, disposés tout autour du pylore. On les nomme *cœcums pyloriques*.

L'intestin est long et replié sur lui-même dans les espèces herbivores ; il est court et quelquefois tout droit chez les espèces se nourrissant de proie. Parmi ces derniers sont les squales, dont le requin fait partie. Leur intestin rectiligne ne garderait pas assez longtemps les matières alimentaires pour en extraire les principes nutritifs, s'il ne présentait une modification très-remarquable qui a pour effet de prolonger le séjour des aliments dans le canal digestif et de multiplier les surfaces d'absorption. Il est intérieurement parcouru par une membrane ou cloison spirale qui figure une vis d'Archimède. Obligés de suivre cette rampe spirale d'un bout à l'autre, les aliments prolongent ainsi leur séjour dans la cavité digestive et se trouvent en rapport avec une surface d'absorption considérable malgré la brièveté de l'intestin.

9. **Bouche des insectes.** — On nomme insectes *broyeurs* ceux dont la bouche est conformée pour broyer une nourriture solide. Tels sont les hannetons, les carabes, les scarabées, les sauterelles. Les pièces de la bouche sont au nombre de six. En haut, sur la ligne médiane est la *lèvre supérieure* ou *labre*, petite lame cornée mobile de bas en haut. Sur les cô-

tés de la bouche se trouvent deux paires d'organes masticateurs, qui se meuvent transversalement au lieu de se mouvoir de bas en haut comme les mâchoires des animaux supérieurs. La première paire.

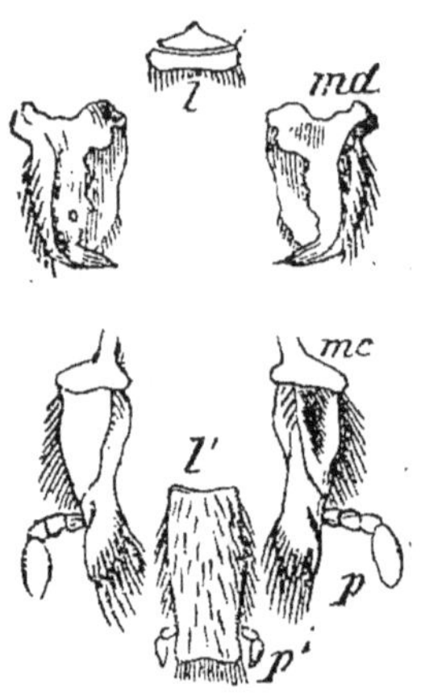

Fig. 34. — Organes buccaux d'un insecte broyeur.

l, labre ; — *md*, mandibules ; — *mc*, mâchoires ; —*p*, palpes maxillaires ; — *l'*, lèvre inférieure ; — *p'*, palpes labiaux.

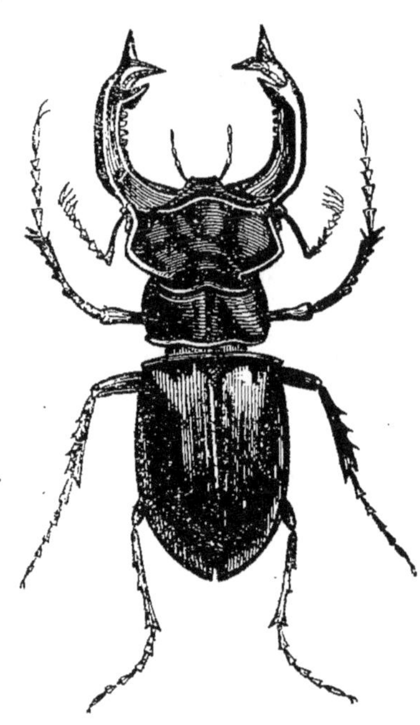

Fig. 35. — Lucane ou cerf-volant.

celle qui se trouve immédiatement au-dessous du labre, porte le nom de *mandibules*. Ce sont deux crocs durs, robustes et plus ou moins dentelés, dont l'animal fait emploi pour saisir, tailler, déchirer. Elles servent d'armes soit pour l'attaque, soit pour la défense, et d'outils pour les travaux que l'insecte exécute, aussi bien que d'organes pour dépecer la nourriture. Les mandibules du cerf-volant ont un développement considérable et constituent les deux menaçantes défenses de l'insecte. Au-dessous des mandibules sont les *mâchoires*, armées à l'extrémité de dentelures, de tubérosités de forme variable, faisant office de dents, et hérissées en outre de cils raides. En dehors et sur le côté, chaque mâchoire porte un appendice formé de petites pièces articulées et nommé *palpe maxillaire*. Les palpes sont en quelque sorte de petits bras exclusivement destinés au service de la bouche. Ils maintiennent la nourriture à la portée des mâchoires, la tournent et la retournent pour la soumettre commodément à la mastication. Quelques insectes, en particulier les carabes, ardents et gloutons chasseurs, ont à chaque mâchoire deux palpes au lieu d'un seul. Enfin la bouche est close en bas par la *lèvre inférieure*, elle-même armée de deux palpes nommés *palpes labiaux*. Le rôle de ces derniers est le même que celui des palpes maxillaires.

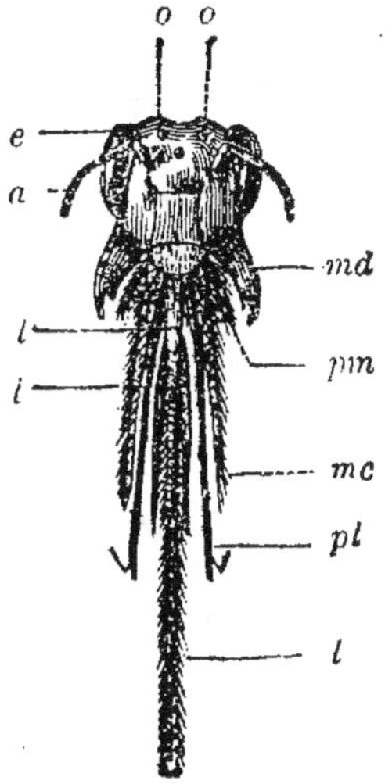

Les mêmes pièces se retrouvent dans la bouche des divers insectes, mais avec des modifications de forme, de longueur et d'agencement appropriées à a manière de vivre. Chez les hyménoptères, ordre d'insectes comprenant les abeilles, les guêpes, les bourdons, le labre et les mandibules se conservent

Fig. 36. — Organes buccaux d'un hyménoptère.

oo, ocelles ; — *e*, œil composé ; — *a*, antennes ; — *md*, mandibules ; — *mc*, mâchoires ; — *pm*, palpes maxillaires ; — *l,l,l*, lèvre inférieure ou languette ; — *pl*, palpes labiaux.

tels que nous venons de les décrire. Mais alors les mandibules ne sont plus au service de l'appareil digestif, puisque les hyménoptères ne se nourrissent pas de matières solides, mais bien de sucs mielleux léchés au fond des fleurs; ce sont de vrais outils de travail. C'est avec les mandibules que l'abeille pétrit la cire et la façonne en cellules hexagones; c'est avec les mandibules que d'autres hyménoptères creusent le bois et le sol le plus dur en élégantes niches où les œufs sont déposés un à un, avec des provisions tantôt en miel, tantôt en insectes engourdis d'un coup d'aiguillon ; c'est enfin avec les mandibules que les abeilles maçonnes gâchent un mortier de terre glaise et de sable et bâtissent leurs nids appliqués contre un mur. Mais les autres pièces de la bouche, mâchoires, lèvre inférieure et palpes, s'allongent beaucoup et forment par leur ensemble un appareil éminemment propre à recueillir le liquide sucré qui suinte au fond des corolles. La partie médiane de la lèvre inférieure, partie nommée *languette*, prend surtout un grand développement, et par sa forme allongée, sa flexibilité, ses fines aspérités, ses poils, est très-apte à lécher, à cueillir un aliment fluide.

Les papillons ont la bouche armée d'une longue trompe, roulée en spirale quand elle ne fonctionne pas, mais se déroulant en ligne droite pour plonger au fond des corolles tubuleuses les plus longues. Elle est composée de deux filets creusés en gouttière à leur partie interne et formant tube par leur rapprochement. Ces deux filets ne sont autre chose que les deux mâchoires, excessivement allongées et modifiées dans leur forme. Deux palpes labiaux triangulaires, toujours velus et garnis d'écailles, accompagnent la base de la trompe. Une petite pièce membraneuse représente le labre, et les mandibules se réduisent à deux faibles tubercules sans emploi.

Les hémiptères, cigales, punaises, pucerons, ont une sorte de bec tubulaire couché entre les pattes quand il ne sert pas, puis redressé et perpendiculairement implanté au point où l'insecte puise sa nourriture. Ce bec se compose de quatre fils raides, dentelés au sommet pour pouvoir percer l'épiderme des plantes

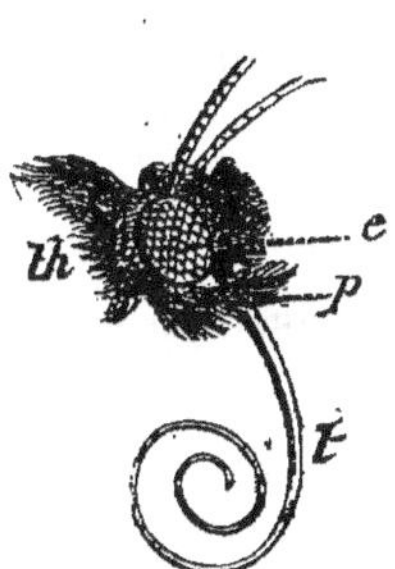

Fig. 37.— Tête d'un papillon. *th*, thorax ; — *e*, œil composé ; — *p*, palpes ; — *t*, trompe.

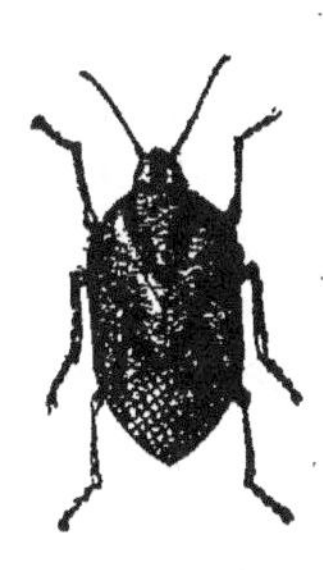

Fig. 38. — Pentatome, genre d'hémiptère.

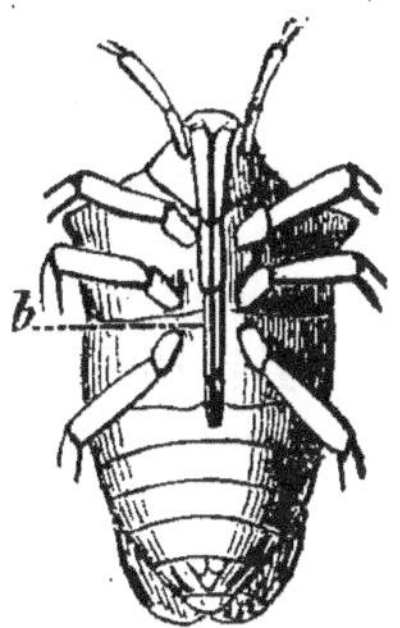

Fig. 39. — Hémiptère vu en dessous.

ou des animaux, et logés dans un étui protecteur ou gaîne. Les quatre fils perforants représentent les mandibules et les mâchoires ; la gaîne est formée par la lèvre inférieure. Enfin à la partie supérieure de la gaîne, une pièce conique et allongée est l'analogue du labre.

La bouche des diptères, mouches, cousins, taons, est une trompe, tantôt molle et rétractile, tantôt cornée et allongée, formée de la lèvre inférieure, qui loge, dans une rainure, de deux à six stylets représentant les mandibules et les mâchoires des insectes broyeurs. La trompe du cousin, par exemple, est un étui creusé d'une rainure contenant cinq filets rigides dont la pointe acérée est aplatie comme une lancette. L'une des pointes est en outre armée de dentelures dirigées en arrière. Réaumur décrit ainsi la manière dont le cousin fait usage de son suçoir. — « Une fois posé, le cousin fait sortir du bout libre de sa trompe une pointe très-fine, composée des cinq filets réunis ; il tâte la peau à quatre ou cinq endroits avec le bout de cette pointe, dans le but probablement de choisir un vaisseau où le sang soit à sa convenance. Quand il a fait son choix, on en est averti par la petite douleur que la piqûre cause sur-le-champ. La pointe de l'aiguillon composé s'introduit dans la peau, elle y pénètre. L'étui flexible se recourbe à mesure que l'aiguillon pénètre dans la chair, il devient un arc dont l'aiguillon forme la corde ; son extrémité renflée reste toujours sur le bord du trou pour maintenir et empêcher de vaciller un instrument aussi délicat. C'est par un expédient semblable que les ouvriers qui ont à percer de très-petits trous dans des corps durs, savent maintenir la pointe déliée du foret. » — En même temps, l'extrémité de l'étui dégorge sur la blessure où le dard est plongé, une gouttelette de liquide transparent qui envenime la plaie et provoque une rapide inflammation, accompagnée de vives démangeaisons.

10. **Appareil digestif des insectes**. — L'organisation des insectes est digne de tout notre intérêt et bien plus remarquable que ne le ferait supposer le peu d'importance que nous accordons généralement à ces animaux. La structure de la bouche vient déjà de nous en donner un exemple. L'appareil digestif se compose, comme pour les animaux supé-

rieurs, d'un nombre plus ou moins grand de cavités où s'accomplit le travail de la digestion, et d'organes sécréteurs, de glandes, qui fournissent les liquides propres à fluidifier les aliments.

Les *glandes salivaires* ont en général la forme de tubes flottant dans la cavité du corps. Elles déversent la salive dans la bouche pour ramollir les aliments, en favoriser la mastication et plus tard la digestion. Un *œsophage*, canal délié, conduit les aliments dans un premier estomac ou *jabot*, dont la fonction est à peu près la même que chez les oiseaux. Les aliments s'y emmagasinent, s'y ramollissent avant d'être soumis à l'action des poches digestives suivantes. Un *gésier* vient après, mais non dans toutes les espèces. Ses parois sont musculaires et par conséquent aptes à se

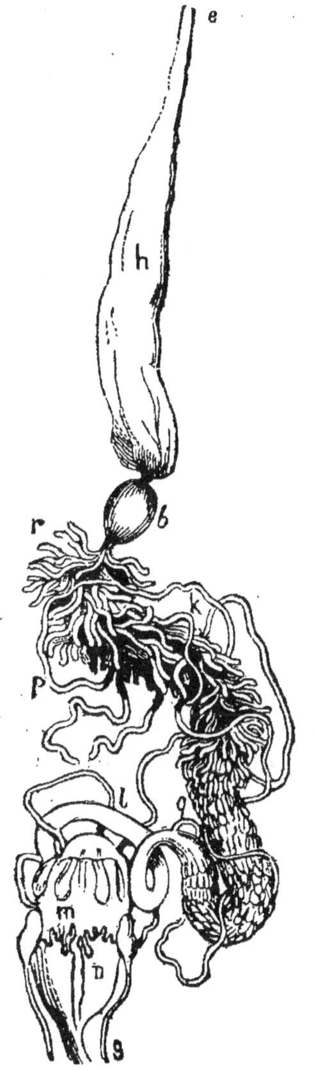

Fig. 40. — Appareil digestif d'un insecte (Carabe).

e, œsophage ; — *h,* jabot ; — *b,* gésier ; — *k,* ventricule chylifique ; — *q,* insertion des vaisseaux de Malpighi ; — *p,* vaisseaux de Malpighi ; — *m,* gros intestin ; — *s,* glandes anales.

contracter pour écraser la nourriture ; sa face interne est souvent armée de *dents stomacales*, c'est-à-dire de pièces cornées et dures qui remplissent l'office des petits graviers avalés par les oiseaux. Ramollis dans le jabot, broyés dans le gésier, les aliments pénètrent dans la poche digestive la plus importante, celle que l'on retrouve chez tous les insectes indistinctement, quelles que soient les modifications du reste de l'appareil digestif. Cet estomac, où s'accomplit la digestion proprement dite, la fluidification des aliments, se nomme *ventricule chylifique*. C'est la partie la plus ample de tout l'appareil. Sa forme est généralement celle d'un canal, un peu flexueux et renflé dans sa région moyenne. Un défilé contractile le sépare des estomacs antérieurs, un autre le sépare de l'intestin. Le premier est l'analogue du *cardia* des animaux supérieurs, le second est l'analogue du *pylore*. Le pylore reçoit les *vaisseaux de Malpighi*. Ce sont des tubes, tantôt plus tantôt moins nombreux, mais toujours très-longs et très-flexueux, qui remplissent simultanément deux rôles: ils sécrètent la bile et sous ce rapport représentent le foie; ils séparent du sang les résidus urinaires et à ce point de vue représentent les reins. On les nomme vaisseaux de Malpighi en l'honneur du savant italien qui, le premier, les observa et les fit connaître. A la suite du pylore vient l'*intestin grêle*, plus long chez les espèces herbivores, plus court chez les espèces carnivores. Le *rectum* termine l'appareil digestif. Il est fréquemment accompagné de glandes produisant un liquide spécial que l'insecte utilise pour sa défense. Telles sont les glandes sécrétant le liquide venimeux que l'abeille et la guêpe introduisent dans la petite blessure faite par leur dard ; telles sont encore les glandes de certains carabiques, les brachines, qui rejettent par l'anus un liquide explosif avec détonation et fumée.

11. Appareil digestif de la sangsue et du lombric. — Chez les *annélides*, dont la sangsue et le lombric ou ver de terre sont des exemples, l'organisation est beaucoup simple. Les deux extrémités du corps de la sangsue sont façonnées en ventouses, qui servent à la locomotion. La ventouse antérieure sert en outre à la succion du sang dont l'animal se nourrit. La bouche est armée de trois lamelles dures finement denticulées sur le bord. En se rapprochant, ces trois petites mâchoires ouvrent dans la peau trois blessures linéaires convergeant au même point. La portion stomacale et la portion intestinale de l'appareil digestif se confondent en un sac qui porte, de chaque côté, une série de renflements où s'accumule le sang sucé.

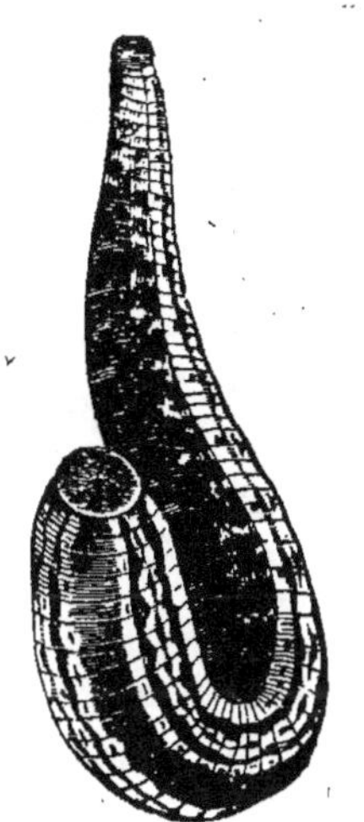

Fig. 41. — Sangsue.

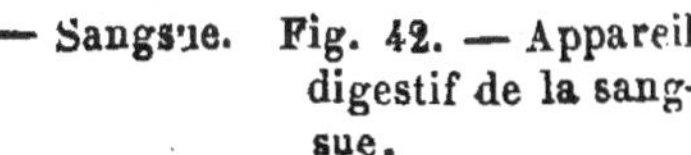

Fig. 42. — Appareil digestif de la sangsue.

L'appareil digestif du lombric débute par un gésier de trituration fortement musculeux; le reste est un canal uniforme qui s'étend en ligne droite d'un bout à l'autre du corps. Le ver de terre est en quelque sorte un tronçon d'intestin qui marche.

12. L'hydre ou polype des eaux douces. — La simplification de l'appareil digestif ne s'arrête pas là : avec son intestin uniforme, le ver de terre, a du moins, distincts l'un de l'autre, un orifice d'entrée pour les aliments et un orifice de sortie pour les résidus de la digestion. Beaucoup d'animaux, qui cependant n'occupent pas les derniers échelons de la série des êtres, ne possèdent qu'un seul orifice pour deux fonctions qui paraissent souverainement incompatibles. Leur corps est creusé d'une cavité digestive n'ayant avec le dehors qu'une seule communication par laquelle, à tour de rôle, sont introduits les aliments puis expulsés les résidus. L'hydre ou polype des eaux douces est de ce nombre.

Fig. 43. — L'Hydre.

C'est à la mythologie que la science emprunte le mot hydre, par lequel l'antiquité désignait un animal fabuleux, célèbre dans les travaux d'Hercule. Pour le naturaliste, ce terme n'éveille plus l'idée d'un monstre imaginaire, dont les têtes multiples renaissaient à mesure qu'on les coupait ; il signifie un animalcule réel qui, par une de ses propriétés, rappelle les conceptions étranges de la fable, en ce sens que

chacun des tronçons de l'animal mutilé est apte à régénérer les parties retranchées et à reproduire en
entier l'animal primitif.

L'hydre de la science est un délicat animalcule
d'une paire de centimètres de longueur, en totalité
composé d'une sorte de
gelée verte. Elle habite
les fossés, là surtout où
l'eau stagnante se couvre
d'un tapis serré de ces
petites feuilles flottantes
qu'on appelle lentilles
aquatiques. Figurons-
nous un petit sac allon-
gé, collé par une extré-
mité à quelque brin
d'herbe et terminé à l'autre par sept ou huit bras
flexibles en tous sens,
telle est l'hydre. Les bras
ou *tentacules* sont disposés en cercle autour de
l'orifice conduisant à la
cavité digestive. L'animal

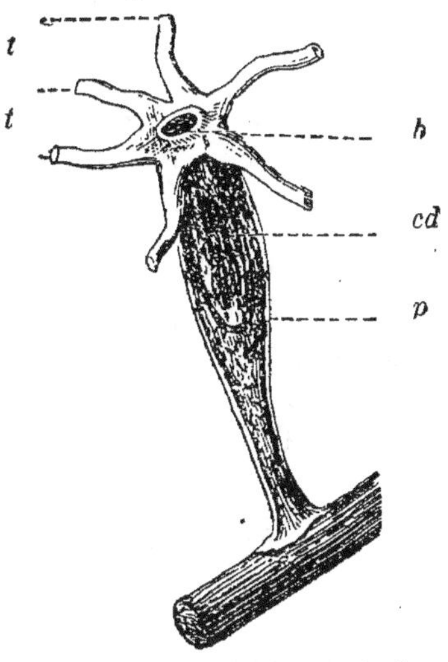

Fig. 44. — Organisation de l'hydre.

t, t, tentacules coupés ; — *b*,
bouche ; — *cd*, cavité digestive ;
— *p*, peau.

les étale dans l'eau. Si quelque menu gibier vient à
passer, le bras voisin l'enlace et le porte à la bouche.
La digestion faite, les matières sans valeur nutritive
sont rejetées par la même voie.

Une organisation tout aussi simple se retrouve dans
les polypes marins, tantôt vivant isolés, tantôt éta-
blis en communauté dans les cellules d'un support
pierreux nommé corail, madrépore.

13. Planaires. — Dans les mêmes fossés que
l'hydre rampent les *planaires*, animaux voisins des

sangsues et dont le corps aplati a la forme d'un ovale allongé. Une poche digestive armée d'une petite trompe constitue tout leur appareil digestif. La trompe saisit la proie et l'introduit dans l'estomac ; la même trompe rejette les matières excrémentitielles. En outre, pour nettoyer à fond le sac stomacal, souvent rameux, la planaire avale ensuite de l'eau qu'elle rejette tout aussitôt.

Enfin dans les animalcules les plus inférieurs, il n'existe plus de cavité digestive, ni d'orifice d'alimentation. Les sucs nutritifs qui peuvent baigner le corps sont introduits par simple endosmose, comme cela se fait dans les racines des plantes. Le mode de nutrition de l'animal se confond alors avec celle du végétal. Ce dernier degré de simplification de l'appareil digestif se trouve chez certains infusoires et dans les animalcules des éponges.

QUESTIONNAIRE.

1. De quoi se compose l'appareil digestif du chien ? — 2. Qu'appelle-t-on animaux ruminants ? — Quelles sont leurs quatre poches stomacales ? — A quoi servent la panse et le bonnet ? — A quoi servent le feuillet et la caillette ? — D'où provient le nom de caillette ? — Comment les aliments pénètrent-ils tantôt dans la panse, tantôt dans le feuillet ? — 3. Que présente de remarquable le cœcum des herbivores ? — Quel est le rôle de ce cœcum ? — Qu'y a-t-il à remarquer dans le cœcum du cheval et dans celui du lapin ? — 4. Quelle est la forme du bec des oiseaux de proie ? — Quelles particularités présente le bec des oiseaux piscivores ? — Comment certains oiseaux piscivores avalent-ils leur proie ? — A quels usages le pélican emploie-t-il la poche de son bec ? — Quelle est la forme du bec des oiseaux se nourrissant d'insectes ? — Qu'y a-t-il à remarquer dans le bec de l'hirondelle et de l'engoulevent ? — Quelle est la forme du bec des granivores ? — 5. — Qu'est-ce que le jabot ? — Quelle est sa fonction ? — Qu'appelle-t-on ventricule succenturié ? — Quelle est sa fonction ? — Quelles

particularités remarquables présente la structure du gésier ?
— Pourquoi les granivores avalent-ils de menus graviers ?
— Citez des exemples de la puissance de trituration du gésier ? — 6. Combien les oiseaux ont-ils de cœcums ? —
Qu'est-ce que le cloaque ? — Quels sont les canaux qui aboutissent au cloaque ? — 7. Quelles différences y a-t-il entre
l'appareil digestif du têtard et celui de la grenouille ? —
Pour quels motifs ces différences ? — Qu'y a-t-il à remarquer
dans la comparaison de la panse du veau avec celle du bœuf ?
— 8. Les poissons n'ont-ils des dents qu'aux mâchoires ? —
Quelle est la forme de ces dents ? — Qu'appelle-t-on cœcums
pyloriques et quelle est leur fonction ? — Qu'est-ce que la
valvule spirale des squales ? — Quelle est son utilité ? —
9. De quelles parties se compose la bouche d'un insecte
broyeur ? — Retrouve-t-on ces parties dans la bouche des
autres insectes ? — Comment est organisée la bouche de l'a-
beille, des papillons, des punaises, du cousin ? — 10. Quelles
sont les cavités digestives des insectes ? — Quelle est la
plus importante ? — Qu'appelle-t-on vaisseaux de Malpighi ?
— Quelles glandes accompagnent la terminaison de l'intestin ? — 11. Combien la sangsue a-t-elle de mâchoires ? —
Quelle est la structure de son appareil digestif ? — De quoi
se compose l'appareil digestif du lombric ? — 12. Qu'est-ce
que l'hydre ? Que présente de remarquable son appareil digestif ? — Quels sont les animaux qui possèdent une semblable organisation ? — 13. Quelle est la structure de l'appareil
digestif des planaires ? — Quel est le dernier degré de
simplification de l'appareil digestif?

CHAPITRE VII

LE SANG.

1. Circulation. — Les substances nutritives préparées par la digestion doivent être distribuées dans
toutes les parties du corps, afin que chaque organe y
puise pour son accroissement et pour son entretien;
il faut aussi que le principe actif de l'air, l'oxygène,
pénètre également de partout afin de produire en

tout point de l'organisme la combustion qui est l'essence même de la vie. De ce travail incessant de rénovation, résultent des matériaux hors d'usage, en quelque sorte des déblais de l'édifice vivant, qui doivent être séparés et rejetés. Il y a ainsi un perpétuel échange inverse de matériaux nouveaux propres à l'entretien de la vie et de matériaux usés, qui, non seulement sont sans valeur, mais même deviendraient nuisibles par leur accumulation. Cet échange de tous les instants n'est pas limité à telle ou telle autre région du corps; il est général et s'effectue jusqu'au sein des moindres parties. Pour accomplir pareil va et vient de substance, un liquide est nécessaire, car un liquide seul est apte, par sa fluidité, à se répandre dans l'organisme entier. Il faut en outre un appareil moteur, sorte de pompe foulante, qui chasse ce liquide jusqu'aux extrémités les plus reculées et lui donne assez d'impulsion pour revenir des extrémités au point de départ, afin de recommencer indéfiniment le trajet après s'être dépouillé des matériaux usés et enrichi de matériaux nouveaux. Il faut enfin des voies de distribution, des canaux pour aller, des canaux pour revenir. Ce liquide nourricier, c'est le *sang*. L'organe moteur, la pompe foulante qui l'injecte et le fait ruisseler, c'est le *cœur*. Les canaux ou vaisseaux qui dirigent sa marche et règlent sa répartition, ce sont les *artères* et les *veines*: les artères pour l'aller, les veines pour le retour. Enfin le mouvement du sang, dirigé du cœur vers les extrémités, puis revenant des extrémités au cœur, se nomme *circulation*, parce qu'il se fait sur un trajet fermé, toujours recommencé, de même que le cercle se ferme et revient sur lui-même.

2. Sang artériel et sang veineux. — Le sang

qui, lancé par le cœur, va se distribuant dans l'organisation pour y porter de nouveaux matériaux et entretenir la combustion vitale, n'a ni les mêmes apparences ni les mêmes propriétés que le sang revenant vers le cœur, appauvri en matières nutritives et chargé des résidus du travail qu'il vient d'accomplir. On distingue donc le *sang artériel* et le *sang veineux*, le premier circulant dans des artères et dirigé du cœur vers les autres parties du corps, le second coulant dans les veines et dirigé des diverses parties du corps vers le cœur. Le sang artériel est d'un rouge vif, le sang veineux est d'un rouge noir. Cette différence de coloration est due à la différence des gaz dissous. Le sang artériel renferme en dissolution de l'oxygène, provenant de l'air atmosphérique introduit dans les poumons par l'acte respiratoire ; le sang veineux renferme du gaz carbonique, l'un des produits de la combustion vitale. Agité dans un vase avec de l'oxygène, le sang veineux s'imprègne de ce gaz et abandonne son acide carbonique ; en même temps il perd sa couleur d'un rouge noir pour devenir d'un rouge vif, en un mot il devient sang artériel. Pareille transformation s'effectue dans les poumons, où le sang entre veineux, d'où il sort artériel, après avoir échangé son acide carbonique pour de l'oxygène. Ainsi imprégné du gaz vivifiant, il est lancé par le cœur dans les diverses parties de l'organisme, où il provoque la combustion vitale au moyen de son oxygène dissous. Le retour à l'état veineux par l'apparition de l'acide carbonique est la conséquence de cette combustion. Malgré leur rôle si différent dans l'acte de la vie, le sang artériel et le sang veineux ont des propriétés communes que nous allons examiner.

7.

3. Globules du sang. — Observée au microscope, une goutte de sang humain, soit artériel, soit veineux, nous montre un liquide transparent, un peu jaunâtre, dans lequel nagent d'innombrables corpuscules rouges, circulaires et aplatis. Le liquide s'appelle *sérum*, les corpuscules rouges se nomment *globules*. Ces derniers ont la forme de disques légèrement concaves sur chaque face. Leur coloration est due à une substance spéciale, nommée *héma'osine*, dans la composition de laquelle il entre un peu d'oxyde de fer. Ce sont les globules qui donnent au sang sa coloration, le liquide lui-même, le sérum dans lequel ils nagent, étant à peu près incolore. Semblablement de l'eau, par elle-même dépourvue de couleur, deviendrait un liquide rougi si dans la masse liquide était disséminée, en quantité suffisante, une très-fine poussière rouge. Pour colorer ainsi le sang d'une manière uniforme, les globules doivent être infiniment nombreux et d'une ténuité excessive. L'examen au microscope démontre, en effet, que pour une seule gouttelette de sang, leur dénombrement défierait la patience. Malgré leur prodigieuse multitude, ils sont tous pareils de forme, tous pareils de diamètre, enfin identiques dans leurs plus intimes détails. Des mesures délicates nous donnent leur diamètre et leur épaisseur. Empilés l'un sur l'autre comme des pièces de monnaie, arrangement qu'il n'est pas rare de constater dans le sang lui-même, il en faudrait près de 600 pour faire la hauteur d'un millimètre ; disposés à la file l'un de l'autre, il en faudrait 120 pour représenter la longueur d'un millimètre. D'après ce dernier nombre, on voit qu'un millimètre cube en pourrait contenir 1,728,000. Dans le sang artériel et dans le sang veineux, les globules ont exactement même forme et même diamètre; la couleur seule varie, rouge vermeil dans le premier, rouge noir dans le second. Au contact de l'oxygène, leur teinte rouge s'avive; au contact du gaz carbonique, elle s'assombrit.

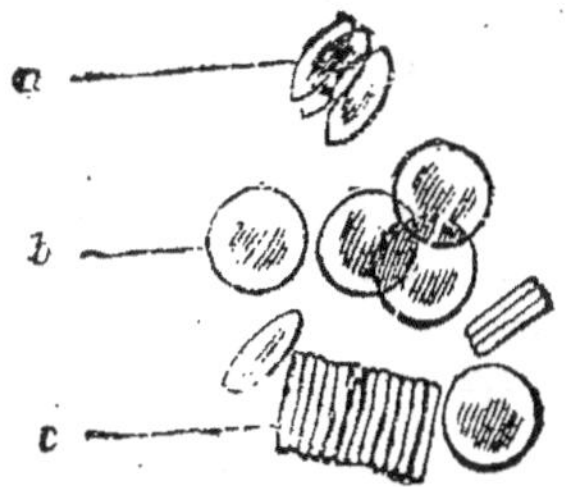

Fig. 45. — Globules du sang de l'homme.

a, vus de profil; — *b*, vus de face; — *c*, empilés.

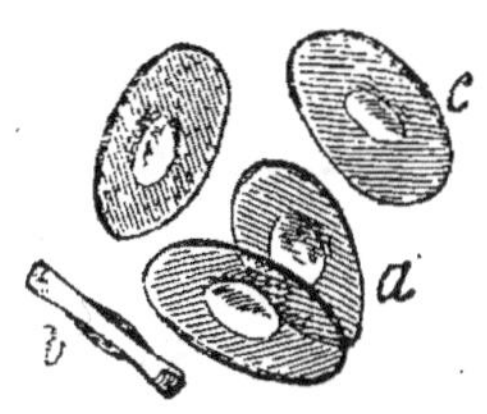

Fig. 46. — Globules du sang de grenouille.

a et *c*, vus de face; — *b*, vus de profil.

Les globules sont, par excellence, la partie active du sang; plus ils sont nombreux et petits, plus leur rôle vivifiant est efficace, plus aussi l'organisation s'élève. Les divers mammifères, chien, chat, cheval, etc., ont des globules sanguins comparables pour la forme et la ténuité à ceux de l'homme. Les oiseaux les ont plus grands et de forme ovalaire; ceux des poissons, également ovales, sont plus grands encore; enfin ceux des reptiles, notamment des batraciens, comme les grenouilles, atteignent la plus grande dimension. Il suffit de 45 globules de sang de grenouille pour la longueur d'un millimètre. Il est à remarquer encore que tous ces globules ovalaires présentent un noyau central, un peu proéminent, qu'entoure une bordure plus mince et de coloration plus foncée.

4. Coagulation du sang. — Veineux ou artériel,

une fois qu'il est extrait du corps et abandonné à lui-même, le sang ne tarde pas à se séparer sponta-nément en deux parties, l'une liquide, l'autre solide. La partie liquide est jaunâtre et transparente ; elle occupe le fond du vase et prend le nom de *sérum*. La partie solide surnage. C'est une masse gélatineuse, opaque, d'un rouge foncé ; on la nomme *cruor* ou vulgairement *caillot*.

Ce changement spontané dans la manière d'être du sang, d'abord en entier fluide, en un mot cette coagulation a pour cause une substance spéciale ap-pelée *fibrine*. Si, en effet, au lieu d'abandonner le sang au repos, on l'agite vivement en le battant avec un paquet de verges dès qu'il sort de la veine, la fi-brine, à mesure qu'elle se coagule, s'attache aux verges en filaments élastiques, en grumeaux gélati-neux que l'on met à part. Le sang, ainsi privé de sa fibrine, ne se coagule plus spontanément ; néanmoins il conserve toujours sa coloration rouge, au lieu de présenter la teinte jaunâtre du sérum du sang coa-gulé par le repos. En voici la cause. Le sang, comme il vient d'être dit, doit sa coloration rouge aux glo-bules. Lorsque sa coagulation est spontanée, la fibrine entraîne avec elle, enferme dans sa masse les globu-les sanguins, et le tout forme un caillot rouge, flot-tant dans un liquide décoloré par cette soustraction des globules ; mais si la fibrine se coagule pendant que le sang est vivement agité, les globules ne sont plus emprisonnés par le caillot ou ne le sont qu'en petite quantité, et restent dans la partie liquide, qu'ils colorent en rouge.

L'expérience suivante achève la démonstration. On filtre rapidement sur du papier du sang de grenouille, dont les globules ont un diamètre trop grand pour pouvoir passer à travers les pores du papier. Ces globules restent donc sur le filtre en une masse rouge ; quant au liquide qui passe, il est légèrement jaunâtre, presque incolore, mais toujours apte à se coaguler spontanément. Le caillot formé par ce sang filtré est dépourvu de couleur rouge parce qu'il est uniquement formé de fibrine, sans globules sanguins. Ainsi le cruor, tel qu'il se forme dans du sang non filtré et abandonné au repos, contient une matière incolore, la fibrine, fluide tant que le sang est sous l'influence de la vie et se solidifiant bientôt hors de cette influence ; il contient en outre une matière solide rouge, c'est-à-dire les globules sanguins.

Privé de sa fibrine et de ses globules, se prenant en un caillot commun par la coagulation spontanée, le sang se réduit à un liquide limpide, faiblement teinté de jaune, le *sérum*. A son tour, ce liquide que contient-il ? — Chauffons-le à une température d'au moins une soixantaine de degrés, et nous le verrons se coaguler en une masse blanche absolument comme le ferait, dans les mêmes circonstances, le blanc de l'œuf ou l'albumine. La substance principale du sérum est donc de l'albumine dissoute dans de l'eau. En ne tenant compte que des principes fondamentaux du sang, il y a donc lieu de considérer dans ce liquide, l'albumine et la fibrine, outre les globules dont il a été suffisamment parlé.

5. Albumine. — L'albumine du sang est de tous points identique avec celle du blanc d'œuf, aussi les confondrons-nous dans l'histoire abrégée que nous allons en tracer. L'albumine est une substance quaternaire, renfermant de l'oxygène, de l'hydrogène, du carbone et de l'azote dans sa composition chimique. En dissolution dans l'eau, elle fait partie de divers liquides de l'organisation. Elle se présente sous deux états distincts, l'état soluble dans l'eau et l'état insoluble ou coagulé. La coagulation a lieu par la chaleur vers soixante degrés de température. Ce changement d'état n'entraîne avec lui aucun changement de composition. L'albumine devient alors d'un beau blanc mat, comme le blanc d'œuf cuit en est un exemple familier. La coagulation peut se faire à froid au moyen de certains agents, parmi lesquels l'alcool. C'est à cause de sa propriété de se coaguler par l'alcool que l'albumine soit des œufs, soit du sérum du sang d'abattoir, est utilisée pour clarifier les vins. Au contact du liquide alcoolique, l'albumine se prend en une trame solide, qui englobe dans ses mailles et entraîne les matières solides qui rendaient le vin trouble. L'albumine contient toujours une faible proportion de soufre, aussi dégage-t-elle, en se putréfiant, un gaz infect, l'hydrogène sulfuré ou acide sulfhydrique. Telle est la cause de l'odeur fétide des œufs pourris.

6. **Fibrine.** — La fibrine à la même composition chimique que l'albumine, dont elle diffère tant par ses propriétés physiques, en particulier par la propriété qu'elle a de se coaguler spontanément dès qu'elle n'est plus sous l'influence de vie. C'est elle qui amène la coagulation du sang, c'est elle qui adhère aux verges avec lesquelles on bat ce liquide au sortir de la veine. Il suffit de laver la masse filamenteuse obtenue par ce moyen, avec de l'eau et de l'alcool, pour enlever les globules qui la colorent en rouge, le peu de matières grasses qui l'accompagnent, et obtenir la fibrine pure.

La fibrine est blanche, sans odeur, ni saveur. Une fois coagulée, elle est complétement insoluble dans l'eau. Sa texture est très-remarquable. Elle est formée de corpuscules sphériques qui adhèrent entre eux de manière à former des chapelets ayant l'aspect de fils noueux. Par une longue ébullition dans l'eau, elle devient en partie soluble; elle peut même le devenir entièrement, si extraite du sang d'animaux jeunes, elle est soumise à l'action d'une chaleur faible, mais prolongée. Une fois dissoute, elle présente tous les caractères de l'albumine. Quelques acides la transforment en une gelée incolore, soluble dans l'eau : un demi-millième d'acide chlorhydrique suffit pour produire cet effet. Le suc acide de l'estomac ou le suc *gastrique* produit encore plus rapidement cette métamorphose, d'un si grand rôle dans le travail de la digestion.

La chair musculaire, débarrassée du sang qui l'imprègne et ses matières grasses, c'est-à-dire réduite à ses seules fibres, n'est autre chose que de la fibrine. Aussi peut-on appeler avec juste raison *chair coulante*, le sang tel qu'il est dans l'animal, puisqu'il renferme en dissolution la substance même des fibres musculaires ou de la chair.

7. **Composition du sang.** — Le sang de l'homme donne en moyenne, sur 100 parties en poids, 13 parties de cruor et 87 parties de sérum, qui se subdivisent ainsi :

Cruor...	Fibrine		0,30	
	Globules.	Matières albuminoïdes.	12,50	13,00
		Hématosine	0,20	
Sérum..	Albumine		7,00	
	Matières grasses		0,06	87,00
	Sels minéraux divers		0,94	
	Eau		79,00	
				100,00

Ce tableau est borné aux principales substances du

sang, à celles qui par leurs proportions assez considérables se prêtent, sans grandes difficultés, aux recherches de l'analyse ; mais en réalité la composition est bien plus compliquée. Le sang, en effet, est l'universel liquide nourricier ; il apporte à chaque organe des matériaux pour son accroissement, son entretien et le travail d'élaboration spéciale dont il peut être le siége. Aucun d'eux ne créant rien de rien, ils puisent tous dans le sang leur propre substance et celle de leurs produits. L'os y prend sa matière pierreuse et sa gélatine ; la dent, son ivoire et son émail ; la chair musculaire, sa fibrine ; l'organe du lait, sa caséine et son lactose ; le cerveau, sa pulpe cérébrale ; l'amas graisseux, ses corps gras ; le foie, sa bile ; les reins, leur urée, principe de l'urine ; l'estomac, son humeur acide, et ainsi de toutes les parties du corps, si spéciales que soient leur nature et leurs fonctions. Tous ces matériaux, si divers de propriétés, doivent être et se trouvent, en effet, dans le sang ; souvent, il est vrai, en quantité tellement faible, que l'analyse ne peut les constater dans les circonstances ordinaires. Cependant, par un artifice d'expérimentation, il est possible parfois de les faire accumuler jusqu'à rendre leur présence évidente. Dans les conditions habituelles, par exemple, l'urée est en très-faible quantité et ne peut être constatée, parce que les reins l'extraient du sang à mesure qu'elle se forme et l'éliminent de l'organisation avec les urines. Mais si ce travail de continuelle épuration est rendu impossible, si les reins ne fonctionnent plus, détruits, enlevés dans un animal, l'urée, qui n'a plus d'issue, s'accumule dans le sang, où sa présence est alors aisément révélée. Ainsi tout dans l'organisation, n'importe sa nature et son rôle, a pour point de départ le sang.

8. Rôle du sang. — Les détails dans lesquels nous venons d'entrer établissent suffisamment le rôle nutritif du sang, rôle qui consiste à distribuer aux divers organes les nouveaux matériaux, pour les maintenir dans une permanente prospérité malgré leurs pertes continuelles, conséquence inévitable de l'exercice de la vie. Un autre rôle lui revient, non moins important que le premier et d'une nécessité de tous les instants. Par son oxygène dissous, il provoque dans tout son trajet une excitation, une combustion lente, cause primordiale de la vie. De même que pour donner lumière et chaleur, une lampe doit être sans discontinuer baignée d'air, de même aussi, pour être capable d'activité vitale, l'organisation doit être sans cesse baignée de sang oxygéné. Que l'arrivée de l'air cesse, que le sang imprégné d'oxygène manque, et à l'instant s'éteignent et la flamme et la vie. Mais si, avant l'extinction totale, reviennent à flots l'air pour la lampe, le sang oxygéné pour l'animal, la flamme reprend, la vie renaît. Assistons en esprit à une expérience d'un haut intérêt. On ouvre une artère à un animal. A mesure que le sang s'écoule, le patient s'affaiblit. Bientôt il succombe, immobile, insensible, sans respiration, sans aucun signe extérieur de vie. Ce n'est encore qu'un cadavre en apparence, mais dans quelques instants ce serait un cadavre réel. La vie est arrêtée, elle va finir parce manque dans l'organisme l'excitation du sang oxygéné. Sans tarder, on injecte dans les vaisseaux de l'animal le sang extrait. Si l'expérience est conduite par des mains habiles, on assiste comme à une résurrection. Le cadavre apparent s'agite; peu à peu il reprend ses forces, il se relève. La vie est revenue parce que la combustion vitale, non totalement éteinte, a repris quand le sang est rentré dans les vaisseaux.

9. Sang chez les divers animaux. — Puisque le sang est absolument nécessaire à l'entretien de la vie, il est visible qu'aucune espèce animale ne peut en être dépourvue, si rudimentaire que soit son organisation. Tous les animaux supérieurs, ceux dont le corps a pour soutien une charpente osseuse et qu'on appelle pour ce motif animaux vertébrés, les mammifères, les oiseaux, les reptiles, les batraciens, les poissons, ont, en effet, du sang comparable à celui de l'homme, c'est-à-dire composé d'un sérum presque incolore dans lequel flottent d'innombrables globules rouges, variables d'une espèce à l'autre de diamètre ou de forme. Nous avons déjà dit comment ces globules sanguins augmentent de dimensions des oiseaux aux poissons, des poissons aux reptiles, et prennent une forme ovalaire. Quant aux animaux qui n'ont point de charpente osseuse, les invertébrés, insectes, crustacés, araignées, mollusques et autres de moindre importance, un examen superficiel les regardait comme dépourvus de sang parce que la couleur rouge, si caractéristique chez tous les animaux supérieurs, fait ici défaut. Mais cette teinte rouge n'est nullement nécessaire pour qu'un liquide nourrisse l'organisation, excite la vie et mérite par cela même le nom de sang. C'est ainsi que le sang des insectes, des mollusques, des crustacés, est un fluide presque incolore, très-légèrement teinté soit de jaune ou de rose, soit de vert ou de lilas. L'humeur un peu ambrée qui s'échappe de la piqûre faite à un ver à soie est du sang aux mêmes titres que la goutte rouge sortant de l'un de nos doigts piqués ; c'est le liquide nourricier, la chair coulante de l'insecte·

Si infime que soit l'animal, on lui trouve toujours une humeur analogue, baignant l'organisme et lui donnant vie. Tous les animaux, sans une seule exception, ont donc du sang.

Par une exception remarquable, le ver de terre et d'autres animaux appartenant, comme lui, à la classe des Annélides, ont le sang rouge, semblable d'aspect à celui des animaux vertébrés ; mais cette coloration n'est pas due aux globules, elle est donnée par le sérum, lui-même teinté en rouge intense. C'est donc tout le contraire de ce qui a lieu chez les animaux supérieurs, dont le sérum est incolore, tandis que les globules sont rouges et donnent au sang sa couleur. Enfin la tête d'une mouche écrasée laisse une tache rouge où vulgairement on croit reconnaître du sang. C'est une erreur : le sang de la mouche est incolore et la tache que laisse la tête écrasée a pour cause la matière colorante des yeux. Chez tous les animaux invertébrés, les globules du sang diffèrent beaucoup de ceux des animaux supérieurs. Ce sont des corpuscules irrégulièrement sphériques, incolores, de grosseur variable dans le même sang, à surface un peu mamelonnée comme celles de la fraise et de la framboise.

QUESTIONNAIRE.

1. D'une manière générale, en quoi consiste la circulation ? — Comment se nomme le liquide nourricier ? — Quels noms portent les vaisseaux où il circule ? — Quel est l'organe moteur ? — 2. Qu'appelle-t-on sang veineux et sang artériel ? — En quoi diffèrent-ils l'un de l'autre ? — Quel gaz renferme le sang artériel, et quel gaz renferme le sang veineux ? — Quel changement de coloration éprouve le sang suivant qu'on lui fait dissoudre de l'oxygène ou du gaz carbonique ? — 3. Comment se montre le sang au microscope ? — Quel nom porte la partie liquide ? — Quel nom

portent les corpuscules rouges ? — Quelle est la matière colorante des globules et quel oxyde entre-t-il dans sa composition ? — Dites la forme et les dimensions des globules. — Combien pourrait en contenir un millimètre cube ? — Quel changement éprouvent les globules au contact de l'oxygène ou du gaz carbonique. — Comment sont les globules chez les divers animaux à sang rouge ? — Qu'y a-t-il à remarquer au sujet du diamètre des globules ? — 4. Que devient le sang abandonné à lui-même hors de l'organisation ? — Qu'appelle-t-on sérum et caillot ou cruor ? — A quoi est due la coagulation spontanée du sang ? — Quelles expériences constatent que la coagulation est due à la fibrine ? — Que devient le sérum par l'action de la chaleur ? — Quelle est la substance principale du sérum ? — 5. Qu'est-ce que l'albumine ? — Comment se coagule-t-elle ? — Expliquez l'emploi de l'albumine pour décolorer les vins. — D'où provient l'odeur fétide des œufs gâtés ? — 6. Qu'est-ce que la fibrine ? — Dites ses principales propriétés. — Comment peut-on rendre la fibrine soluble dans l'eau ? — Dites l'action des acides et du suc gastrique sur la fibrine. — D'où vient le mot de fibrine ? — Pourquoi le sang mérite-t-il le nom de chair coulante ? — 7. Dites les principales substances qui entrent dans la composition du sang. — Le sang ne contient-il que ces substances ? — Comment peut-on faire accumuler l'urée dans le sang et rendre sa présence manifeste ? — 8. Dites le rôle nutritif du sang. — Quel autre rôle remplit ce liquide ? — Comment s'établit expérimentalement l'action du sang pour entretenir la vie ? — 9. Tous les animaux ont-ils du sang ? — Qu'appelle-t-on animaux vertébrés et animaux invertébrés ? — Que savez-vous sur le sang des vertébrés ? — Comment est le sang des animaux invertébrés ? — Que présente de remarquable le sang du ver de terre et autres annélides ? — La tache rouge que laisse la tête écrasée d'une mouche est-elle due à du sang ? — Comment sont les globules de sang chez les animaux inférieurs ?

CHAPITRE VIII

CIRCULATION.

1. Structure du cœur. — L'organe qui donne l'impulsion au sang et le fait circuler dans les vaisseaux est le cœur, placé dans la poitrine entre les deux poumons. Son volume est à peu près celui du poing, et sa forme se rapproche de celle d'un cône, disposé la base en haut, sur la ligne médiane du corps, la pointe en bas, inclinée vers la gauche entre la cinquième et sixième côte. Par sa base, il communique avec divers gros vaisseaux, artères et veines, qui le rattachent aux organes voisins et le maintiennent suspendu; ses faces latérales et son extrémité sont libres. Il est enveloppé d'une fine membrane, *péricarde*, sorte de sac sans issue dont une moitié rentre dans l'autre par un brusque repli. De cette disposition du péricarde résultent deux feuillets superposés, dont l'intérieur tapisse le cœur, tandis que l'extérieur adhère aux organes voisins. Les deux feuillets ont leurs faces en contact extrêmement lisses, et de plus humectées d'un liquide destiné, comme l'huile dans nos mécanismes, à diminuer les frottements. Le cœur est ainsi maintenu dans une invariable position tout en conservant le jeu libre nécèssaire à la délicatesse de ses mouvements. Sa propriété fondamentale est de se contracter et de se relâcher tour à tour par périodes rapprochées et régulières. Le mouvement de contraction se nomme *systo'e*; celui de relâchement ou de dilatation, *diastole*. De là résultent les battements du cœur, que sent la main appliquée sur le côté gauche de la poitrine. Semblable propriété de se contracter puis de se relâcher, non d'une manière continuelle il est vrai, et sans la participation de notre vouloir, mais par moments et sous l'influence de la volonté, se retrouve dans tous les organes préposés aux divers mouvements du corps, organes que l'on désigne vulgairement sous le nom de chair, et que la science appelle *muscles*. Le cœur est par conséquent lui-même un organe charnu, un muscle. Il est creux et sa capacité se divise, par une cloison longitudinale, en deux moitiés, dont celle de droite ne reçoit jamais que du sang noir ou veineux, et celle de gauche du sang rouge ou artériel. Le cœur est donc un organe double. Ses deux moitiés, à fonctions différentes et complémentaires, prennent quelquefois le nom de *cœur veineux* pour la moitié de droite, et de *cœur artériel* pour la moitié de gauche. Nous verrons plus tard, dans l'étude de la série animale, cette structure binaire s'accentuer davantage et arriver jusqu'à la séparation totale des deux cœurs. A son tour chaque moitié se divise en deux cavités ou chambres par une cloison transversale, percée d'un orifice de communication. Le cœur comprend donc en tout quatre loges. Les deux supérieures sont les *oreillettes*, les deux inférieures sont les *ventricules*. Suivant qu'elles appartiennent à la moitié droite ou à la moitié gauche du cœur, on les nomme *oreillette droite* et *ventricule droit, oreillette gauche* et *ventricule gauche*. Chaque oreillette communique avec le ventricule de même côté, mais il n'existe aucune communication entre les deux moitiés de droite et les deux cavités de gauche.

2. **Veines caves.** — Dans l'oreillette droite arrive

le sang veineux, rouge noir, imprégné de gaz carbonique, et en cet état impropre à l'excitation de la vie.

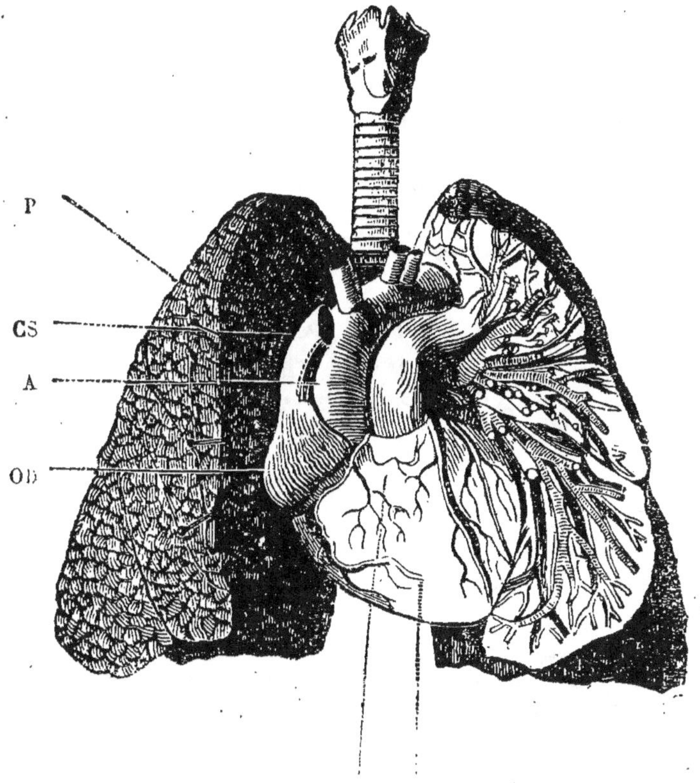

Fig. 47. — Les poumons et le cœur.

Le poumon gauche est ouvert pour montrer ses rameaux bronchiques, ses vaisseaux artériels et veineux. — P, poumon droit ; CS, veine cave supérieure ; A, aorte ; OD, oreillette droite ; AP, artère pulmonaire ; VD, ventricule droit.

Il charrie en outre les substances nutritives que vient d'élaborer la digestion. Deux gros vaisseaux, dits *veines caves*, où aboutissent toutes les veines des diverses régions du corps, de même que les ramifications d'un arbre se rattachent de proche en proche au tronc commun, déversent le sang veineux dans l'oreillette droite. Celui d'en haut, *veine cave supérieure c* (fig. 47), amène le sang de la tête, des bras et de

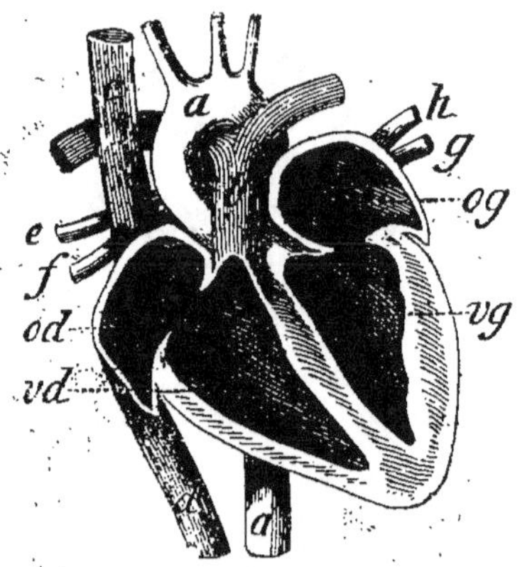

Fig. 48. — Coupe théorique du cœur.

od, oreillette droite ; *vd*, ventricule droit ; *c*, veine cave supérieure ; *d*, veine cave inférieure ; *aa*, aorte, *og*, oreillette gauche ; *vg*, ventricule gauche ; *b*, artère pulmonaire ; *ef*, veines pulmonaires droites ; *hg*, veines pulmonaires gauches.

la poitrine. Par la voie de l'un de ses affluents, la *veine sous clavière gauche*, dont il a été déjà parlé, la veine *c* a reçu en route le chyle, provenant surtout de la digestion des matières grasses dans l'intestin au moyen du suc pancréatique. Rappelons que le chyle est un liquide d'aspect laiteux, absorbé par les vaisseaux chylifères et conduit par ceux-ci dans le canal thoracique, débouchant lui-même dans la veine sous-clavière gauche. Dès son entrée dans les veines, le chyle perd la teinte laiteuse et prend la coloration du sang avec lequel il est mélangé. La veine cave supérieure verse par conséquent dans l'oreillette un mélange du sang veineux et des produits de la digestion intestinale, eux-mêmes en voie de devenir du sang.

Le vaisseau d'en bas, *veine cave inférieure* (*d*), amène le sang des jambes, de l'abdomen et des divers organes qu'il contient. Son principal affluent est la *veine hépatique*, qui naît du foie par de nombreuses ramifications. Un coup d'œil rétrospectif est ici nécessaire. Nous avons parlé des veines qui rampent à la surface de l'estomac et absorbent les aliments plastiques digérés par le suc gastrique, ainsi que les substances déjà solubles par elles-mêmes ; nous avons vu d'autres veines poursuivre cette absorption à la surface des intestins. Leur ensemble conduit un mélange de sang veineux et de matériaux nutritifs à la *veine porte*, qui se ramifie dans la masse du foie. Au sein de cette volumineuse glande s'accomplit un travail d'épuration, origine de la bile, qui s'amasse dans la vésicule biliaire et se déverse graduellement à la naissance de l'intestin pour y remplir un rôle encore assez obscur ; peut-être même n'est-elle qu'un résidu séparé des matériaux nutritifs encore trop bruts. A cette préparation s'en adjoint une autre. Dans la masse du foie, certains principes des matériaux alimentaires se métamorphosent en glucose, substance à transformations faciles, et apte, entre toutes, à la combustion lente, condition première de la vie. Après ce double travail, le sang sort du foie par la *veine hépatique*, qui le conduit à la veine cave inférieure. Celle-ci verse par conséquent dans l'oreillette droite du sang veineux, riche en glucose et en substances plastiques ou azotées, provenant de la digestion stomacale, continuée par la digestion intestinale.

3. Cours du sang. — En se contractant, l'oreillette droite presse le sang veineux qu'elle contient et le chasse dans le ventricule droit. Le passage de la première cavité dans la seconde se fait par un large orifice percé au centre de la cloison et nommé *valvule auriculo-ventriculaire*. Aussitôt rempli, le ventricule droit se contracte à son tour et refoule le sang dans un vaisseau *b* nommé *artère pulmonaire*. Celle-ci se divise bientôt en deux branches, dont l'une va se ramifier à l'infini dans le poumon de droite et l'autre dans le poumon de gauche. Au sein des poumons arrive en même temps de l'air, que la respiration amène par la voie de la *trachée artère*. Sans entrer dans des détails réservés pour le chapitre de la respiration, nous nous bornerons à dire que, dans les poumons, le sang perd son gaz carbonique, exhalé au dehors par le souffle de l'expiration, et dissout à sa place de l'oxygène, provenant de l'air atmosphérique qui pénètre à chaque inspiration. Cet échange gazeux est immédiatement suivi des modifications profondes déjà constatées au sujet du sang ou simplement des globules mis en rapport avec de l'oxygène. Le sang, d'abord d'un rouge sombre, tournant au noir, devient d'un rouge vif, écumeux, plus fluide. Il était entré sang veineux, impropre à la vie, dans les poumons ; il en sort sang artériel, imprégné d'oxygène et apte désormais à la combustion et à la nutrition vitales. Des milliers de petits vaisseaux le rassemblent des profondeurs de ce merveilleux laboratoire des poumons et le conduisent finalement au cœur dans l'oreillette gauche par deux couples de vaisseaux nommés *veines pulmonaires*. Le couple *h* et *g*, *veines pulmonaires gauches*, ramène le sang du poumon gauche ; le couple *e* et *f*, *veines pulmonaires droites*, le

ramène du poumon droit. La contraction de l'oreillette gauche chasse le sang artériel dans le ventricule gauche à travers l'orifice *auriculo-ventriculaire*,
qui fait communiquer les deux cavités. Enfin le ventricule gauche donne, par sa contraction, l'élan final,
le plus puissant de tous et chasse le sang dans une
grosse artère, l'*aorte* (*a*, *a*), qui remonte d'abord vers
la base du cou, puis revient en bas, derrière le cœur,
en décrivant une courbe nommée *crosse de l'aorte*. De
cette crosse naissent les *artères carotides*, distribuant
le sang au cou et à la tête; de sa branche descendante, placée au-devant de la colonne vertébrale et se
continuant jusqu'à la partie inférieure du ventre, se
détachent, de çà et de là, d'autres ramifications qui
vont porter dans toutes les parties du corps le vivifiant liquide, et le distribuer au moyen de canaux de
plus en plus étroits et nombreux. Dans les dernières
subdivisions, comparables à des cheveux pour la finesse et nommés pour ce motif *vaisseaux capillaires*,
le sang artériel accomplit ses fonctions ; il cède aux
organes baignés ses principes nutritifs et son oxygène,
qu'il remplace par du gaz carbonique et d'autres résidus du travail vital, enfin, il redevient sang veineux.
D'autres vaisseaux capillaires, continuation des premiers, le reçoivent alors et le rassemblent dans les
veines qui, de proche en proche, le ramènent dans
l'oreillette droite du cœur par la voie des deux
veines caves. Ainsi recommence, dans un ordre
invariable, le circuit dont nous venons de donner
une idée.

4. **Parois du cœur.** — A quatre reprises, le sang
reçoit une impulsion de la part du cœur, par la contraction des deux oreillettes et par la contraction des
deux ventricules. Ces quatre impulsions sont loin

d'être de même puissance. Les oreillettes ne font que pousser le sang dans le ventricule de même côté, presque sans obstacle à vaincre; tandis que le ventricule droit injecte le sang dans la masse des poumons et que le ventricule gauche, surmontant une résistance plus grande encore, l'injecte jusque dans les profondeurs les plus reculées du corps. A ces différences de force dépensée doit correspondre une épaisseur variable dans la paroi contractile. Les deux oreillettes, en effet, ne déployant qu'une faible impulsion, ont une paroi beaucoup plus mince que celle des deux ventricules; de plus, le ventricule gauche, d'où part l'élan du sang pour le trajet le plus long, l'emporte en puissance de paroi sur le ventricule droit. La figure 47 met sous les yeux ces remarquables différences d'épaisseur, proportionnée à l'impulsion nécessaire.

5. **Valvules.** — D'autres dispositions sont nécessaires pour empêcher le sang de revenir en arrière, lorsqu'il est comprimé et chassé en avant par l'une ou l'autre des cavités du cœur; il faut, en un mot, quelque mécanisme analogue aux soupapes de nos pompes, qui s'ouvrent pour donner libre passage au liquide soulevé et se ferment pour s'opposer à tout reflux. Considérons d'abord l'oreillette droite. Quand elle se contracte, le sang comprimé a trois voies ouvertes devant lui, l'orifice auriculo-ventriculaire et les deux veines caves par lesquelles il vient d'arriver. Mais, d'une part, ces veines caves sont elles-mêmes pleines de sang, qui ne discontinue d'affluer et par cela seul fait obstacle; d'autre part, l'orifice auriculo-ventriculaire est en ce moment ouvert et donne accès dans le ventricule, qui est vide, car il vient de lancer son ondée de sang dans les poumons. Le contenu

de l'oreillette se précipite donc, sinon tout du moins en majeure partie, du côté où l'obstacle est nul, c'est-à-dire dans le ventricule vide.

Maintenant le ventricule droit se contracte. Son contenu est chassé dans l'artère pulmonaire, mais il tend aussi à revenir dans l'oreillette par l'orifice qu'il vient de franchir ; et cette tendance au reflux vers le point de départ est d'autant plus prononcée, que l'injection dans les poumons est difficultueuse à cause des innombrables ramifications de l'artère pulmonaire. Ce reflux aurait donc inévitablement lieu sans une disposition spéciale, enfin sans une soupape qui s'ouvre pour la sortie de l'oreillette et se ferme pour s'opposer à la rentrée. Cette soupape, entre l'oreillette et le ventricule droit, se nomme *valvule tricuspide*. Figurons-nous la cloison qui sépare les deux cavités, fendue suivant trois lignes, rayonnant autour d'un point central. Nous aurons ainsi trois lambeaux triangulaires, fixés à la paroi du cœur par un de leurs côtés et libres par les deux autres. Assemblés dans un même plan, ces trois lambeaux rejoindront leurs pointes et formeront un plancher continu interceptant toute communication ; rabattus au contraire vers le ventricule, ils laisseront passage libre au sang au moment de la contraction de l'oreillette. Mais pour que le passage inverse n'ait pas lieu, lors de la contraction du ventricule, il faut que les trois lambeaux ne puissent se rabattre du côté de l'oreillette. A cet effet, leur face inférieure se rattache à la paroi du ventricule par de nombreuses brides flexibles, assimilables aux cordons qui retiennent une voile, sous la poussée du vent, dans la position qu'elle doit garder. L'effort du sang pour rétrograder lorsque le ventricule se contracte, n'a ainsi d'autre résultat que de mieux tendre les trois lambeaux, retenus par leurs brides sans renversement possible, et de mieux les assembler en un plancher sans issue. Ainsi que cela se passe pour l'eau de nos pompes au moyen des soupapes, c'est donc le sang lui-même qui ouvre et ferme tour à tour le même passage d'après le cours qu'il doit suivre.

Une soupape analogue, nommée *valvule mitrale*, fait communiquer l'oreillette gauche avec le ventricule correspondant et remplit des fonctions similaires. Elle diffère de la précédente en ce qu'elle se compose d'une fente unique au lieu de trois rayonnant autour d'un point central. Au moment de la dilatation des ventricules, le sang tend à revenir, soit de l'aorte dans le ventricule gauche, soit de l'artère pulmonaire dans le ventricule droit. Dans l'un et l'autre cas, ce retour est empêché par les *valvules* dites *sigmoïdes*, groupées trois par trois à l'entrée de l'aorte et à l'entrée de l'artère pulmonaire. Représentons-nous trois replis membraneux façonnés en petites poches ou goussets, dont une image assez exacte nous est donnée par le creux de la main. Ces trois poches s'assemblent par leurs bords libres; elles présentent leur convexité du côté du cœur, leur concavité du côté du canal de l'artère. Pressées sur leur face convexe par le sang des ventricules, elles cèdent sans résistance et livrent passage; pressées sur leur face concave par le sang qui tend à refluer, elles s'emplissent, se distendent et se rapprochent toutes les trois en obstruant le canal.

6. **Artères.** — Les artères sont des vaisseaux dans lesquels le sang circule du cœur vers les autres parties du corps. Elles ont pour origine les ventricules. Toutes contiennent du sang rouge, à l'excep-

tion dès artères pulmonaires, qui portent aux poumons le sang noir du ventricule droit. Leur paroi se compose de trois tuniques superposées : l'intérieure et l'extérieure fines et membraneuses; la moyenne de couleur jaunâtre, épaisse, ferme et très élastique. Cette élasticité fait qu'une artère conserve son calibre même lorsqu'elle est vide, et qu'elle se maintient largement baillante lorsqu'elle éprouve une rupture. Pareille propriété serait grave péril en l'absence de précautions spéciales dans les arrangements de l'organisme. Qu'une blessure, en elle-même sans gravité, qu'une déchirure légère vienne, en effet, à rompre une artère, et celle-ci, toujours béante, sera le siége d'une hémorrhagie intarissable, rapidement mortelle pour peu que le vaisseau ouvert ait de l'importance. Lorsqu'il est appelé pour donner son secours en semblable accident, ou bien lorsqu'il tranche lui-même une artère dans ses opérations, le chirurgien n'a qu'un moyen de maîtriser la perte de sang, qui ne tarderait pas à devenir fatale : c'est de lier, avec un fil de soie, le bout de l'artère amputée, car jamais de lui-même l'orifice ne s'obstruerait, ne se cicatriserait, à cause de l'élasticité qui le maintient ouvert. On comprend alors quel danger seraient pour nous des artères rapprochées de la superficie du corps et par là exposées à de fréquentes blessures. Mais une disposition dont on ne saurait trop admirer la prudence, écarte le péril : à de rares exceptions près, les artères sont toutes profondément situées, loin de la surface, sous une épaisseur de muscles et d'autres organes qui forment rempart.

7. **Pouls.** — L'élasticité de la tunique moyenne des artères est d'une haute importance dans la cir-

culation du sang. A chaque ondée que le ventricule gauche lance dans l'aorte, le contenu des diverses ramifications artérielles éprouve à l'instant la poussée, de même que tout liquide contenu dans des vases communiquant entre eux éprouve et transmet dans sa masse entière la pression exercée en l'un de ses points. Sous l'action de cette poussée, le canal artériel, assimilable ici à un tube de caoutchouc, se dilate pour donner place à la nouvelle ondée ; puis réagissant en vertu de son élasticité, il presse dans toute sa longueur sur le contenu et le chasse en ajoutant sa propre impulsion à l'élan initial du ventricule. C'est ainsi que, malgré la résistance croissante de vaisseaux de plus en plus étroits et nombreux, le sang progresse et arrive enfin aux dernières ramifications capillaires.

Si une artère était ouverte, chaque battement du ventricule se traduirait par un brusque jet de sang, lancé par la réaction du canal élastique. Dans une artère en son état normal, les battements du cœur provoquent des pulsations, c'est-à-dire des alternatives régulières de gonflement puis d'affaissement. Au moment où le ventricule gauche se contracte, les artères, nées de l'aorte, se distendent pour recevoir le sang injecté ; quand le ventricule se relâche, elles reviennent à leur premier calibre par suite de leur élasticité. Ces pulsations, qui sont comme une répétition, comme un écho de celles du cœur, ont lieu en tout point des vaisseaux artériels ; mais elles ne sont sensibles au toucher que là où les artères sont assez voisines de la superficie. L'*artère temporale*, située à la tempe, en avant de l'oreille, se prête, par sa proximité de la surface, à ce genre d'observation. Une autre, l'*artère radiale*, située au poignet, s'y prête encore mieux. C'est sur cette dernière en particulier que s'appliquent les doigts pour *tâter le pouls*, c'est-à-dire pour reconnaître la fréquence et la force des battements artériels, et par conséquent la fréquence et la force des battements du cœur. Autant l'artère donne de pulsations, autant le cœur fait de battements. Dans l'homme adulte ce nombre varie de soixante à soixante-quinze par minute ; dans les enfants très-jeunes, il va jusqu'à cent vingt. Au reste, bien des circonstances, comme les émotions de l'âme, les exercices violents, les maladies, influent considérablement sur la fréquence des pulsations du cœur et par suite du pouls.

8. Veines. — Les veines ramènent au cœur, dans l'une et l'autre oreillette, le sang des diverses parties du corps. Toutes contiennent du sang noir, à l'exception des veines pulmonaires, qui conduisent à l'oreillette gauche le sang devenu rouge par son oxygénation dans les poumons. Sous le rapport de la structure, elles diffèrent des artères par l'absence de la tunique moyenne élastique ; aussi leurs parois sont-elles flasques, minces, et leur canal, au lieu de rester béant, s'affaisse dès qu'il cesse d'être plein. De là résulte une cicatrisation facile. Pour arrêter l'écoulement du sang par une veine, il suffit de maintenir les bords de la blessure rapprochés par un bandage : ces bords se soudent et le vaisseau se retrouve intact. Moins importantes que les artères et d'ailleurs faciles à se refermer, les veines peuvent, sans grave inconvénient, occuper la superficie. Beaucoup d'entre elles, en effet, rampent sous la peau où elles dessinent, par transparence, des traits bleuâtres, par exemple sur le dos de la main. Les saignées médicales se font toujours sur une veine.

Au moyen du réseau des vaisseaux capillaires, les dernières ramifications des artères communiquent avec les premières ramifications des veines. Parvenu dans les canaux veineux, le sang rétrograde vers le cœur. Son mouvement de retour est encore la conséquence de l'impulsion originelle du ventricule gauche et de la pression que la paroi élastique des artères exerce sur la première moitié du circuit. A la faveur de la continuelle poussée en arrière de la colonne liquide, le sang progresse vers le cœur bien que les veines, avec leur paroi molle et sans ressort, ne prennent aucune part à l'impulsion. Seulement la plupart d'entre elles ont leur canal muni, de distance en distance, de *valvules* ou replis, qui laissent librement passer le sang en marche vers le cœur et l'empêchent de refluer en arrière. Enfin l'oreillette et le ventricule droits, devenus vides après chaque contraction, agissent à la manière d'une pompe aspirante, qui fait le vide sous le piston soulevé, c'est-à-dire produisent une sorte de succion qui favorise l'arrivée du sang par les deux veines portes. Dans les veines, le cours du sang est plus lent que dans les artères et dépourvu de pulsations.

9. **Vaisseaux capillaires.** — Avant de parvenir des artères dans les veines, le sang se répand dans les vaisseaux capillaires, ainsi nommés parce que leur ténuité est comparable à celle d'un cheveu et même la dépasse. Divisés et subdivisés à l'extrême, ces vaisseaux communiquent entre eux dans toutes les directions, et forment une infinité de mailles qui ne laissent inoccupé aucun point de l'organisme. Leur finesse est telle et leur nombre si considérable, que la pointe d'une aiguille ne peut pénétrer nulle part sans en blesser des centaines ; aussi la moindre

piqûre amène-t-elle une gouttelette de sang provenant des capillaires endommagés. C'est dans le réseau des capillaires que le sang cède aux organes
ses principes nutritifs et qu'il provoque la combus-

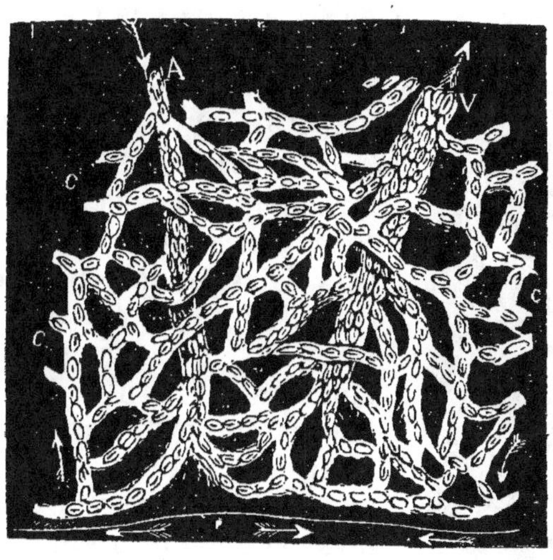

Fig. 49. — Fragment du réseau capillaire vu au microscope.

tion vitale avec l'oxygène dont il est imprégné ; c'est
enfin là qu'il cesse d'être artériel et devient veineux
en accomplissant ses fonctions. Un des beaux spec-
tacles du microscope est la circulation capillaire telle
qu'on peut l'observer dans la membrane transparente
de la patte d'une grenouille à l'état de vie. La figure 48 en donne une idée. L'artériole A amène du
sang rouge dans le réseau des mailles, la veinule V
en ramène du sang noir. Le reste se compose de
vaisseaux capillaires, dans lesquels le cours du sang
est rendu manifeste par les files de globules en mouvement.

Deux réseaux capillaires sont à distinguer : l'un

général, répandu dans toutes les parties du corps et destiné à leur nutrition; l'autre localisé dans les poumons, où il met le sang en rapport avec l'air atmosphérique. Le premier, appelé *réseau capillaire nutritif*, a pour vaisseau de départ dans le cœur l'aorte, et pour vaisseaux de retour les deux veines caves; en le traversant, le sang devient noir de rouge qu'il était d'abord, il perd son oxygène et prend à la place du gaz carbonique. Le second, appelé *réseau capillaire respiratoire*, a pour vaisseau de départ dans le cœur l'artère pulmonaire, et pour vaisseaux de retour les veines pulmonaires; en le traversant, le sang de noir devient rouge, il perd son gaz carbonique et prend à la place de l'oxygène. Le cours du sang dans le premier réseau ainsi que dans l'ensemble des vaisseaux qui s'y rendent ou qui en viennent, se nomme *grande circulation*; le cours du sang dans le second réseau et dans l'ensemble des vaisseaux qui en dépendent, s'appelle *petite circulation*. La grande circulation commence au ventricule gauche et finit à l'oreillette droite; la petite circulation commence au ventricule droit et finit à l'oreillette gauche. En séparant les deux moitiés du cœur, on obtient la figure théorique 49 pour représenter cette double circulation. O et V sont l'oreillette et le ventricule gauches; O' et V' sont l'oreillette et le ventricule droits; CG est le réseau capillaire général ou nutritif,

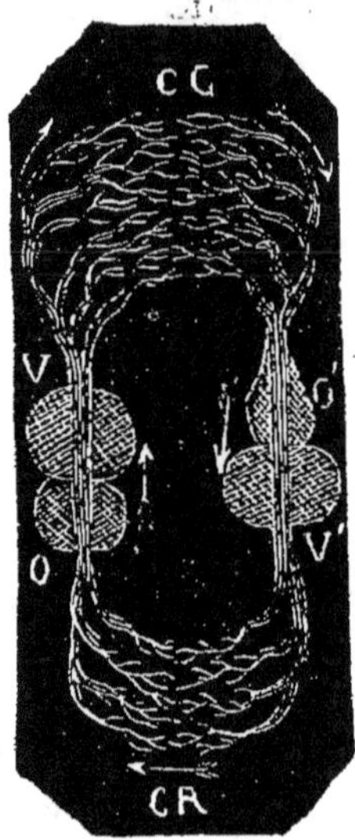

Fig. 50.
Circulation du sang.

CR est le réseau capillaire des poumons ou respiratoire.

10. Principaux vaisseaux. — Du ventricule gauche naît le vaisseau primordial du système artériel, l'*aorte a*, qui vers la base du cou s'infléchit en

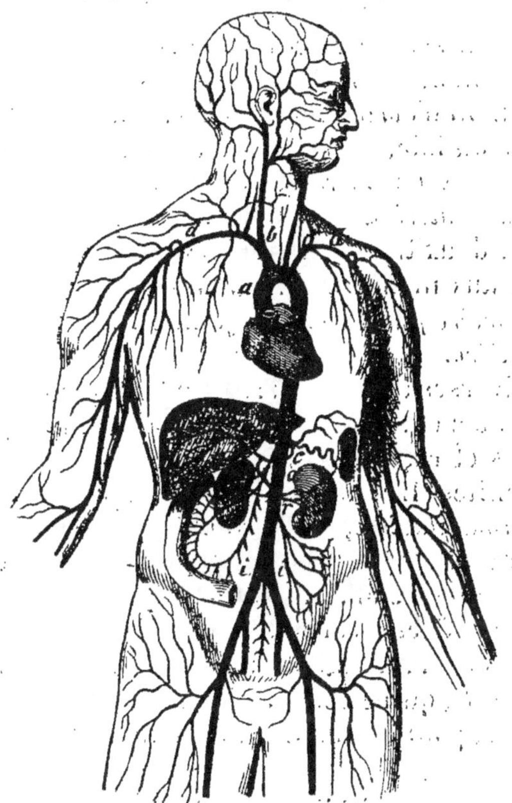

Fig. 51. — Principaux vaisseaux artériels.

a, aorte; *b*, artère carotide, *d,d*, artères sous-clavières; *a'*, artère abdominale; *c*, artère splénique; *r*, artère rénale; *i,i*, artères iliaques.

une crosse d'où partent deux ramifications ascendantes. Celles-ci ne tardent pas à se subdiviser en *artère* carotide *b*, se distribuant au cou et à la tête, et en *artère sous-clavière d*, se rendant au bras. La sous-clavière se continue par l'*artère brachiale*, se subdivisant dans l'avant-bras en *cubitale* et *radiale*. C'est sur cette dernière, au poignet, que se tâte habituellement le pouls. Après avoir franchi le diaphragme, cloison charnue qui sépare la cavité de la poitrine de celle de l'abdomen, la branche descendante de l'aorte prend le nom d'*aorte abdominale a'*. Elle fournit l'*artère hépatique* au foie, l'*artère stomacale* à l'estomac, l'*artère splénique c* à la rate, l'*artère rénale r* aux reins, l'*artère mésentérique* aux intestins. Plus bas, elle se divise en deux troncs, les *artères iliaques*, qui se distribuent aux membres inférieurs et fournissent à la cuisse l'*artère fémorale*, à la jambe les artères *tibiale* et *péronnière*.

Aux diverses artères correspondent, pour le retour du sang au cœur, des veines qui leur sont en général parallèles et reçoivent, pour ce motif, le nom de veines satellites. L'artère sous-clavière a pour satellite la *veine sous-clavière*, l'artère pulmonaire a pour satellite la *veine pulmonaire*. Quelquefois on les désigne par un nom spécial : ainsi la *veine jugulaire* est satellite de l'artère carotide. Rappelons enfin parmi les veines de haute importance, les deux *veines caves*, la *veine porte*, qui se rend au foie, et la *veine hépatique*, qui en sort pour se rendre à la veine cave inférieure.

QUESTIONNAIRE.

1. Où est situé le cœur ? — Qu'est-ce que le péricarde et décrivez sa structure ? — Qu'appelle-t-on systole et diastole ? — Quelle est la propriété fondamentale des organes appelés muscles ? — Décrivez la structure générale du cœur. — 2. Qu'appelle-t-on veines caves ? — Qu'apporte la veine cave supérieure ? — Qu'apporte la veine cave inférieure ? —

3. Que devient le sang de la moitié droite du cœur? —Que se passe-t-il dans les poumons? — Par quels vaisseaux le sang est-il amené dans les poumons et par quels vaisseaux en revient-il? — Que devient le sang de la moitié gauche du cœur? — Qu'est-ce que l'aorte? — Qu'entend-on par vaisseaux capillaires? — Que se passe-t-il dans ces vaisseaux? — Résumez la marche du sang depuis son entrée dans le cœur jusqu'à son retour au même organe? — 4. Qu'y a-t-il à remarquer dans l'épaisseur des parois des diverses cavités du cœur? — 5. Comment le sang passe-t-il de l'oreillette droite dans le ventricule de même côté? — Comment le sang ne reflue-t-il pas dans l'oreillette quand le ventricule se contracte? —Décrivez la valvule tricuspide. — Décrivez la valvule mitrale. — Où sont les valvules sigmoïdes et comment agissent-elles? — 6. Qu'appelle-t-on artères? — Quelle est leur structure? — Quels résultats amène la tunique élastique? — Les artères sont-elles rapprochées de la surface du corps? — Comment arrête-t-on l'écoulement du sang par une artère coupée? — 7. Quel rôle remplit l'élasticité de la paroi artérielle dans la circulation du sang? — D'où proviennent les pulsations artérielles? — Qu'est-ce que le pouls? — Où peut-on le reconnaître au toucher? — Quel est le nombre de pulsations par minute? — 8. En quoi la structure des veines diffère-t-elle de celle des artères? — Que résulte-t-il de cette structure? — Y a-t-il des veines voisines de la surface? — Comment le sang se meut-il dans les veines? — Quel rôle remplissent les valvules des veines? — Les veines ont-elles des pulsations? — 9. Décrivez les vaisseaux capillaires et leur réseau. — Que devient le sang dans ces vaisseaux? — Quelle observation microscopique peut-on faire à leur sujet? — En quoi consistent le réseau capillaire nutritif et le réseau capillaire respiratoire? — Qu'appelle-t-on grande circulation et petite circulation? — Comment peut-on se représenter théoriquement cette double circulation? — 10. Nommez les principales artères? — Qu'appelle-t-on veines satellites? — Nommez quelques veines satellites et rappelez les principales veines dont il a été déjà parlé.

CHAPITRE IX

RESPIRATION.

1. Nécessité de l'air. — En tête des besoins les plus impérieux auxquels nous sommes assujettis, se trouvent ceux du manger, du boire et du dormir. Tant que la faim n'est que son diminutif l'appétit. ce savoureux assaisonnement des mets les plus grossiers ; tant que la soif n'est que cette aridité naissante de la bouche qui donne un si grand charme à un verre d'eau fraîche ; tant que le sommeil n'est que cette douce lassitude qui nous fait désirer le repos du soir, ces besoins primordiaux réclament leur satisfaction plutôt par l'attrait du plaisir que par le rude aiguillon de la douleur. Mais si leur satisfaction se fait par trop attendre, ils s'imposent en maîtres inexorables et commandent par la torture. Qui peut songer sans effroi aux angoisses de la faim et de la soif ! Il est cependant un besoin devant lequel la faim et la soif, si violentes qu'elles soient, se taisent comme choses secondaires ; un besoin toujours renaissant et jamais assouvi, qui sans repos se fait sentir, pendant la veille et pendant le sommeil, de nuit, de jour, à toute heure, à tout instant : c'est le besoin d'air. L'air est tellement nécessaire à la vie, qu'il ne nous a pas été donné d'en réglementer l'usage, comme nous le faisons pour le manger et le boire, afin de nous mettre à l'abri des fatales conséquences qu'amènerait le moindre oubli. C'est pour ainsi dire à notre insu, indépendamment de la volonté, que l'air pénètre en nous pour y accomplir son rôle. Avant tout nous vivons d'air, la nourriture ordinaire ne vient qu'en seconde ligne. Le besoin des aliments n'est éprouvé que par intervalles assez longs ; le besoin d'air se fait éprouver sans discontinuer, toujours impérieux, toujours inexorable. Que l'on essaie un moment de suspendre son arrivée dans le corps en lui fermant ses voies, la bouche et les narines, presque aussitôt la suffocation vous gagne et l'on sent qu'on périrait infailliblement si cet état se prolongeait trop.

2. **Expériences.** — L'air n'est pas seulement de la plus pressante nécessité pour l'homme, il l'est aussi pour tous les animaux, jusqu'aux moindres. La physique fait à ce sujet une expérience frappante. On met un animal vivant, un oiseau par exemple, sous la cloche d'une machine pneumatique. A mesure que l'air disparaît, aspiré par la pompe de la machine, l'oiseau se débat dans une anxiété horrible à voir, chancelle et tombe mourant. Pour peu qu'on tarde de laisser rentrer l'air dans la cloche, l'animal meurt et rien ne peut le rappeler à la vie. Mais si l'air rentre à temps, son action le ranime. Au lieu de nous servir de la machine pneumatique, abandonnons l'animal à lui-même sous une cloche pleine d'air mais sans communication avec l'extérieur. Dans ce cas, l'animal vivrait quelque temps, et d'autant plus que la cloche serait plus grande. Cependant, il ne tarderait à faiblir et à périr enfin. De même, une bougie allumée placée sous une cloche sans communication avec le dehors, quelque temps brûle et puis s'éteint. Il faut de l'air à l'animal pour vivre, il faut de l'air à la bougie pour brûler ; il faut que l'air se renouvelle pour que la vie continue, il faut que l'air se renouvelle pour que la combustion dure.

Au premier abord les animaux aquatiques semblent faire exception à la loi de la nécessité de l'air pour vivre, mais l'exception n'est qu'apparente : ils ont besoin d'air tout aussi bien que les animaux aériens, seulement au lieu de le prendre dans l'atmosphère, ils le prennent dans l'eau, où il se trouve dissous. En la faisant bouillir, on prive l'eau de l'air qu'elle contient. Si dans cette eau refroidie, on met un poisson, l'animal périt promptement. La loi est donc générale : tout ce qui vit a besoin d'air. L'acte qui met l'organisme en rapport avec l'air se nomme *respiration*.

3. **Composition de l'air.** — L'air atmosphérique est un mélange de deux gaz, l'un, l'*azote*, impropre à la combustion, l'autre, l'*oxygène*, dans lequel la combustion se fait avec une extrême ardeur. Sur 100 parties en volume, l'air contient 21 parties d'oxygène et 79 d'azote ; ou en nombres un peu moins exacts mais plus simples, un volume du premier pour 4 du second. Il est aisé de reconnaître lequel des deux gaz agit dans la respiration. Plongé dans une atmosphère d'azote pur, un animal succombe après quelques inspirations, de même que s'y éteint une bougie allumée. Plongé dans une atmosphère d'oxygène, il continue à vivre ; il est vrai que si le séjour dans ce gaz se prolonge trop, l'animal est en danger parce que la vie est surexcitée hors de toute mesure. Pareillement une bougie continue à brûler dans l'oxygène, mais elle s'y consume avec une dévorante activité. C'est donc l'oxygène qui agit dans la respiration. Quant à l'azote, gaz inerte, il a pour rôle de tempérer, par sa forte proportion, les énergies violentes du gaz actif. L'oxygène est plus soluble dans l'eau que l'azote. De cette différence de solubilité résulte que l'air dissous dans l'eau est proportionnellement plus riche en oxygène que ne

l'est l'air atmosphérique. L'analyse y constate 32 parties en volume d'oxygène pour 68 parties d'azote. Cette plus grande richesse en élément respirable explique comment les animaux aquatiques trouvent, dans la petite quantité d'air tenue en dissolution dans l'eau, de quoi suffire à leur respiration.

4. **Produits de la respiration.** — Nous connaissons la composition de l'air qui pénètre dans le corps à chaque *inspiration* ; examinons maintenant de quoi se compose celui qui en sort à chaque *expiration*. La fumée qui accompagne le souffle par un temps froid démontre d'abord que l'air expiré renferme de la vapeur d'eau. Cette vapeur est exhalée en tout temps, car si nous soufflons avec la bouche sur un carreau de vitre froid, bientôt l'haleine y dépose une couche d'humidité. L'air inspiré contient donc toujours de la vapeur d'eau. Il est vrai que l'air ordinaire en contient aussi, mais bien moins, car vainement on soufflerait sur le carreau de vitre avec un soufflet, on ne verrait pas des gouttelettes d'eau se déposer. Si l'air à l'issue du corps contient plus de vapeur qu'à son entrée, il faut qu'il en ait acquis par le fait même de la respiration.

A l'aide d'un tube de verre, soufflons maintenant avec la bouche dans de l'eau de chaux. Aussitôt le liquide blanchit, et, par le repos, laisse déposer d'abondants flocons de craie ou carbonate de chaux. A ce signe se reconnaît la présence du gaz carbonique, et en quantité considérable (1). L'air du dehors,

(1) Cette expérience, si frappante et si facile à faire, ne demande qu'un peu d'eau de chaux et un tube quelconque, au besoin une simple paille. L'eau de chaux s'obtient en délayant de la chaux dans de l'eau et en filtrant. Le liquide qui passe, tenant un peu de chaux en dissolution, est d'une

celui qui ne vient pas des organes respiratoires, ne se comporte pas de la même manière. Si l'on souffle dans de l'eau de chaux, non plus avec la bouche mais avec un soufflet, l'eau ne blanchit pas, ne donne pas de flocons de craie. Il n'y a donc pas du gaz carbonique dans l'air, ou plus exactement il n'y en a que des quantités si faibles, qu'il faudrait faire passer de grandes masses d'air dans de l'eau de chaux pour y amener un léger trouble. Avec l'air expiré, au contraire, le trouble apparaît aussitôt. Ainsi, avant de pénétrer en nous, l'air ne contient que très-peu de vapeur d'eau et très-peu de gaz carbonique ; quand il revient des organes respiratoires, il en contient beaucoup. D'autre part, l'air ordinaire est composé de un cinquième de son volume d'oxygène, et de 4 cinquièmes d'azote. L'air exhalé contient presque intégralement l'azote, mais il contient beaucoup moins d'oxygène, et cet oxygène se trouve remplacé par un volume à peu près égal de gaz carbonique. En somme la respiration consomme de l'oxygène et produit de l'eau et du gaz carbonique, c'est-à-dire qu'elle reproduit fidèlement tous les faits de l'habituelle combustion. La bougie qui brûle prend à l'air son oxygène, le combine avec sa propre substance et en fait du gaz carbonique et de la vapeur d'eau ; l'animal, en respirant, prend aussi l'oxygène à l'air et laisse intact l'azote, il associe cet oxygène avec les matériaux de son corps et du tout fait de l'eau et du gaz carbonique.

5. Chaleur animale. — La combustion dégage de

parfaite limpidité. On le conserve dans un flacon, à l'abri de l'air, qui finirait par le troubler en cédant à la chaux les traces d'acide carbonique qu'il renferme.

la chaleur, la respiration en fait tout autant ; elle est la cause de la température propre au corps de l'animal. Sous un soleil brûlant comme au milieu des frimas de l'hiver, sous le climat torride de l'équateur comme sous le climat glacial des pôles, le corps de l'homme, par exemple, conserve une température qui lui est propre, 38 degrés ; et cette température ne saurait varier soit en plus soit en moins sans de graves désordres. Comment se fait-il que cette chaleur se conserve la même au milieu des causes de variation qui nous entourent ? C'est que le corps est un calorifère permanent, alimenté d'air par la respiration, de combustible par la digestion. Voilà pourquoi en hiver le besoin de nourriture est plus vif. Le corps se refroidit plus vite au contact de l'air froid extérieur, aussi faut-il brûler plus de combustible pour que la chaleur naturelle ne baisse pas. Une température élevée rend, au contraire, l'appétit languissant. Pour les entrailles faméliques des peuplades polaires, il faut des mets robustes, graisse, lard, eau-de-vie ; pour les peuplades du Sahara, quelques dattes et une pincée de farine pétrie dans le creux de la main, suffisent. Tout ce qui diminue la déperdition de chaleur diminue aussi le besoin de nourriture. Le sommeil, le repos, les vêtements chauds, tout cela vient en aide au manger et le supplée en quelque sorte. Le bon sens populaire formulé en proverbes, le répète en disant : *qui dort dîne.*

La chaleur que dégage un fourneau est cause du travail mécanique qu'accomplit la machine mise en jeu par ce fourneau ; la chaleur que dégage la combustion vitale est cause aussi des efforts musculaires de l'animal. Pour produire de la chaleur, finalement convertie en travail mécanique, la machine animale

brûle du combustible tout comme la machine indus-
trielle; la force que déploie l'organisation dérive du
combustible brûlé. D'un homme qui met à son travail une ardeur extrême, on dit qu'*il se brûle le sang*.
Encore une expression populaire, on ne peut mieux
d'accord avec ce que la science connaît de plus
certain sur l'exercice de la vie. Pas un mouvement
ne se fait en nous, par une fibre ne remue sans amener une dépense proportionnelle de combustible,
fourni par le sang, renouvelé lui-même par l'alimentation. Marcher, courir, s'agiter, travailler, prendre
de la peine, c'est à la lettre se brûler le sang, de
même qu'une locomotive brûle son charbon en traî-
nant après elle l'immense faix d'un convoi. Tel est le
motif pour lequel l'activité, le travail pénible, excitent
le besoin de manger; tandis que le repos, l'inoccupa-
tion, l'affaiblissent. En un mot, vivre, c'est se consumer, dans l'acception la plus rigoureuse du mot;
respirer, c'est brûler. On a dit de tout temps en style
figuré : *le flambeau de la vie*. Il se trouve que l'expression figurée est l'expression exacte de la réalité. L'air
consume le flambeau, il consume l'animal; il fait
répandre au flambeau chaleur et lumière, il fait produire à l'animal chaleur et travail. Sans air, le flambeau s'éteint; sans air, l'animal meurt. L'animal est,
sous ce rapport, assimilable à une machine d'une
haute perfection, mise en mouvement par un foyer
de chaleur. Il se nourrit et respire pour produire
chaleur et mouvement; il mange son combustible
sous forme d'aliments et le brûle dans les profondeurs du corps avec l'oxygène amené par la respiration. Ainsi l'essence même de la respiration consiste
en une combustion accomplie dans toutes les parties
de l'organisme.

6. Quantité d'air nécessaire à la respiration.
— S'il importe de se préoccuper du tirage pour brûler
le combustible dans un fourneau, il importe encore
bien plus de se préoccuper de l'aérage pour ne pas
entraver la combustion vitale. On évalue à 450 litres
environ la quantité de gaz carbonique qu'un homme
exhale en vingt-quatre heures. Cela correspond à 240
grammes de charbon brûlé, et à 450 litres d'oxygène
emprunté à l'air pour cette combustion. Comme
l'oxygène n'entre que pour un cinquième à peu près
dans la composition de l'air atmosphérique, et que,
d'autre part, la respiration est fort loin de l'utiliser
en entier, il passe, en vingt-quatre heures, de 7 à
8 mètres cubes d'air dans les poumons de l'homme.
En versant dans l'air un volume de gaz carbonique
égal au volume d'oxygène employé à la combustion
vitale du charbon, la respiration a pour effet de vicier
peu à peu une atmosphère qui ne peut se renouveler.
D'autres causes, d'ailleurs, vicient l'air et le rendent
irrespirable. Telles sont principalement la putréfaction, la fermentation, la combustion du charbon et
du bois. Il ne faut jamais perdre de vue qu'il est indispensable aux hommes, aussi bien qu'aux animaux
séjournant dans des enceintes fermées et sans venti-
lation, d'avoir une quantité d'air assez considérable
pour empêcher les produits de la respiration de faire
prévaloir leurs propriétés malfaisantes. Ainsi chaque
homme ne doit pas avoir moins de 6 mètres cubes
d'air par heure; un cheval ne doit pas en avoir
moins de 18. En tout cas, on ne doit pas compter
sur les mauvaises jointures des portes et des fenêtres,
dont l'influence est presque nulle pour le renouvellement de l'air.

7. Mal des montagnes. — En pénétrant dans les

poumons, l'air ne doit pas seulement être pur, il doit encore contenir une proportion suffisante d'oxygène, sinon la combustion vitale faiblit, et la vie, d'abord en souffrance, devient impossible par delà certaines limites. Or, à mesure qu'on s'élève dans les hautes régions de l'atmosphère, on respire de l'air de plus en plus dilaté, de plus en plus rare, parce que la pression supportée y est moindre. Ainsi au sommet du Mont-Blanc, où la pression barométique descend de 76 centimètres de mercure à 43 centimètres, l'air est environ deux fois plus rare que dans la plaine et renferme par conséquent, à volume égal, deux fois moins d'oxygène. Cette insuffisance de l'élément respirable est cause d'un malaise particulier appelé *mal des montagnes* et dont De Saussure, l'un des premiers qui l'aient observé, parle ainsi : « Quand il fallut me mettre à disposer mes instruments et à les observer au sommet du Mont-Blanc, je me trouvai à chaque instant obligé d'interrompre mon travail pour ne m'occuper que du soin de respirer. Si je demeurais parfaitement tranquille, je n'éprouvais qu'un peu de malaise, une légère disposition au mal de cœur. Mais, lorsque je prenais de la peine ou que je fixais mon attention pendant quelques moments de suite, il me fallait reposer et haleter pendant quelques minutes. Mes guides éprouvaient un malaise pareil ; ils n'avaient aucun appétit ; ils ne se souciaient pas même du vin et de l'eau-de-vie. L'eau fraîche seule leur faisait du bien et du plaisir. Quelques-uns d'entre eux ne purent supporter jusqu'à la fin ce genre de souffrance ; ils descendirent pour trouver un air plus respirable. » — A des hauteurs plus considérables, comme celles où parviennent les aéronautes, le malaise s'accentue et devient grave péril. Ecoutons à ce sujet Glaisher, dans sa mémorable ascension à 11,000 mètres, la plus grande altitude que l'homme ait encore atteinte. « A ce moment, une paralysie soudaine me gagne le bras droit. Je cherche à me servir du bras gauche : il est également paralysé. Ni l'un ni l'autre n'obéissent à ma volonté. J'essaie de remuer le corps : j'y parviens à peine et d'une manière si vague, qu'il me semble que je n'ai plus de membres. Je veux au moins lire les indications de mes instruments : ma tête retombe inerte sur mon épaule. J'avais le dos appuyé sur le bord de la nacelle, et, dans cette position, je regardais mon compagnon, Coxwell, occupé à débrouiller les cordes de la soupape. J'essayai de lui parler sans parvenir à proférer un son. Enfin des ténèbres épaisses m'envahirent : la vue à son tour était paralysée. Cependant j'avais encore toute ma connaissance, et mon esprit possédait sa pleine activité. Je pensais que l'air me manquait, et que j'allais périr si nous ne parvenions à descendre à l'instant. Enfin je perdis connaissance, comme si je m'étais brusquement endormi. » L'admirable présence d'esprit de Coxwell qui, paralysé à son tour des deux mains, ouvrit la soupape en la tirant avec les dents, mit fin à l'ascension, sur le point de devenir fatale aux deux audacieux aéronautes.

Aujourd'hui, pour de semblables ascensions, on emporte, dans des sacs membraneux, une provision d'oxygène tempéré par une proportion plus ou moins forte d'azote. Quand l'air est difficilement respirable, que la sensibilité s'émousse et que l'attention devient pénible, on aspire la provision de gaz vivifiant. A l'instant le malaise disparaît, les sens reprennent leur activité ; enfin la vie semble renaître comme par enchantement

8. **Poumons.** — Les organes de la respiration sont les *poumons*, placés dans la cavité de la poitrine ou *thorax*, l'un à droite, l'autre à gauche du cœur. Cha-

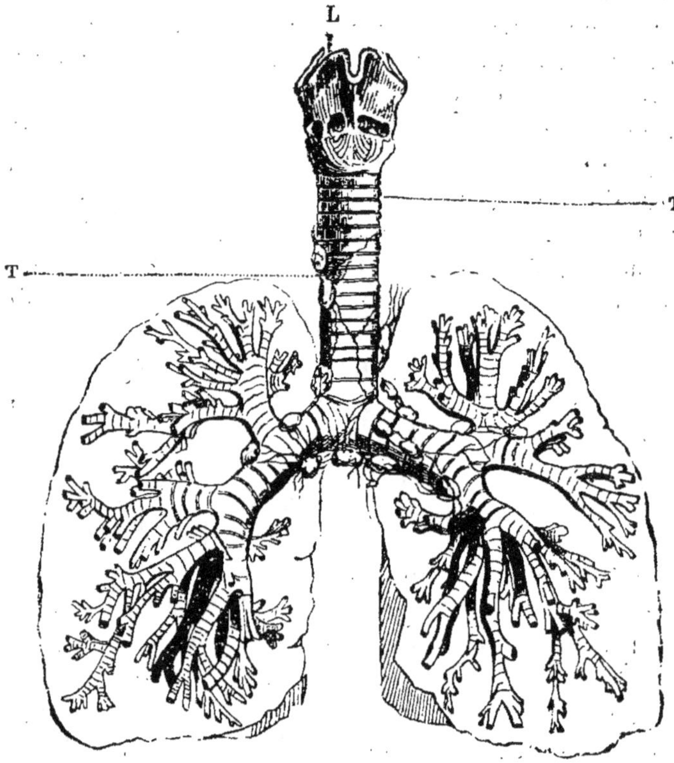

Fig. 52. — Distribution des bronches dans les poumons.
L, larynx ; T,T, trachée-artère.

cun est enveloppé d'une fine membrane, appelée *plèvre*, composée d'un sac dont une moitié rentre dans l'autre, comme nous l'avons exposé au sujet du péricarde. Des deux feuillets résultant de cette disposition, l'interne adhère aux poumons et l'externe tapisse la paroi du thorax. Les poumons sont des organes volumineux, criblés d'une infinité de petites cavités ou *cellules pulmonaires*, communiquant avec l'air extérieur par les dernières ramifications de la *trachée-artère*. Celle-ci débute dans l'arrière-bouche, où elle s'ouvre par un orifice nommé *glotte*. Elle se compose d'une série d'anneaux cartilagineux, incomplets en arrière, empilés l'un au-dessus de l'autre et maintenus en un canal continu par la membrane qui les relie. Cette charpente cartilagineuse, très-élastique et résistante, fait que le canal se maintient toujours largement ouvert pour le libre passage de l'air à son entrée et à sa sortie. Dans sa partie supérieure, immédiatement après la glotte, la trachée-artère présente une dilatation considérable que l'on nomme *larynx*. Cette dilatation, sur laquelle on reviendra, est l'organe de la voix. Parvenue entre les deux poumons, la trachée-artère se subdivise en deux canaux, nommés *bronches*, de moindre calibre mais de même structure. Chacun d'eux se rend dans le poumon voi-

Fig. 53. — Cellules pulmonaires.

sin, en s'y subdivisant en une multitude de ramifications, dont les dernières, extrêmement fines, débouchent dans les cellules dont est criblée la substance des poumons. Pour arriver aux cellules pulmonaires, l'air pénètre par les narines, ou moins fréquemment par la bouche; il franchit l'orifice de la glotte, suit la trachée-artère, les bronches et finalement les derniers ramuscules de celles-ci.

9. **Hématose.** — Sur la paroi de chaque cellule pulmonaire rampent de délicats vaisseaux sanguins, les uns, dernières subdivisions de l'artère pulmonaire, amenant le sang noir du ventricule droit; les autres, premières racines des veines pulmonaires, amenant à l'oreillette gauche le sang devenu rouge. Ces divers vaisseaux, artérioles et veinules, sont reliés entre eux par un réseau capillaire. L'air et le sang se trouvent ainsi en présence, l'air à l'intérieur de la cellule pulmonaire, le sang à l'extérieur, et séparés l'un de l'autre par la paroi de la cellule et des capillaires. Mais par sa faible épaisseur, sa fine structure, cette paroi se prête au passage des gaz dans un sens comme dans l'autre, sans laisser transpirer le sang des vaisseaux; elle se prête en un mot à une endosmose gazeuse, comparable à celle dont nous avons déjà parlé au sujet des liquides.

Or l'analyse constate que le sang noir, tel qu'il vient aux poumons, contient abondamment de l'acide carbonique, le cinquième environ de son volume; elle reconnaît en outre que le sang rouge, tel qu'il revient des poumons, a perdu une partie de son acide carbonique, qui s'y trouve remplacé par de l'oxygène. Ce qui se passe dans les poumons est dès lors facile à comprendre. Par endosmose, le sang noir exhale dans les cellules pulmonaires une partie de son gaz carbonique, et par une endosmose inverse, l'air des cellules pulmonaires cède au sang de l'oxygène. Les globules s'imprègnent de cet oxygène, l'emmagasinent en quelque sorte en formant avec lui une combinaison facile à détruire, et dès l'instant passent du rouge noir au rouge vif. Cette oxygénation sanguine, cette transformation du sang veineux en sang artériel s'appelle *hématose*.

En même temps qu'il cède de l'acide carbonique, le sang veineux dégage aussi dans les cellules pulmonaires une autre substance gazeuse, de la vapeur d'eau. Telle est la cause d'une continuelle transpiration interne que l'on nomme *exhalation pulmonaire*. Cet échange réciproque effectué, l'air est chassé des poumons, appauvri d'oxygène, saturé de vapeur d'eau, qui par un temps froid fait fumer notre haleine, et riche de gaz carbonique, qui trouble et blanchit l'eau de chaux dans laquelle nous faisons passer notre souffle. Une autre inspiration renouvelle cet air et le même échange gazeux se poursuit. Quant au sang redevenu rouge par son passage dans le réseau capillaire des poumons, il se rend au cœur, dont le ventricule gauche le lance dans toutes les parties du corps, pour y porter son élément comburant, l'oxygène, et ses principes nutritifs. En traversant le réseau capillaire de la grande circulation, il cède aux organes des matériaux d'accroissement et d'entretien ; avec ses globules oxygénés, qui peu à peu abandonnent le gaz dont ils sont imprégnés, il consume soit les matériaux qu'il charrie lui-même, soit les matériaux vieillis de l'organisation. De là résultent, en tout point du corps, la combustion vitale et le renouvellement graduel des organes ; de là résulte aussi une permanente formation de résidus, en particulier de gaz carbonique et d'eau, dont le sang, devenu alors veineux, va se dépouiller aux poumons, pour y prendre une nouvelle provision d'oxygène et recommencer indéfiniment son circuit.

10. **Thorax.** — Le thorax, c'est-à-dire la cavité où sont logés le cœur et les poumons, a pour charpente osseuse, en arrière, un pilier formé par les douze ver-

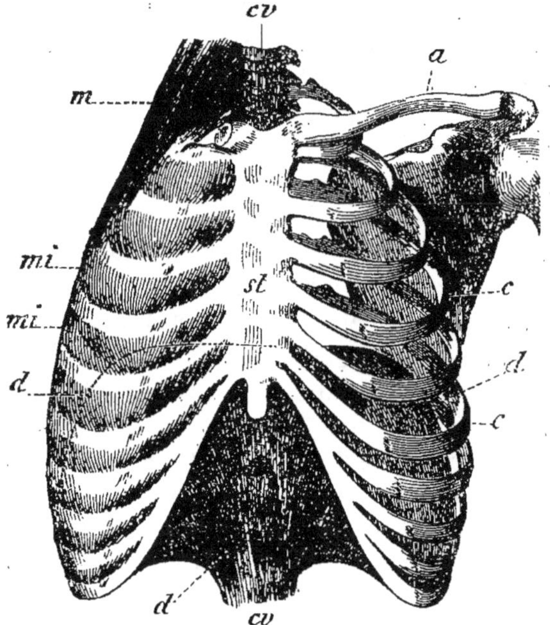

Fig. 54. — Le thorax.

cv, colonne vertébrale; *a*, clavicule; *m*, muscles élévateurs des côtes; *mi, mi*, muscles intercostaux; *st*, sternum; *d,d*, diaphragme; *c*, côtes.

tèbres du dos ou *vertèbres dorsales* ; en avant, parallèle à la colonne des vertèbres, un os mince et plat appelé *sternum*, occupant le creux de la poitrine ; de chaque côté, douze os courbés en arc et nommés *côtes*. Chaque côte s'articule en arrière avec l'une des vertèbres dorsales. Les sept premières rejoignent directement le sternum et portent le nom de *vraies côtes* ; les cinq dernières, nommées *fausses côtes*, n'atteignent le sternum qu'en s'unissant l'une à l'autre au moyen d'un prolongement cartilagineux. La cavité ainsi circonscrite rappelle à peu près celle d'un cône dont la pointe serait à la base du cou. Les côtes sont reliées entre elles par les *muscles intercostaux*, qui, en se contractant, les rapprochent un peu l'une de l'autre, et les font légèrement pivoter autour de leur articulation avec les vertèbres dorsales. Enfin un muscle, le *diaphragme*, comparable à un plancher voûté séparant deux étages, ferme en bas la cavité thoracique et la sépare de la cavité abdominale. Cette voûte charnue tourne sa convexité vers le thorax, sa concavité, vers l'abdomen. Des prolongements musculaires, nommés *piliers du diaphragme*, lui donnent attache sur les *vertèbres lombaires*, situées en arrière du ventre. Lorsque ces piliers se contractent, le diaphragme diminue de convexité ; il fait ainsi moins saillie à l'intérieur du thorax et celui-ci augmente de capacité. S'ils se relâchent, le diaphragme reprend sa forte courbure ; sa voûte remonte dans la poitrine et en diminue d'autant la contenance.

11. Mécanisme de la respiration. — Deux mouvements sont à distinguer dans l'acte respiratoire : celui de *l'inspiration*, qui amène aux poumons l'air atmosphérique ; celui de *l'expiration*, qui chasse des poumons l'air dont l'action sur le sang est terminée. Dans la respiration habituelle, celle qui s'accomplit d'une manière calme, non précipitée, c'est le diaphragme qui provoque les deux mouvements contraires au moyen de ses alternatives de contraction musculaire et de relâchement. Lorsqu'il se contracte, la convexité de sa voûte s'affaisse et la capacité de la poitrine augmente en offrant aux poumons un plus grand espace à occuper. Par la voie toujours libre de la trachée-artère, l'air extérieur arrive donc aux poumons de la même façon qu'il pénètre dans un soufflet dont la capacité vient de s'amplifier au moyen de l'éloignement des deux planchettes servant de support à sa poche de cuir. Tel est le mécanisme fort simple de l'inspiration. Pour l'expiration, le diaphragme se relâche et laisse sa voûte remonter dans le thorax, dont la contenance se trouve ainsi diminuée. Comprimés dans un moindre espace, les poumons expulsent leur contenu gazeux. Pareillement, un soufflet chasse l'air de sa poche quand celle-ci diminue par le rapprochement des deux planchettes.

Quand la respiration doit être plus active, plus précipitée, enfin quand on respire à pleine poitrine, à l'action du diaphragme s'ajoute celle des muscles intercostaux ; et de leur ensemble résulte une plus grande dilatation dans le thorax, suivie d'une plus grande diminution de capacité, dont la conséquence est un accroissement de volume dans l'air inspiré et expiré tour à tour. En l'habituel état, les côtes ne sont pas horizontalement disposées, leur extrémité antérieure est à un niveau légèrement plus bas que leur extrémité postérieure. Or la contraction des muscles intercostaux a pour effet de rapprocher les côtes les unes des autres, de relever un peu leur avant, ce qui augmente la capacité du thorax en donnant un surcroît d'ampleur à l'intervalle qui sépare sa face antérieure de sa face postérieure. Si ces muscles se relâchent, les côtes reviennent à leur position inclinée, l'avant de la poitrine s'affaisse un peu et la cavité thoracique diminue. Imaginons une enveloppe conique légèrement déprimée, écrasée sur la moitié de sa paroi. Si cette moitié déprimée se relève, si l'enveloppe reprend la forme conique régulière, la capacité augmentera ; si la dépression revient, si le cône reprend son irrégularité, la capacité diminuera. Telle est à peu près l'alternative d'accroissement et de décroissement dans la capacité thoracique par l'action des muscles intercostaux et du léger mouvement des côtes qui en résulte. Respirons à pleine poitrine et appliquons nos doigts sur les côtes. Nous les sentirons se relever un peu pendant l'inspiration, s'abaisser pendant l'expiration.

La capacité des poumons de l'homme adulte est en moyenne de trois litres ; mais dans la respiration modérée, le volume d'air qui pénètre dans les poumons ou qui en sort n'est guère que d'un demi-litre ou un peu plus. Les poumons sont donc fort loin de se jamais vider en entier ; ils gardent cinq à six fois plus d'air qu'ils n'en rejettent afin de donner à l'endosmose le temps d'accomplir ses échanges gazeux. Il est visible d'autre part que l'air non expulsé se renouvelle constamment par son mélange avec l'air introduit. Le nombre des inspirations est d'environ seize par minute lorsque les mouvements respiratoires s'effectuent sans précipitation.

12. Modifications des mouvements respiratoires. — Les principales sont : le soupir, le bâillement, le rire, le sanglot, l'éternuement, la toux. — Le *soupir* consiste en une lente et profonde inspiration, suivie d'une expiration rapide et sonore. Il a pour effet de faire pénétrer dans les poumons un plus grand volume d'air, lorsque l'hématose, quelque temps ralentie pour un motif quelconque, doit être accélérée. Les affections morales en sont l'habituelle cause, mais toute gêne survenue dans la respiration le provoque aussi. — Le *bâillement* est une inspiration plus profonde encore, qui survient, sans la participation de la volonté, lorsque le sang réclame une hématose plus rapide. Il est accompagné de contractions musculaires dans la bouche et le gosier. L'approche du sommeil, la plénitude de l'estomac en digestion et tout état de torpeur le provoquent. Par une sorte de contagion nerveuse, le bâillement se propage d'une personne à l'autre : qui voit bâiller fréquemment bâille à son tour. — Le *rire* consiste en une suite de courtes expirations saccadées, produites par des contractions convulsives du diaphragme. Comme le bâillement, il se propage par imitation. — Par un étrange contraste, le *sanglot*, expression de la tristesse, diffère à peine du rire dans son mécanisme : c'est toujours l'expulsion de l'air des poumons par saccades convulsives. — S'il se produit dans les fosses nasales une irritation insolite, l'air d'abord profondément inspiré, s'échappe en un jet brusque et produit comme une petite détonation pour chasser la cause irritante ; tel est l'*éternuement*. — Si l'irritation a pour siége l'intérieur des voies aériennes, larynx, trachée-artère, bronches, la brusque issue de l'air, pour entraîner ce qui l'occasionne, constitue la *toux*.

13. **Asphyxie.** — Si la transformation du sang veineux en sang artériel ne se fait pas ou se fait d'une manière incomplète parce que l'air cesse d'arriver aux poumons ou n'y parvient qu'en volume insuffisant, la combustion vitale se ralentit, s'arrête, ce qui amène un trouble profond, nommé *asphyxie*, dont le résultat inévitable est la mort pour peu que cet état se prolonge. L'immersion dans l'eau, la

strangulation, le séjour dans une étroite atmosphère qui ne se renouvelle pas, donnent la mort par manque d'air. Quelquefois l'asphyxie se complique d'un empoisonnement par une substance gazeuse. Ainsi le charbon allumé dégage de l'oxyde de carbone, qui exerce sur l'organisation une influence des plus délétères, quoiqu'il soit mélangé avec une large proportion d'air. L'acide sulfureux, le chlore et bien d'autres gaz sont aussi très-redoutables ; ils agissent comme substances toxiques alors même qu'ils sont associés avec de l'air en abondance. Les soins à donner aux asphyxiés consistent avant tout à les apporter au plus vite dans une atmosphère pure, s'ils succombent par intoxication ; et dans tous les cas, à réveiller la respiration par les moyens qu'enseigne l'hygiène, sans se lasser, sans se décourager, car fréquemment la mort n'est qu'apparente.

QUESTIONNAIRE.

1. Quel est le plus impérieux des besoins ? — 2. Comment se démontre expérimentalement l'absolue nécessité de l'air ? — Les animaux aquatiques ont-ils également besoin d'air ? — 3. Dites la composition de l'air atmosphérique. — Quelle est la composition de l'air dissous dans l'eau ? — 4. Quels sont les produits de la respiration ? — Comment se constatent la présence de la vapeur d'eau et celle du gaz carbonique ? — En quoi l'air qui vient des poumons diffère-t-il de celui qui s'y rend ? — 5. D'où provient la chaleur animale ? — Quelle frappante analogie voyez-vous entre l'organisation animale et un mécanisme que meut un foyer de chaleur ? — Expliquez la profonde vérité de ces expressions populaires « se brûler le sang, qui dort dîne ». — Montrez que l'expression imagée « le flambeau de la vie » est l'expression de la réalité des choses. — 6. Quelle est la quantité d'air nécessaire à la respiration de l'homme ? — Quels soins réclame l'aération ? — 7. Qu'appelle-t-on mal des montagnes ? — Rapportez les observations de De Saussure et de Glaisher. — Comment remédie-t-on au mal des monta-

gnes? — 8. Décrivez la structure des poumons et de la trachée-artère. — Où se terminent les dernières ramifications des bronches? — 9. Comment les cellules pulmonaires mettent-elles le sang veineux en rapport avec l'air? — Qu'appelle-t-on hématose? — Comment s'effectue l'hématose? — Que contient le sang à son entrée dans les poumons? — Que contient-il à sa sortie? — Quelle est la partie du sang qui s'imprègne d'oxygène? — Où s'effectue la combustion vitale? — Quelles substances alimentent cette combustion? — En quoi consiste essentiellement la respiration? — 10. Décrivez la structure du thorax. — 11. Quels sont les deux mouvements respiratoires? — Comment agit le diaphragme dans la respiration modérée? — Comment agissent les muscles intercostaux dans la respiration à pleine poitrine? — Quelle analogie voyez-vous entre le mécanisme de la respiration et celui d'un soufflet? — Quelle est la capacité des poumons chez l'homme? — En moyenne, quel est le volume d'air inspiré ou rejeté? — 12. En quoi consistent les modifications respiratoires appelées soupir, bâillement, rire, sanglot, éternuement, toux? — 13. Quelle est la cause de l'asphyxie? — Comment agit le gaz dégagé par le charbon en combustion? — Quel est le premier soin à donner aux asphyxiés?

CHAPITRE X

CIRCULATION ET RESPIRATION CHEZ LES DIVERS ANIMAUX.

1. Mammifères. — La circulation du sang chez les mammifères, animaux qui par leur organisation se rapprochent le plus de nous, ne diffère pas de la circulation chez l'homme. Dans tous, l'organe moteur est un cœur à quatre cavités, contenant du sang noir dans sa moitié droite, du sang rouge dans sa moitié gauche. Deux ordres de vaisseaux dirigent le cours du liquide nourricier : les veines pour le sang noir, les artères pour le sang rouge. La circulation est toujours *complète*, c'est-à-dire que le sang veineux ne se mélange nulle part avec le sang artériel, et passe en entier dans les organes respiratoires pour y subir l'hématose avant de se distribuer de nouveau dans le corps. Enfin tous les mammifères respirent par des poumons, d'une structure semblable à ceux de l'homme ; et tous puisent dans l'atmosphère l'air respiré, même ceux qui séjournent continuellement au sein de l'eau. Ainsi la baleine, énorme mammifère à formes de poisson, est obligée de remonter par intervalles à la surface de la mer pour y remplir ses poumons d'air atmosphérique, aussi indispensable pour elle que pour les animaux à vie terrestre ou aérienne.

2. **Oiseaux.** — Un cœur à quatre cavités avec circulation complète et une respiration au moyen de poumons sont également le partage des oiseaux ; mais une particularité fort remarquable caractérise les organes respiratoires. Dans l'homme et les divers mammifères, toutes les ramifications des bronches aboutissent à des cellules pulmonaires qui, n'ayant d'autre orifice que celui d'entrée, ne permettent pas à l'air de se répandre au delà des poumons. Chez les oiseaux, quelques-uns des rameaux des bronches percent de part en part les poumons et forment des canaux libres au moyen desquels l'air inspiré pénètre dans diverses poches membraneuses, à parois très-fines, interposées entre les organes et se prolongeant jusqu'à l'intérieur des os, si bien que l'air insufflé par la trachée-artère d'un oiseau mort peut ressortir par l'orifice d'un os fracturé, et réciproquement l'air insufflé par la fracture d'un os s'échappe par la trachée-artère. On donne à ces poches le nom de *sacs aériens*. Un double rôle revient à l'air ainsi introduit dans diverses régions du corps. Il contribue

d'une part à l'hématose en cédant son oxygène aux capillaires veineux des organes qu'il atteint, de manière que la respiration est double, dans les poumons d'abord et puis partout où l'air pénètre. Aussi de tous les animaux, les oiseaux sont-ils ceux dont la respiration est la plus active; il leur faut proportionnellement plus d'oxygène qu'aux mammifères, et ils succombent plus rapidement à l'asphyxie. De cette activité respiratoire résulte une plus grande production de chaleur: leur température s'élève jusqu'à 44 degrés. En second lieu, les sacs aériens, gonflés d'air

Fig. 55. — L'Aptéryx.

chaud, deviennent en quelque sorte des aérostats et allégent l'oiseau pour le vol. Ce sont, en effet, les espèces à vol puissant et soutenu qui se pénètrent le mieux d'air, notamment dans les os, surtout ceux des ailes; mais les espèces lourdes, uniquement faites pour la marche, n'admettent que peu ou point d'air dans leur charpente osseuse. Ainsi l'Aptéryx de la Nouvelle-Zélande, oiseau disgracieux dont les ailes sont réduites à deux moignons sans usage, n'a dans ses os aucune cavité aérienne. N'étant pas fait pour le vol, il n'a pas l'organisation qui allègerait sa charpente osseuse.

3. Reptiles et Batraciens. — Les reptiles (tortues, lézards, serpents) et les batraciens (grenouilles, crapauds, salamandres), n'ont au cœur que trois ca-

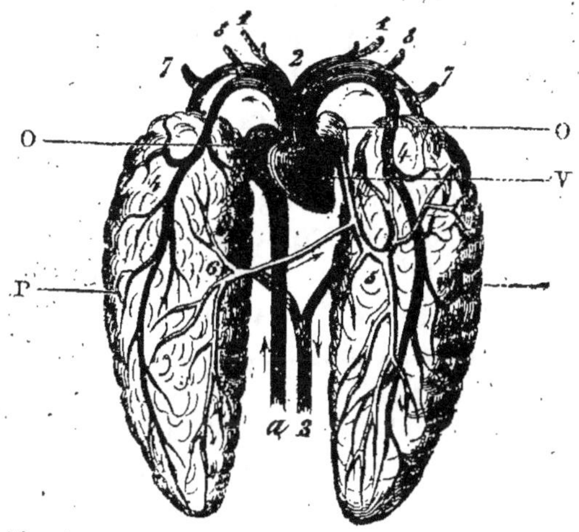

Fig. 56. — Cœur et poumons de la grenouille.
V, ventricule unique; O et O', oreillettes; PP, poumons.

vités, deux oreillettes et un ventricule. L'oreillette droite reçoit le sang veineux qui retourne des diverses parties du corps; l'oreillette gauche reçoit le sang artériel qui vient des poumons; et le ventricule unique, en communication avec ces deux oreillettes, reçoit par conséquent à la fois du sang rouge et du sang noir. De ce ventricule partent l'aorte, qui distribue le sang aux organes, et l'artère pulmonaire, qui l'envoie aux poumons. On voit donc que le sang versé dans les artères pour la nutrition et la combustion organiques, au lieu d'être complétement oxygéné ainsi que cela se passe chez les mammifères et les oiseaux, est un mélange de sang qui s'est imprégné d'oxygène en passant par les poumons, et de sang dépourvu de ce gaz parce qu'il recommence son circuit sans avoir traversé les organes respiratoires. L'hématose ne se fait ainsi qu'à demi, une partie du liquide nourricier ne complète pas son cours par défaut de passage à travers les poumons; pour ce motif, la circulation est dite *incomplète*. L'artère pulmonaire reçoit le même mélange, de sorte qu'une partie du sang ayant déjà respiré revient aux poumons sans avoir d'abord parcouru l'organisation. De cette hématose non achevée, de ce sang à demi privé d'oxygène résulte un affaiblissement considérable dans la combustion vitale; ce qui se traduit par un défaut de chaleur, des allures indolentes, enfin une vie tenace mais sans activité.

Les reptiles et les batraciens ont la respiration pulmonaire, ces derniers du moins à l'état adulte, car il subissent des métamorphoses, et pendant le jeune âge, alors qu'ils sont sous forme de têtards, ils respirent, comme les poissons, par des branchies, sur lesquelles nous reviendrons. Les poumons de ces deux classes se font remarquer par le petit nombre et l'ampleur de leurs cellules, rappelant d'aspect l'écume de savon. L'extrême multiplicité et la finesse des cellules pulmonaires chez les mammifères et les oiseaux, ont pour effet d'accroître les surfaces respiratoires et de mettre ainsi le sang en rapport avec de grands volumes d'air ; la grosseur et le faible nombre des mêmes cellules chez les reptiles et les batraciens, produisent un effet inverse : les surfaces respiratoires diminuent d'étendue et l'oxygénation du sang se fait moins bien. A l'imperfection que nous venons de signaler dans le cœur s'ajoute donc celle des poumons. L'animal possède ainsi une vitalité plus tenace, moins sensible à l'asphyxie, mais aux dépens des qualités supérieures qui réclament une respiration active. Semblable à nos mécanismes d'autant plus délicats qu'ils sont plus parfaits, l'organisation perd en résistance inerte ce qu'elle gagne en supériorité de vie. Dans une atmosphère où pourrait indéfiniment séjourner un crapaud, avec ses grossiers poumons et son cœur incomplet, l'oiseau, si actif, si chaud de sang, si bien doué, périrait à l'instant. La plupart des reptiles et tous les batraciens ont les deux poumons symétriques, celui de droite pareil à celui de gauche ; mais les serpents, à cause de leur forme, présentent une exception remarquable. L'un des poumons prend un développement considérable, et s'allonge en une sorte de sac qui occupe une grande partie de la longueur du corps ; l'autre s'amoindrit et disparaît presque, réduit à un faible noyau de cellules.

4. **Poissons.** — Le cœur des poissons est plus réduit encore, car il ne comprend que deux cavités, une oreillette et un ventricule, cavités occupées l'une et l'autre par du sang noir, sans jamais recevoir du sang rouge. Il correspond ainsi à la moitié droite du cœur des oiseaux, des mammifères et de l'homme lui-même, en un mot, c'est un *cœur veineux*. Pour être le cœur complet qui nous a servi de point de

départ, il lui manque la moitié gauche, la moitié à sang rouge, enfin le cœur artériel. Son oreillette reçoit le sang veineux des veines caves, et le cède au ventricule, dont les contractions le chassent dans l'artère des organes respiratoires ou branchies.

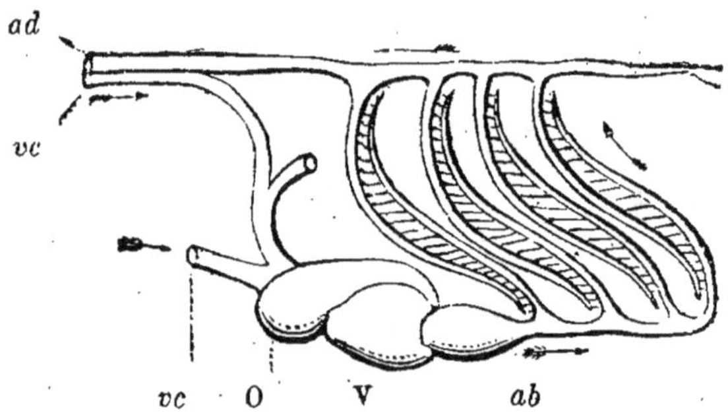

Fig. 57. — Circulation d'un poisson.

O, oreillette ; V, ventricule ; *vc, v* veines caves ; *ab*, artère branchiale ; *ad,* artère dorsale.

L'oxygénation faite, le sang sort des branchies par des vaisseaux analogues aux veines pulmonaires, et sans revenir au cœur s'engage dans une artère, assimilable à l'aorte, qui le distribue aux organes. C'est donc le ventricule unique qui donne au sang l'impulsion nécessaire pour traverser d'abord le réseau capillaire respiratoire, se distribuer après dans tout le corps, se répandre, pour la nutrition, dans le réseau capillaire général et revenir enfin au cœur. Malgré la simplicité de l'organe moteur, la circulation n'en est pas moins complète : il n'y a pas de mélange entre le sang noir et le sang rouge, comme dans la circulation des reptiles et des batraciens; et tout le sang veineux traverse les organes respiratoires et devient sang artériel avant de recommencer son parcours.

5. Branchies. — L'eau renferme de l'air dissous, proportionnellement plus riche en oxygène que l'air atmosphérique et apte ainsi, malgré sa faible quantité, à suffire aux espèces aquatiques, dont l'activité respiratoire est d'ailleurs toujours faible. Les organes chargés de mettre le sang en rapport avec cet air dissous, pour produire l'hématose, se nomment *branchies*. Leur forme est très-variable dans les diverses classes des animaux aquatiques. Ce sont en général de fines houppes, des faisceaux de ramuscules, des franges de menues lamelles, qui ont pour objet de diviser le sang et de le mettre en rapport, par la plus grande surface possible, avec l'eau aérée. A travers la délicate membrane de ces ramifications des branchies et des capillaires qu'elles contiennent, le sang cède à l'eau, par endosmose, son acide carbonique, qui se dissout dans le liquide, et reçoit en échange de l'oxygène. Cela exige que l'eau continuellement se renouvelle autour des branchies, apportant du gaz respirable, emportant les produits de la respiration, de même que l'air atmosphérique se renouvelle sans cesse dans les poumons des animaux terrestres.

Tantôt les branchies s'étalent et flottent librement dans l'eau, tantôt elles sont contenues dans une cavité du corps. Ce dernier cas est celui des poissons. De chaque côté du cou est une profonde dépression, que protége un couvercle osseux, appelé *opercule*, libre sur son contour postérieur. Ce bord libre se soulève ou s'affaisse au gré de l'animal, ouvrant et fermant tour à tour une ample fente demi-circulaire, improprement nommée *ouïe*, car l'organe de l'audition n'a rien de commun avec elle. Sous l'opercule sont les branchies, habituellement au nombre de quatre de chaque côté. Elles ont pour soutien des arcs osseux et se composent chacune d'une double rangée de lamelles très-fines, disposées à côté les unes des autres comme le sont les dents d'un peigne. Dans chaque lamelle se distribuent en abondance des capillaires veineux, amenant le sang noir en présence

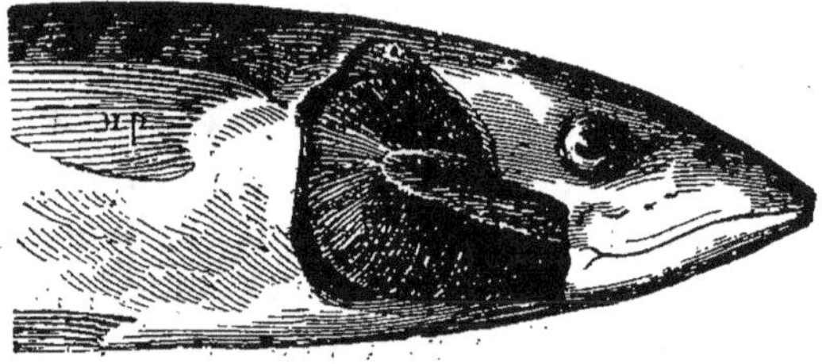

Fig. 58. — Tête de poisson. — L'opercule est enlevé pour montre les branchies.

de l'eau aérée, et des capillaires artériels, conduisant le sang à l'aorte après l'hématose. L'eau se renouvelle autour des branchies par les mouvements combinés de la bouche et des opercules. On voit, en effet, le poisson entr'ouvrir puis fermer la bouche sans discontinuer, comme pour avaler des gorgées de liquide, tandis que les opercules en même temps se soulèvent un peu, puis s'abaissent. Mais la déglutition n'est qu'apparente : l'eau, au lieu de s'engager dans l'œsophage, arrive de droite et de gauche dans les cavités branchiales, qui largement communiquent avec l'arrière-bouche ; elle se répand autour des branchies, baigne leurs filaments, cède son oxygène, prend de l'acide carbonique et s'écoule en cet état par l'orifice des ouïes. Les mouvements respiratoires des poissons consistent ainsi à provoquer un continuel courant d'eau renouvelée, qui entre par la bouche et sort par les ouïes en baignant les branchies sur son passage.

6. **Amphibies.** — Les batraciens, sous leur forme première, celle de *têtard*, respirent également par des branchies. Les têtards de grenouille et de crapaud ont des branchies intérieures comme celles des

Fig. 59. — Salamandre.

poissons, mais situées sous le cou. L'eau y arrive par la bouche et sort par un ou deux orifices percés sous la gorge. Les têtards de salamandre ont des bran-

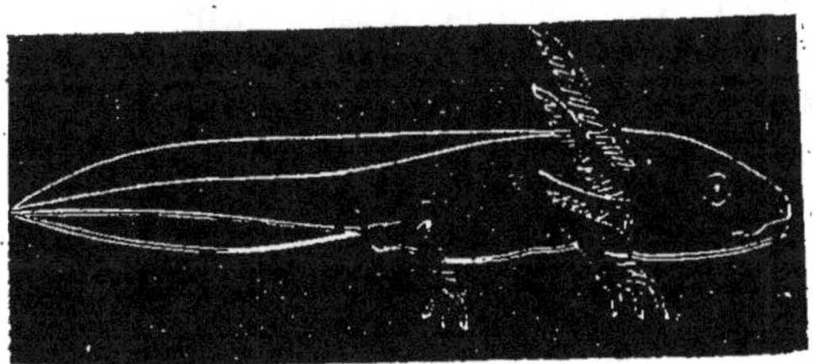

Fig. 60. — Têtard de salamandre.

chies extérieures, s'épanouissant en panaches. L'eau se renouvelle autour de pareils organes respiratoires soit par l'écoulement naturel du liquide, soit par les déplacements de l'animal. Sous leur forme adulte, les batraciens n'ont plus vestige de branchies, ni extérieures ni intérieures ; ils respirent alors par des poumons et périssent si l'immersion sous l'eau est de trop longue durée. Néanmoins quelques batraciens étrangers, tels que l'Axolotl du Mexique et la Sirène des marais de la Caroline, gardent toujours les branchies du premier âge tout en possédant les poumons de l'âge adulte. Ainsi organisés pour la respiration aérienne et pour la respiration aquatique, ces animaux sont *amphibies* dans la rigoureuse acception du mot, c'est-à-dire peuvent vivre, peuvent respirer, dans l'eau et dans l'air indifféremment. Quant aux espèces très-nombreuses qui fréquentent l'eau et la terre tour à tour, mais sans posséder la double respiration, elles ne méritent réellement pas la qualification d'amphibies, malgré le fréquent usage que l'on fait de cette expression.

7. **Asphyxie dans l'air des animaux à respiration branchiale.** — Puisque la respiration au sein de l'eau ne diffère en rien, dans ses résultats, de la respiration au sein de l'air, et se résume, comme cette dernière, dans l'oxygénation du sang, il paraît étrange, tout d'abord, qu'un poisson périsse promptement hors de l'eau ; il semble, au contraire, que l'animal, en rapport avec plus grande abondance d'air, devrait vivre d'une vie plus active. Si tiré de l'eau, le poisson meurt, ce n'est pas précisément l'air qui en est cause, mais bien la structure délicate des branchies. Ces organes, en effet, ne peuvent fonctionner qu'autant qu'ils sont largement étalés pour mettre le sang en rapport sur d'amples surfaces avec le milieu respirable. Mais par suite de leur ex-

trême délicatesse, il leur faut l'appui de l'eau, qui les soutient, les déploie, les étale. Si cet appui manque, les lamelles branchiales s'agglutinent entre elles, s'affaissent en un amas à demi desséché, dans lequel l'air et le sang difficilement circulent. Aussi pour prolonger la vie d'un poisson hors de l'eau, convient-il de maintenir ses branchies étalées et humectées ; de la sorte, la respiration se continue quelque temps au moyen de l'air humide. Les espèces dont les ouïes sont largement fendues et se prêtent ainsi à une dessiccation rapide, sont celles qui périssent le plus vite ; celles dont les ouïes sont étroites et retardent la dessiccation, résistent davantage. Il y en a qui conservent sous les opercules, dans les replis des cavités branchiales, une petite provision d'eau, qui maintient humectés leurs organes respiratoires. Les poissons ainsi organisés quittent parfois d'eux-mêmes leur élément et vont à terre, dans les herbages humides, où ils respirent de l'air. Telle est l'anguille.

8. **Mollusques.** — Considérons le vulgaire escargot : nous verrons au côté gauche, sous le rebord de la coquille, un orifice rond, tantôt largement béant, tantôt fermé. C'est l'orifice respiratoire. Il donne accès à l'air dans une vaste poche, occupant la majeure partie du dos de l'animal. Cette poche est l'organe de la respiration, le poumon. Pour bien juger de sa structure, il faut casser avec précaution la coquille et mettre la bête à nu sans l'endommager. On reconnaît alors que la paroi supérieure de cette cavité se compose d'une fine membrane dans laquelle on voit se distribuer un réseau de vaisseaux pleins d'un sang incolore. Sur le flanc gauche, vers l'extrémité postérieure de la poche respiratoire, on constate en outre, grâce à la transparence des tissus, des pul-

sations qui se reproduisent régulièrement par intervalles rapprochés. L'organe, siége de ces pulsations, est le cœur, en rapport avec les vaisseaux dont nous venons de parler. Il se compose, comme celui des poissons, de deux cavités seulement, une

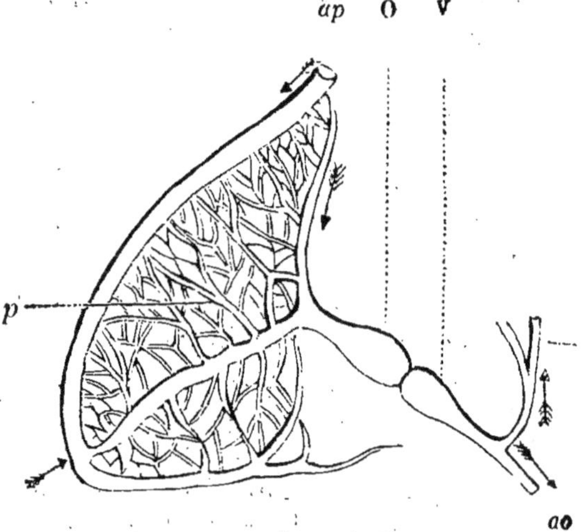

Fig. 61. — Poumon du limaçon.

O, oreillette ; V, ventricule ; ao, artère aorte ; p, réseau pulmonaire ; ap, artère pulmonaire distribuant le sang veineux dans les vaisseaux de l'organe respiratoire.

oreillette et un ventricule, avec cette différence qu'il reçoit le sang des organes de la respiration au lieu de l'y envoyer. C'est donc un cœur artériel, correspondant à la moitié gauche d'un cœur complet. Il reçoit le sang qui vient de subir l'hématose par l'action de l'air, et le lance, par une aorte, dans les divers organes. Supposons théoriquement réunis le cœur d'un poisson et le cœur artériel de l'escargot; de leur ensemble résultera, pour la structure et les fonctions, le cœur double des oiseaux et des mammifères. Les

mollusques, les colimaçons en particulier, éprouvent
dans leur appareil circulatoire, une réduction dont

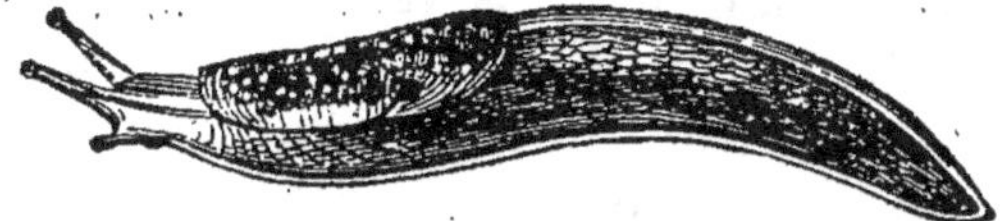

Fig. 62. — La limace.

nous n'avons pas trouvé d'exemple chez les animaux
étudiés jusqu'ici : des artères existent pour distri-

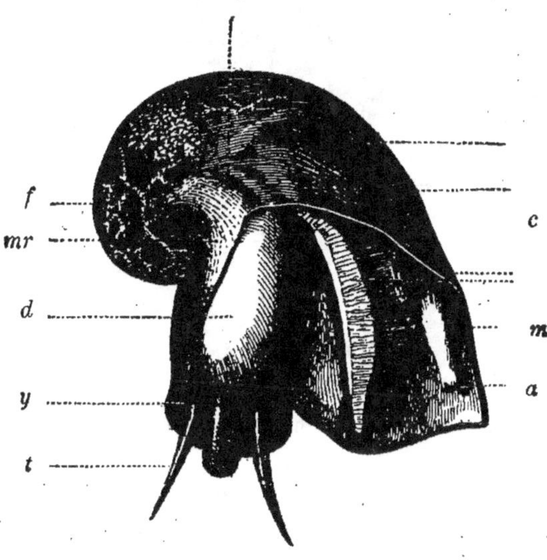

Fig. 63. — Mollusque à respiration aquatique retiré de sa coquille.

b, branchie; *c,* cœur; *i,i,* intestin; *a,* rectum et anus; *n,* manteau
ouvert et rejeté de côté; *t,* tentacule; *y,* œil à la base du tentacule;
f, foie; *mr,* muscle rétracteur au moyen duquel l'animal rentre dans
sa coquille; *d,* masse musculaire dont la cavité renferme la partie antérieure de l'appareil digestif.

buer le sang venu de l'organe respiratoire, mais les
veines manquent ou sont fort incomplètes pour le

retour du sang au poumon. Le retour s'effectue par les intervalles ou lacunes séparant les organes les uns des autres, et non par des vaisseaux ayant leur paroi propre. Pour ce motif, on dit que la circulation veineuse est *lacunaire*. Le circuit s'achève dans la membrane qui fait plafond à la poche respiratoire.

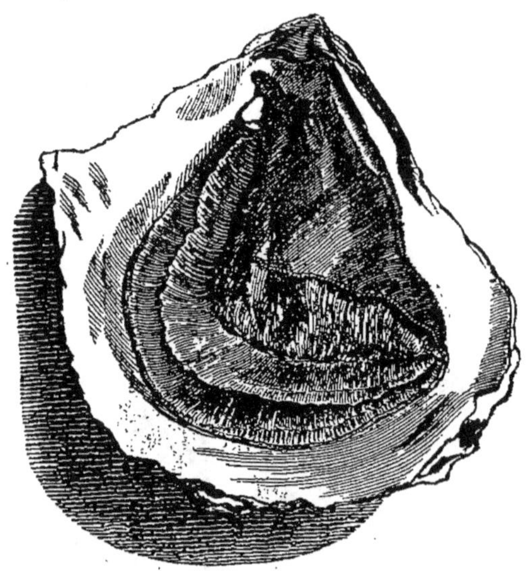

Fig. 64. — Huître ouverte, montrant ses feuillets branchiaux.

Le sang veineux se distribue dans son épaisseur au moyen des nombreuses ramifications d'un vaisseau principal analogue à l'artère pulmonaire, il éprouve l'action de l'air dont la poche respiratoire se gonfle, et se dirige alors vers le cœur. Le poumon est donc ici d'une structure très-simple : il se réduit à une seule et ample cellule, qui communique librement au-dehors lorsque l'animal ouvre l'orifice situé sous le bord de la coquille ; de plus cette unique cellule pulmonaire ne respire, ne fait d'échange gazeux avec l'air que par sa paroi supérieure, épanouie en une délicate membrane.

Les mollusques terrestres, tels que la limace et le colimaçon, ont tous la respiration pulmonaire que nous venons de décrire. Ce sont les moins nombreux. Les autres, en bien plus grand nombre, vivent dans l'eau et ont par conséquent la respiration branchiale. Les branchies, composées de lamelles parallèlement rangées comme les dents d'un peigne, occupent une cavité analogue au sac respiratoire du colimaçon, dans les espèces dont la coquille est d'une seule pièce et roulée en spirale; elles forment quatre feuillets disposés à droite et à gauche par paires dans les es-pèces dont la coquille est de deux pièces ou valves.

9. **Crustacés.** — Les crustacés, écrevisse, crabe, homard, etc., respirent par des branchies. L'écrevisse et les espèces qui s'en rapprochent par l'organisation, ont leurs branchies cachées sous la carapace, sur l'un et l'autre flanc. L'eau qui les baigne, entre par un orifice situé entre la base des pattes et le bord de la carapace, elle sort par un second orifice voisin de la bouche. D'autres crustacés ont pour branchies des lamelles qui flottent librement dans l'eau. Le cœur, situé au milieu de la face dorsale, n'a qu'une seule cavité, correspondant au ventricule gauche, et reçoit le sang des branchies et le chasse dans les divers or-ganes. C'est donc encore un cœur artériel, mais plus simple que celui des mollusques, car il est réduit à une cavité unique. La circulation veineuse est égale-ment lacunaire. Pour revenir aux branchies, le sang s'engage dans des lacunes ou intervalles sépa-rant les organes les uns des autres; il s'amasse dans de vastes cavités situées à la naissance des pattes et de là se rend aux branchies. Ces cavités, nommées

sinus veineux, font en quelque sorte fonction de la moitié droite d'un cœur complet, puisqu'elles en-

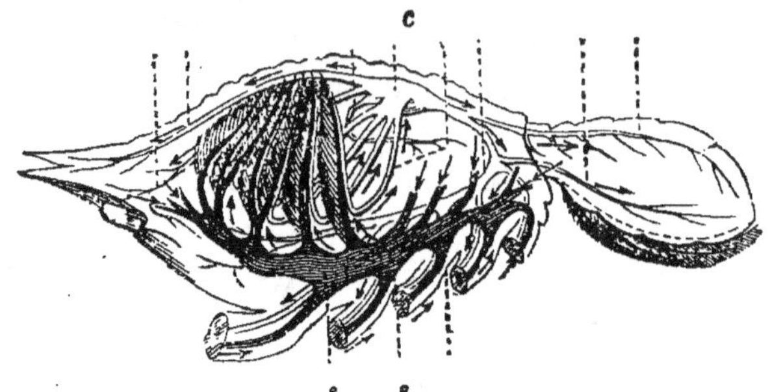

Fig. 65. — Circulation d'un crabe.

c, cœur; *s,s,s*, sinus veineux.

voient le sang veineux à l'appareil respiratoire ; mais

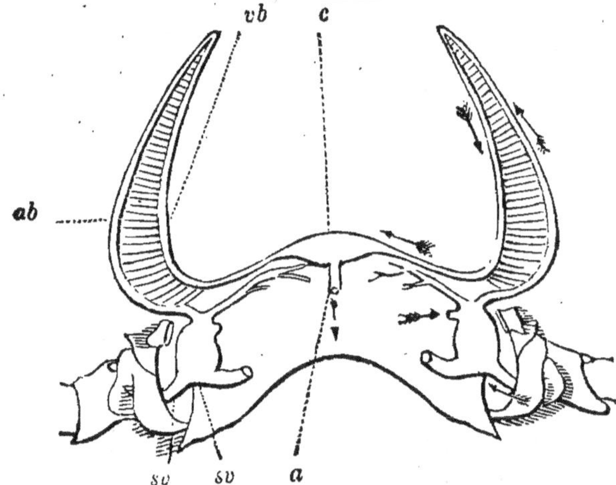

Fig. 66. — Une paire de branchies d'un crabe.

sv, sv, sinus veineux; *ab*, artère branchiale; *vb*, veine branchiale ; *c*, cœur; *a*, aorte

elles diffèrent d'un cœur réel en ce que leurs parois ne ont pas contractiles.

10. Insectes. — Vaisseau dorsal. — Sur un ver à soie et sur toute chenille à peau rase, nous verrons, au milieu du dos, sur toute la longueur de l'animal, une ligne de teinte plus claire, où se reconnaît un mouvement ondulatoire qui se propage d'arrière en

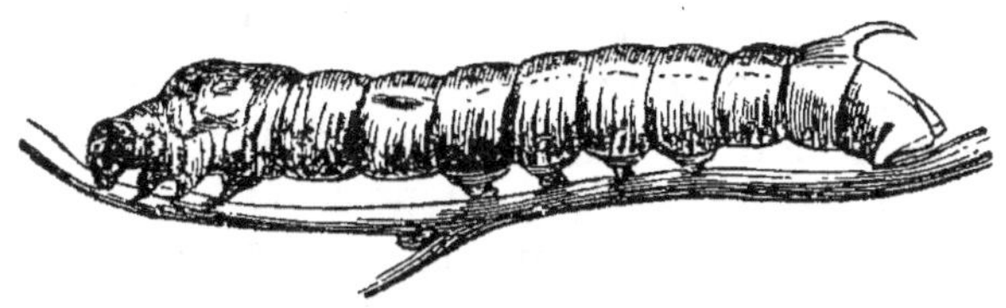

Fig. 67. — Ver à soie.

avant. C'est là l'organe moteur du sang, le cœur, qui prend chez les insectes le nom de *vaisseau dorsal* à cause de sa position et de sa forme allongée. Il se compose d'un canal à parois contractiles, divisé en

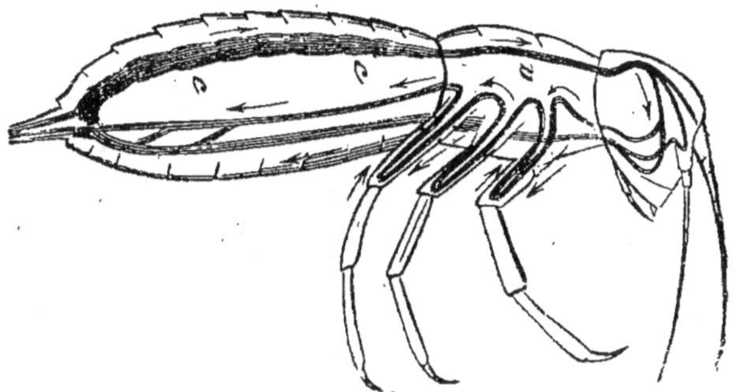

Fig. 68. — Circulation des insectes.

c,c, cœur ou vaisseau dorsal; *a,* aorte.

une série de compartiments par des valvules qui empêchent le sang de rétrograder. Son extrémité postérieure est librement ouverte; son extrémité antérieure se prolonge par quelques subdivisions peu nombreuses qui se terminent brusquement. A cela se borne l'appareil circulatoire chez tous les insectes. Le sang entre dans le vaisseau dorsal par l'extrémité postérieure un peu évasée, il progresse par les contractions régulières de ce vaisseau, il sort par l'extrémité antérieure et se répand alors dans les lacunes du corps, pour revenir confusément en arrière et rentrer dans le canal moteur. Les contractions du vaisseau dorsal se bornent donc à maintenir le sang dans une légère agitation, mais sans lui imprimer un cours bien déterminé puisqu'il n'y a pas de vaisseaux, artères et veines, pour en diriger la marche. De plus, aucune disposition n'existe pour conduire le sang en un point spécial où il puisse se mettre en rapport avec l'air et s'oxygéner. De là résulte la nécessité d'une structure à part. Puisque le sang ne peut aller au-devant de l'air dans un organe respiratoire spécial, poumons ou branchies, il faut que l'air lui-même se porte au-devant du sang; afin que l'hématose se fasse en tout point du corps, il faut que la circulation trop imparfaite du sang soit suppléée par une sorte de circulation d'air.

11. **Respiration trachéenne.** — Revenons au ver à soie ou bien à une chenille quelconque se prêtant par sa peau nue à l'observation. Sur les deux flancs de chaque anneau du corps, excepté pour quelques anneaux des deux extrémités, nous constaterons une petite tache brune ovalaire, fendue comme une boutonnière. Ce sont-là les orifices respiratoires, au nombre de dix-huit au plus, neuf de chaque côté On les nomme *stigmates*. Dans certains cas assez rares, par exemple dans les deux gros stigmates qui se trouvent au thorax de la grande sauterelle grise, on reconnaît que les lèvres de ces boutonnières s'ou-

vrent et se ferment tour à tour d'un mouvement ré-
gulier. Aux stigmates font suite les vaisseaux aériens,
appelés *trachées*. Ce sont des tubes d'une élégante
structure, d'un blanc de nacre, formés à l'intérieur

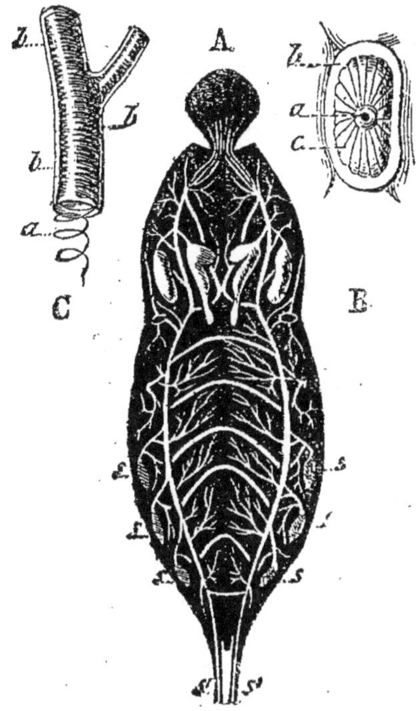

Fig. 69. — A, appareil trachéen d'un insecte, la nèpe.

s,s,s, stigmates latéraux, fermés dans cette espèce ; *s's'*, stigmates
postérieurs ouverts et situés à l'extrémité de tubes allongés. — B, un
stigmate isolé. — C, une trachée.

et à l'extérieur d'une délicate membrane, et entre
les deux d'un fil extrêmement fin, roulé en spirale à
tours serrés comme les ressorts de bretelles. Par
son élasticité, ce fil spiral empêche les canaux aériens

de s'affaisser et les maintient toujours ouverts. Le tronc de chaque trachée va se subdivisant en ramifications de plus en plus fines qui se distribuent de çà et de là, de manière que tout point du corps, si reculé qu'il soit, en reçoit sa part. C'est ainsi que l'air est conduit en présence du sang jusque dans les moindres recoins de l'organisation. Quant aux mouvements nécessaires pour son entrée et sa sortie alternatives, ils sont surtout produits par les palpitations de l'abdomen.

Nous avons reconnu chez les oiseaux des sacs aériens, qui s'emplissent d'air venu en traversant les poumons, et dont le rôle est d'alléger l'animal pour le vol. Des sacs analogues se retrouvent chez les insectes, surtout ceux qui sont doués d'ailes et qui en font un fréquent usage. De nombreux rameaux trachéens se renflent brusquement en vésicules, en poches plus ou moins amples, dans la paroi desquelles manque le fil spiral afin que la cavité puisse s'emplir ou se désemplir quand il est nécessaire. Ces réservoirs à air se gonflent au moment où l'insecte va prendre sa volée. Un hanneton, par exemple, sur le point de s'élancer, ouvre à demi les ailes et exécute quelques amples palpitations de l'abdomen. Il gonfle alors ses poches trachéennes, il fait provision d'air pour s'alléger dans son vol.

Tous les insectes respirent par des trachées, sans en excepter ceux qui vivent dans l'eau ; mais alors quelques artifices particuliers viennent en aide à l'animal. Ainsi l'hydrophile remonte à la surface et quelques instants se maintient la tête en bas, l'extrémité postérieure du corps à fleur d'eau. Un peu d'air glisse sous le rebord des élytres ou ailes extérieures, et vient s'appliquer sous la poitrine et le ventre en une mince couche ayant l'aspect d'une brillante lame d'argent. Avec cette provision d'air, qui arrive aux stigmates à mesure qu'il en est besoin, l'insecte re-

descend au fond, où il peut séjourner jusqu'à ce qu'il soit forcé de revenir à la surface pour renouveler sa petite atmosphère épuisée. D'autres, surtout à l'état de larves, ont les stigmates des flancs fermés, mais ils en possèdent deux ouverts à l'extrémité postérieure du corps, parfois au bout de prolongements ou tubes qui s'allongent pour atteindre à l'atmosphère si besoin en est. L'insecte ainsi organisé vient respirer en se suspendant la tête en bas, les deux stigmates postérieurs à fleur d'eau. D'autres, encore à l'état

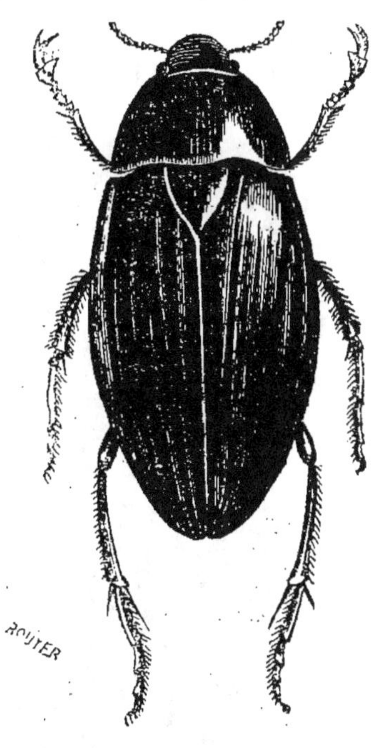

Fig. 70. — Hydrophile.

de larves, sont faits pour demeurer au fond sans avoir besoin de remonter de temps à autre à la surface. Alors leurs orifices stigmatiques sont précédés de branchies, qui extraient de l'eau le gaz respirable et le transmettent aux trachées.

12. **Respiration cutanée.** — Les Annélides, classe d'animaux dont la sangsue et le vulgaire **ver** de terre ou lombric font partie, ont parfois le sang **rouge**, exception remarquable que nous avons **déjà**

signalée en faisant observer que cette coloration rouge appartient au sérum et non aux globules. L'appareil circulatoire est assez compliqué, très-variable d'une espèce à l'autre et composé de veines et d'artères, dont quelques-unes ont leur paroi contractile

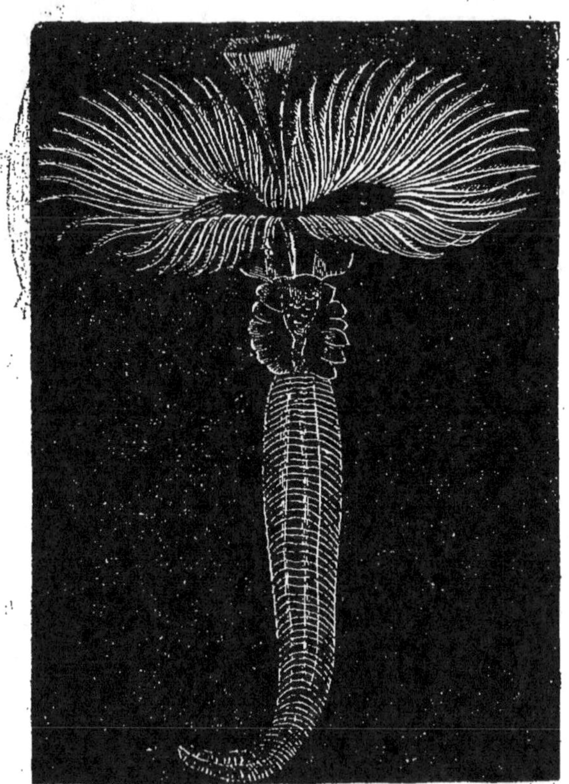

Fig. 71. — Serpule.

et tiennent lieu de cœur. Beaucoup d'Annélides habitent les eaux de la mer, et leurs organes respiratoires sont généralement épanouis en élégantes bran-

chies dont la serpule nous montre un exemple. Là
sangsue et le lombric sont, au contraire, dépourvus
de tout appareil respiratoire spécial. Ils ont besoin
d'air néanmoins, et leur respiration se fait par la
surface entière de la peau, qui est fine, humide et
propice à l'endosmose gazeuse. A travers la faible
épaisseur de la peau, le sang exhale du gaz carbonique et s'imprègne d'oxygène, tout comme il le fait à
travers la paroi des cellules pulmonaires chez les
animaux supérieurs. Ici toute la surface du corps
devient donc poumon. Cette respiration, la plus rudimentaire de toutes, est qualifiée de *cutanée*, du mot
latin *cutis*, peau. Enfin une multitude d'animalcules
occupant les derniers degrés de l'organisation, sont
plus mal partagés encore et manquent d'appareils
spéciaux tant pour la circulation que pour la respiration. Le sang est un liquide incolore qui baigne,
sans vaisseaux pour le contenir et le diriger, les organes flottant dans la cavité du corps ; il s'oxygène
à travers l'épaisseur de la peau.

13. **Animaux à sang chaud et animaux à sang
froid.** — De même que l'ardeur de nos foyers s'accroît avec la puissance du tirage, pareillement la
combustion vitale est proportionnée à l'activité de la
respiration. La chaleur animale est donc subordonnée
au développement de la fonction respiratoire. Or,
parmi les animaux, les uns respirent directement l'air
atmosphérique, les autres respirent la faible quantité d'air en dissolution dans l'eau. Il est visible que,
dans le premier cas, l'afflux de l'élément comburant
se fait en plus grande abondance ; il est visible aussi
que les poumons, avec la constitution de leurs cellules,
présentent à cet afflux la plus grande surface possible. Ce sont par conséquent les espèces à respira-

tion aérienne, et parmi celles-ci les espèces douées de poumons, qui consomment le plus d'air et produisent ainsi le plus de chaleur. Une restriction est cependant à faire : les reptiles et les batraciens, avec leur cœur qui met obstacle à une respiration complète par le mélange du sang veineux et du sang artériel, avec leurs poumons composés d'un petit nombre de grosses cellules et dont l'un, dans les serpents, se réduit à peu près à rien, sont fort mal partagés sous le rapport de la production de chaleur, bien qu'ils respirent l'air atmosphérique au moyen de poumons. Il ne reste ainsi que les oiseaux et les mammifères, privilégiés quant à la puissance de calorification. Les uns et les autres ont une température qui leur est propre, qui se maintient toujours la même malgré les variations en moins ou en plus de la température atmosphérique ; leur corps est un foyer constant, non soumis, si ce n'est dans d'étroites limites, aux vicissitudes de l'extérieur. A cause de l'étendue de leur surface respiratoire, amplifiée par des sacs aériens ajoutés aux poumons, à cause aussi de la plus grande richesse de leur sang en globules, dont le rôle est de s'imprégner d'oxygène et de l'emmagasiner en quelque sorte, les oiseaux occupent le premier rang pour la production de la chaleur ; leur température propre oscille entre 41 degrés et 44. Viennent après les mammifères, dont la température diffère peu de celle de l'homme et mesure en moyenne de 37 à 38 degrés. Les uns et les autres sont dits *animaux à sang chaud* ou à température fixe. Le reste de la série zoologique, respirant par des branchies, des trachées, la surface de la peau ou même des poumons comme les batraciens et les reptiles, comprend les *animaux à sang roid* ou à température variable.

Il y a néanmoins chez eux combustion vitale et production de chaleur, mais elle est si faible, si peu active, qu'elle ne peut dominer les vicissitudes de l'extérieur, de sorte que la température du corps s'élève ou s'abaisse avec la température du milieu dans lequel vit l'animal.

14. **Hibernation.** — Les oiseaux et les mammifères conservent leur activité au cœur de l'hiver ; les animaux à sang froid ne peuvent en faire autant, surtout les espèces terrestres, exposées à des froids plus vifs que les espèces vivant dans l'eau, où la température est bien moins variable et ne peut descendre au-dessous de zéro tant que l'eau se conserve liquide. Comme leur température baisse en même temps que celle de l'air, il arrive un moment où elle est insuffisante pour le plein exercice de la vie. Prévoyant cette époque critique, l'animal s'enfouit dans quelque retraite, l'insecte sous terre, la couleuvre dans un trou de muraille, la grenouille sous la vase des marais. Là il tombe dans une torpeur profonde, dans une sorte de sommeil léthargique, pendant lequel toutes les fonctions vitales sont ralenties aux dernières limites du possible. La respiration n'est pas précisément suspendue, car ce serait du coup l'extinction de la vie, mais elle se fait avec une extrême parcimonie, à tel point que la grenouille, sous l'eau, arrête le travail des poumons et respire suffisamment par la surface de la peau. Cette vie, parcimonieuse à outrance pour faire durer des mois entiers, sans alimentation, le peu de matériaux combustibles en réserve dans les veines, n'est plus comparable au foyer, au flambeau qui, brûlant en liberté, répandent à flots la chaleur et la lumière ; c'est le maigre lumignon d'une veilleuse qui dépense,

comme à regret, sa goutte d'huile ; c'est le charbon qui se consume sourdement sous la cendre. L'engourdissement est si profond, l'anéantissement si complet, que s'il n'était suivi d'un réveil, cet état ne différerait pas de la mort.

On nomme *hibernation* cette suspension momentanée ou plutôt ce ralentissement de la vie auquel sont assujettis certains animaux pendant l'hiver. Les espèces à sang froid, celles surtout qui vivent hors de l'eau, tombent toutes dans l'engourdissement quand arrive la mauvaise saison. Au retour des chaleurs, elles se réveillent, elles reprennent l'animation, d'autant plus active que le soleil, plus chaud, vient mieux en aide à leur propre température, trop faible. Quelques animaux à sang chaud, notamment les chauves-souris, le hérisson, le loir, le lérot, la mar-

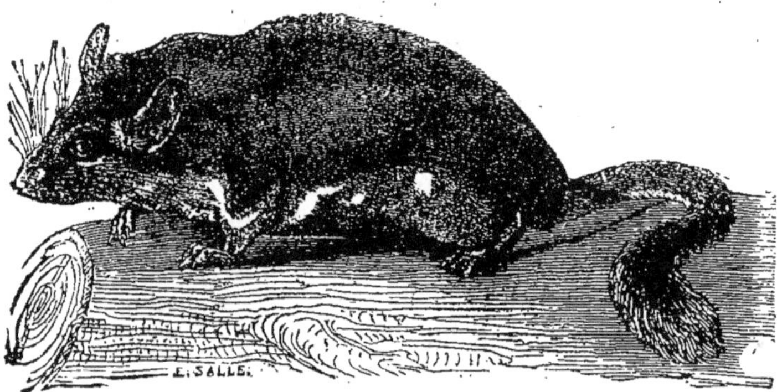

Fig. 72. — Le lérot.

motte, cèdent aussi au sommeil de l'hiver. Deux causes provoquent chez eux la torpeur hivernale : le froid et le manque de nourriture. Aucune espèce à sang chaud dont la nourriture est assurée pendant l'hiver n'est soumise à l'hibernation ; celles que le

froid priverait fatalement du manger, sont sauve-
gardées de la destruction par la torpeur qui les gagne. Ne trouvant plus de quoi se nourrir, elles dorment d'un sommeil qui suspend presque la vie. La
marmotte dort quand la neige couvre les gazons de
ses hautes montagnes; le loir et le lérot dorment
quand les fruits manquent; dorment aussi quand il
n'y a plus d'insectes, les chauves-souris suspendues
par grappes à la voûte du chaud abri d'une grotte,
et le hérisson enfermé dans une épaisse coque de
feuilles, au sein d'un tas de pierres ou dans le creux
de quelque souche.

QUESTIONNAIRE.

1. Comment se fait la circulation du sang chez les mammifères? — Qu'appelle-t-on circulation complète? — 2. La
baleine respire-t-elle par des poumons? — 2. Comment est
l'appareil de la respiration chez les oiseaux? — Que présentent de remarquable les poumons des oiseaux? — De
quelle utilité sont les sacs aériens des oiseaux? — Tous
les oiseaux en sont-ils également pourvus? — Comment
l'air pénètre-il dans les os? — Que savez-vous sur l'aptéryx? — 3. Décrivez le cœur des reptiles et des batraciens.
— Comment le sang veineux se mélange-t-il au sang artériel? — Que résulte-t-il de ce mélange? — Quelle est la
structure des poumons chez ces animaux?— Comment sont
les poumons d'une couleuvre? — Pourquoi les reptiles ont-
ils une grande résistance à l'asphyxie? — 4. De quoi se
compose le cœur des poissons? — A quelle partie d'un
cœur complet correspond-il? — La circulation est-elle
complète malgré cette simplicité de structure du cœur? —
5. Comment s'appellent les organes pour la respiration
aquatique? — Quelle est leur structure générale? — Décrivez les branchies des poissons. — Comment les poissons
respirent-ils? — 6. Citez un exemple de branchies extérieures. — Comment respirent les batraciens à l'état de
têtard? — Comment respirent-ils à l'état adulte? — Y a-
t-il des animaux pourvus à la fois de branchies et de poumons? — Quels animaux méritent réellement la qualifica-

tion d'amphibies ? — 7. Les résultats de la respiration dans l'eau diffèrent-ils de ceux de la respiration dans l'air ? — Pourquoi alors les poissons périssent-ils asphyxiés dans l'air ? — Quels sont ceux qui succombent le plus rapidement ? — Y a-t-il des poissons qui puissent quelque temps respirer l'air et y vivre ? — 8. Décrivez l'organe respiratoire du colimaçon. — De quoi se compose le cœur de ce mollusque ? — A quelle moitié d'un cœur complet correspond-t-il ? — Comment se fait la circulation veineuse ? — Qu'appelle-t-on circulation lacunaire ? — Comment respirent les mollusques aquatiques ? — Où sont situées les branchies ? — 9. Comment respirent les écrevisses et autres crustacés analogues ? — Où est le cœur et quelle espèce de sang reçoit-il ? — Où sont les branchies ? — Que sont les sinus veineux d'où le sang parvient aux branchies ? — 10. Comment s'effectue la circulation chez les insectes ? — Décrivez le vaisseau dorsal. — Y a-t-il chez les insectes des organes respiratoires spéciaux où le sang se rende pour l'hématose ? — 11. Où sont les orifices respiratoires des insectes et comment les appelle-t-on ? — Quelle est la structure des trachées ? — Les insectes ont-ils des sacs aériens pour s'alléger dans le vol ? — Comment respirent les insectes aquatiques ? — 12. Comment respirent la sangsue et le lombric ? — Qu'est-ce que la respiration cutanée ? — Comment respirent en général les annélides ? — De quoi se compose leur appareil circulatoire ? — 13. Qu'appelle-t-on animaux à sang chaud et animaux à sang froid ? — Quels sont les animaux à sang chaud ? — Dites la température propre du corps des oiseaux et du corps des mammifères. — 14. Qu'est-ce que l'hibernation ? — Quels animaux y sont assujettis ? — Y a-t-il des animaux à sang chaud qui tombent dans l'engourdissement hivernal ? — Quelles causes provoquent ce sommeil d'hiver ?

CHAPITRE XI

ASSIMILATION. — SÉCRÉTIONS.

1. Assimilation. — Enrichi des matériaux nutritifs que lui fournit la digestion et du gaz comburant dont la respiration l'imprègne, le sang artériel arrive aux vaisseaux capillaires, répandus à profusion en tout point du corps. Ce qui se passe alors échappe à peu près totalement à nos recherches : nous constatons des résultats sans pouvoir nous rendre raison des causes, qui touchent de trop près à ce que l'essence de la vie a de plus mystérieux. Le sang contient toute substance mise en œuvre par l'organisation ; il est la source commune où tout puise pour sa croissance, son entretien, sa rénovation. Mais comment dans ce liquide, le même pour tout le corps, l'os prend-t-il uniquement matière à os et laisse-t-il le reste, comment le muscle, la dent, le nerf en retirent-ils, chacun ce qui est conforme à leur nature, sans faire emploi du surplus? Quelle est la cause qui discerne et choisit au milieu de tant de matériaux dont un seul parfois est utilisé? Par quel merveilleux triage ce qui n'a pas de valeur ici est-il mis en œuvre là? A de telles questions, aucune réponse satisfaisante n'est possible : l'os prend dans le sang ce qu'il faut pour faire de l'os, le muscle ce qu'il faut pour faire la fibre musculaire, sans qu'il nous soit donné d'entrevoir clairement les forces en jeu dans ce travail délicat. Travail plus inexplicable encore, les matériaux extraits s'organisent, c'est-à-dire prennent structure pareille à celle de l'orange; celui-ci se les *assimile*, en d'autres termes, se les incorpore, les rend semblables à lui-même et les fait participer aux fonctions, à la vie dont il est doué. Il est à croire qu'à travers la paroi des capillaires, la partie liquide du sang, le sérum, suinte, entraînant dissous les matériaux que réclament tel et tel autre organe, et qu'au moyen de cette filtration, chaque point du corps s'imbibe des substances qu'il doit mettre en œuvre. Par une filtration inverse, les substances vieillies, hors d'usage, rentrent dans les capillaires et sont emportées par le courant du sang veineux. Quoiqu'il en soit de ces obscurs problèmes physiologiques, on désigne par le mot d'*assimilation* le dépôt de nouveaux matériaux, leur arrangement en édifice semblable à celui de l'organe qui se les incorpore et leur participation aux propriétés vitales.

2. Croissance. — Régénération. — La respiration continuellement détruit le corps, l'assimilation continuellement le reconstruit; la première décompose en quelque sorte, la seconde recompose. Les résultats de leur antagonisme diffèrent avec l'âge. C'est dans les premiers temps de la vie que l'assimilation est le plus active. Alors la somme des matériaux assimilés l'emporte sur la somme des matériaux usés par l'exercice de la vie; et de cet excédant de recettes, les organes se forment, se développent, grossissent. C'est la période d'accroissement. Plus tard la balance s'établit entre les deux effets inverses, le corps gagne autant qu'il perd et se maintient ainsi dans un état constant malgré les continuelles mutations de sa substance. C'est la période de maturité. Plus tard enfin, la respiration consomme plus que ne fournit l'assimilation, de moins en moins active, et l'organisme dépérit, appauvri de substance et de puissance vitale. C'est la période de décrépitude, dont la fin fatale est la mort.

Toutes les espèces animales, du moins les plus parfaites en organisation, sont assujetties à la même loi : elles ont d'abord une période d'accroissement, plus rapide chez les unes, plus lent chez les autres; puis le corps atteint ses limites, quelque temps reste stationnaire et enfin dépérit. Dans les organismes inférieurs, où la vie moins parfaite entraîne des dépenses moindres, l'assimilation est plus tenace et longtemps équilibre la déperdition de substance, ou même la domine toujours. Ainsi quelques animaux de structure simple, l'huître par exemple, croissent toute leur vie, sans avoir pour leur volume des limites bien assignées. Chez beaucoup de ces animaux inférieurs, la persistance de l'activité assimilatrice donne lieu à des faits extrêmement remarquables. Dans l'homme et les espèces les plus élevées, l'assimilation se borne à former, une fois pour toutes, les organes et à les maintenir après dans un état prospère jusqu'à ce que la combustion vitale l'emporte à son tour et amène le dépérissement; mais, dans aucun cas, elle n'a assez de puissance pour reconstruire à nouveau un organe accidentellement détruit. En dehors des productions épidermiques, ongles, poils, cheveux, qui repoussent sous les ciseaux, les créations nouvelles consistent, tout au plus, dans le tissu nécessaire pour cicatriser une plaie ou réunir et souder les parties d'un os fracturé. Les organismes moins parfaits nous présentent, au contraire, des cas d'une régénération étonnante. La queue du lézard, si compliquée de structure pourtant, avec ses innombrables petits muscles entrelacés, repousse si l'animal vient à la perdre, chose assez fréquente à cause de la fragilité de cet organe. Les grosses pattes reviennent à l'écrevisse; si l'animal n'est que blessé à une pince, il complète la blessure et s'arrache le moignon pour faire place nette au membre futur. La salamandre se refait non-seulement la queue mais aussi la patte amputée. Fait plus étrange, à cause de l'extrême délicatesse de l'organe : elle se refait un un œil extrait de l'orbite. On l'a vue même se régénérer jusqu'à la moitié de la tête. Plus l'organisation se simplifie, plus les exemples analogues abondent et s'écartent des idées qui nous sont familières. Avancer qu'un animal coupé en deux ne meurt pas de l'opération; bien plus, que chaque tronçon régénère ce qui lui manque et devient un animal complet, semblable au premier, paraît être le comble du paradoxe, et néanmoins les preuves abondent. Nous citerons le ver de terre pour ne pas sortir des espèces vulgairement connues. D'un coup de ciseaux, divisons l'animal en deux et tenons les deux moitiés dans un milieu frais, favorable à la vie des lombrics. Si l'expérience est bien conduite, le tronçon d'avant, la tête, se refera une queue; le tronçon d'arrière, la queue, se refera une tête; et deux lombrics complets, tous les deux doués de vie, remplaceront l'animal opéré.

3. **L'Hydre. — Expériences de Trembley. —** Un naturaliste hollandais, Trembley, vers le milieu du dix-huitième siècle, faisait sur l'hydre (fig. 42, page 112) les curieuses expériences que voici. L'animalcule était coupé en deux, soit en long, soit en travers. Les deux moitiés cicatrisaient leur blessure, reformaient les parties enlevées et en peu de jours devenaient deux animaux complets, de tous points semblables au premier. Ceux-ci à leur tour, soumis à la même opération, produisaient deux hydres avec leurs deux moitiés. D'autres expérimentateurs, poussant plus loin la division, ont vu l'animalcule, coupé en trois, en quatre, ou même un plus grand nombre de parties, se reformer de chacun des tronçons; un fragment de tentacule a suffi parfois pour régénérer tout le reste de l'animal. Enfin, avec de minutieuses précautions, Trembley retournait une hydre comme on

le ferait d'un doigt de gant. Après ce retournement, qui mettait la poche digestive à la place de la peau, et la peau à la place de la poche digestive, l'animal continuait à vivre et digérait, sans paraître en souffrir, avec l'estomac artificiel qu'on venait de lui créer. Trembley a gardé deux ans, en parfaite vigueur, une hydre ainsi retournée. Entre les mains d'autres observateurs, l'animal a été retourné jusqu'à trois fois, à des intervalles peu éloignés, sans cesser de vivre et de digérer. Une telle persistance de vie et une telle puissance d'assimilation, régénérant le tout avec la partie, fait songer à la plante, dont un fragment, une bouture, peut reproduire la plante entière. L'hydre fragmentée se multiplie de boutures comme le géranium et l'œillet ; elle a de plus la faculté de résister au retournement, ce que le végétal ne supporterait pas.

4. Exhalation. — Transpiration insensible. — Avec l'oxygène que transportent les globules du sang artériel, les matériaux vieillis de l'organisme ainsi que les aliments respiratoires élaborés par la digestion et versés dans le sang, éprouvent une combustion lente, d'où résultent la chaleur propre du corps et divers produits désormais résidus hors d'usage, dont le corps doit continuellement se débarrasser. Les matériaux carbonés donnent du gaz carbonique, les matériaux hydrogénés donnent de l'eau, ceux qui renferment de l'azote deviennent de l'urée. En outre de l'eau, de première nécessité comme dissolvant, est introduite en abondance dans l'organisation, soit par les aliments eux-mêmes, soit par les boissons. Après avoir fait partie du sang, où elle ne peut indéfiniment s'accumuler, cette eau jointe à celle qui résulte de la combustion vitale, suinte, filtre à travers les parois des capillaires, entraînant avec elle une petite quantité de matières solubles, et s'exhale au dehors par toute la surface de la peau, en produisant une *transpiration insensible,* qu'il ne faut pas confondre avec la sueur, d'origine différente. Une autre portion s'exhale, en même temps que le gaz carbonique, par la surface des cellules pulmonaires, et est rejetée au dehors avec le souffle expiré. On donne le nom d'*exhalation* à ce passage du liquide aqueux et des gaz à travers la paroi des vaisseaux sanguins pour gagner le dehors et s'y dissiper. La surface entière du corps y prend part avec une activité dont l'importance généralement nous échappe parce que les vapeurs exhalées se dégagent invisibles. Un patient observateur, Sanctorius, s'est soumis pendant trente années à des pesées répétées plusieurs fois par jour; on pourrait dire de lui qu'il a vécu dans le plateau d'une balance. Il recherchait ce que devient en nous la masse des aliments. Puisque à l'état de maturité, le corps de l'homme se maintient a peu près invariable de poids, malgré la quantité des aliments, dont les résidus de la digestion ne représentent qu'une bien faible partie, il faut qu'il y ait en nous une continuelle déperdition de substance égale au gain de l'alimentation. Au moyen de ses pesées, Sanctorius reconnut que les cinq-huitièmes de cette déperdition de substance s'effectue par la surface du corps, en donnant lieu à une continuelle transpiration que la vue ne perçoit pas et qu'on qualifie pour ce motif d'insensible. Ainsi plus de la moitié en poids des résidus laissés par le travail vital, plus de la moitié en somme des matériaux nutritifs, se dégage invisible à travers la peau, après avoir rempli son rôle dans la combustion organique. Ces notions nous montrent de quelle importance est la propreté du corps pour maintenir la peau dans un état propice à une fonction capitale, trop souvent méconnue. Elles nous enseignent aussi comment, dans une atmosphère plus chaude que nous, le corps résiste à une élévation de température et conserve un degré thermométrique invariable, soit 38° environ. La physique nous apprend, en effet, que les vapeurs sont une cause de refroidissement pour le corps aux dépens duquel elles se forment, parce qu'elles lui soustraient en abondance de la chaleur, nécessaire au passage de toute substance de l'état liquide à l'état gazeux. Si donc la température extérieure est plus élevée que la nôtre, l'exhalation devient plus active, tant celle des poumons que celle de la peau, et par une dépense calorifique équivalente contrebalance le surcroît de chaleur qui nous vient du dehors. A ce point de vue, l'exhalation est le régulateur de notre température. La résistance au refroidissement reconnaît une autre cause. Dans un air plus froid que nous, la combustion vitale s'exalte au moyen de la nourriture plus abondante que réclame le corps, surtout en aliments respiratoires ; et le foyer vital, plus actif, mieux nourri, produit en chaleur ce qui est nécessaire pour balancer les déperditions.

5. Sécrétion. — Glandes. — Divers liquides, comme les larmes, la bile, la salive, le lait, ont dans l'organisme des fonctions spéciales. Ces liquides diffèrent beaucoup de la partie fluide du sang, du sérum, d'où néanmoins proviennent leurs matériaux ; ils ne résultent pas d'une simple filtration à travers les vaisseaux sanguins, comme l'humeur aqueuse s'exhalant par les poumons et la peau ; ils apparaissent, au contraire, dans des organes particuliers, qui tantôt les extraient du sang déjà tout formés, et tantôt prennent au sang certains principes pour les modifier après dans leur nature intime et les élaborer en produits nouveaux. Ce travail se nomme *sécrétion*, d'un mot latin signifiant séparer; et les organes où il s'accomplit portent le nom de glandes. Les larmes s'élaborent, aux dépens du sang, dans les glandes dites lacrymales; le lait, dans les glandes mammaires; la bile, dans le foie, qui est lui-même une volumineuse glande.

Les glandes peuvent être considérées comme des filtres d'une inimitable perfection, qui, baignées de sang sur une de leurs faces, arrêtent tels ou tels principes et livrent passage à d'autres, sans qu'il nous soit possible de démêler la cause qui provoque le triage entre ce que la glande doit admettre et ce qu'elle ne doit pas admettre. Leur forme est très-variable. Les unes consistent en simples cavités, tantôt profondes et rappelant un sac microscopique, tantôt superficielles et réduites à des fossettes. A cette catégorie appartiennent les *cryptes*, les *follicules*, qui abondent dans la paroi de l'estomac et sécrètent le

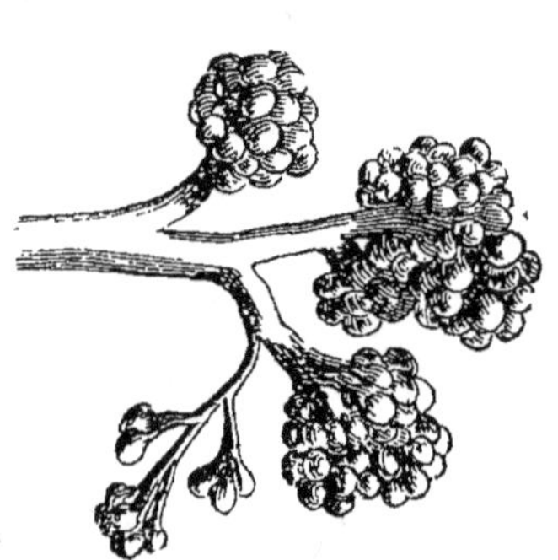

Fig. 73. — Fragment d'une glande composée.

suc gastrique. D'autres ont la forme de tubes fermés par un bout, ou bien d'ampoules que termine un long col. Parfois ces petits sacs, ces ampoules, ces tubes, sont isolés et distincts les uns des autres;

la glande est dite alors simple. Parfois encore, ils sont réunis en nombre considérable et forment dans ce cas une glande composée. Les sachets sécréteurs s'agglomèrent les uns contre les autres, les tubes se réunissent en faisceau commun, les ampoules s'abouchent par leurs cols et produisent, dans leur ensemble, une sorte de grappe très-ramifiée, dont le contenu liquide se déverse au dehors par un canal commun. Les glandes de la salive, des larmes, du lait, appartiennent à cette forme en grappe. Dans tous les cas, un abondant réseau capillaire tapisse la paroi externe de chacune de ces petites cavités, et lui distribue le sang, d'où la glande doit, par filtration, séparer certains principes.

6. Sécrétion urinaire. — Urée. — Rappelons encore une fois que tout point de l'organisme est le siége d'une rénovation continuelle; sans cesse les matériaux plastiques du sang le réparent, sans cesse l'oxygène du sang le détruit. Des résidus de cette perpétuelle oxydation organique, deux déjà nous ont occupés, l'acide carbonique qu'exhalent les poumons et l'eau que rejette la transpiration. Il nous reste à voir ce que deviennent les aliments plastiques, les principes azotés, fibrine et albumine, matières primordiales de l'organisation. Ces principes quelque temps font partie de nous-mêmes, incorporés à nos organes, devenus substance de nos organes; puis, remplacés par d'autres, ils sont livrés à l'oxydation, qui les convertit en *urée*. Celle-ci, désormais résidu sans valeur, déblai encombrant, est extraite du sang par la *sécrétion urinaire* et finalement rejetée. Ainsi dans le perpétuel remaniement organique, le carbone abandonne le corps sous forme de gaz carbonique, l'hydrogène sous forme d'eau, l'azote sous forme d'urée.

L'urée existe toute formée dans le sang, car elle prend naissance partout où le sang met l'oxygène en rapport avec les matériaux azotés de l'organisme; mais elle est surtout abondante dans l'urine, liquide que des glandes spéciales, les reins, séparent du sang chargé de matériaux hors d'usage. Extraite de l'urine par les moyens que la chimie enseigne, l'urée est une substance solide, cristallisant en longs prismes aplatis, incolores, transparents, doués d'une saveur fraîche et amère qui rappelle celle du nitre. Elle est très-soluble dans l'eau. Chauffée avec de la potasse, elle se convertit en acide carbonique et en ammoniaque. Pareille décomposition a lieu spontanément quand l'urine se putréfie. Cette propriété nous rend compte des exhalaisons ammoniacales de l'urine en décomposition, et de l'emploi de ce liquide comme source d'ammoniaque.

La sécrétion urinaire est une fonction générale, qui se retrouve dans tout le règne animal; mais ses produits ne sont pas toujours de l'urée. D'autres principes congénères la remplacent. Ainsi l'on trouve l'*acide hippurique* dans l'urine des mammifères herbivores; l'*acide urique* dans l'urine des mammifères carnassiers, et surtout des oiseaux et des reptiles. La partie blanche, d'aspect crétacé, qui accompagne les excréments des oiseaux par exemple, constitue l'urine de ces animaux, et se compose en majeure partie d'acide urique combiné avec l'ammoniaque. On trouve la même substance dans les chrysalides des vers à soie et des divers papillons en général, dans les nymphes d'une foule d'insectes, dans les déjections que ces animaux rejettent après le remaniement organique de la métamorphose. L'urine humaine contient aussi une certaine quantité d'acide urique, variable suivant la nature de l'alimentation. L'urine d'un homme inactif, dont la nourriture est très-azotée, est plus riche en acide urique que celle d'un homme qui se livre à des exercices violents et qui se nourrit principalement de matières végétales. Habituellement il fait partie des calculs ou concrétions minérales qui se forment parfois dans les voies urinaires et sont cause de la maladie vulgairement nommée maladie de la pierre.

L'acide urique est une poudre cristalline blanche, peu soluble dans l'eau, sans odeur ni saveur. Il se dissout avec effervescence dans l'acide azotique. La dissolution, évaporée à une douce chaleur dans une capsule, laisse un résidu d'un rouge orangé, qui en présence de l'eau et de l'ammoniaque produit un liquide d'un beau rouge carmin. Cette réaction peut servir à reconnaître de très-petites quantités d'acide urique, tant elle est sensible.

7. **Reins.** — Aux *reins* appartient la fonction de sécréter l'urine, liquide contenant l'urée en dissolution. Ce sont deux organes de médiocre volume, situés dans l'abdomen, à droite et à gauche de la colonne vertébrale. Ceux des animaux de boucherie portent le nom vulgaire de *rognons*. Leur forme convexe sur un côté, concave sur l'autre, rappelle celle d'une graine de haricot. Si l'on fend un rein dans le sens de sa longueur, il est facile d'y reconnaître trois régions : une extérieure, appelée *substance corticale*; une moyenne, nommée *substance tubuleuse*, et une troisième, appelée *bassinet*, sur la face concave. Un minutieux examen montre que le rein se compose d'une multitude de tubes extrêmement fins, serrés en une masse commune, enroulés sur eux-mêmes, pelotonnés dans la substance corticale, puis rectili-

gnes dans la substance tubuleuse et convergeant tous vers le bassinet, sorte d'entonnoir ou de poche membraneuse où ils déversent goutte à goutte leurs sécrétions. Chaque rein reçoit une artère, l'artère *rénale*, qui se distribue, en réseau de capillaires, aux innombrables tubes dont l'organe est composé. C'est dans la substance corticale que s'effectue la sécrétion. La partie la plus aqueuse du sang, entraînant avec elle l'urée dissoute, y filtre dans les tubes et gagne le bassinet par les canaux rectilignes de la substance tubuleuse. Cette épuration accomplie, le sang s'engage dans les *veines rénales*, qui le conduisent à la

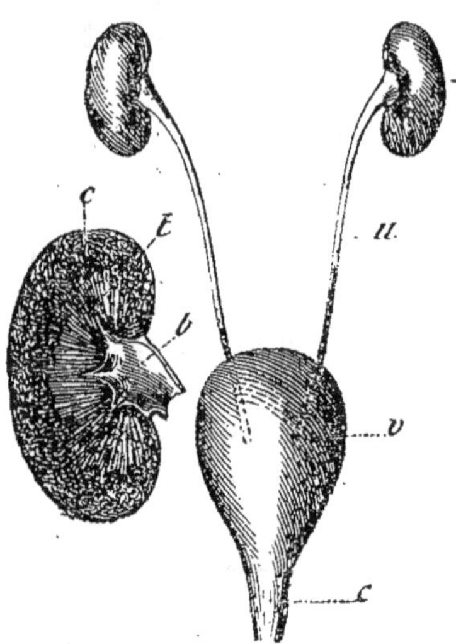

Fig. 74. — Appareil urinaire.

u, uretère; *r*, rein; *v*, vessie urinaire; *c*, origine de l'urètre; *c*, substance corticale du rein; *t*, substance tubuleuse; *b*, bassinet.

veine cave inférieure. De chaque bassinet naît un canal de la grosseur d'une plume à écrire et nommé *urétère*, qui débouche dans un ample sac membraneux, la *vessie*, situé tout au bas de l'abdomen. C'est dans ce réservoir que l'urine s'amasse pour être rejetée à intervalles plus ou moins éloignés. Le canal qui la conduit au dehors se nomme *urètre*.

8. **Urine.** — La majeure partie de l'urine, les 93 centièmes, se compose d'eau. L'urée y entre pour 3 centièmes environ, l'acide urique pour un millième.

Le reste est formé d'un peu de matière organique de nature albumineuse, et de divers sels minéraux tels que le sel marin et le phosphate de chaux. L'urine de la plupart des animaux est également liquide et ressemble assez à celle de l'homme ; mais chez les oiseaux elle est à demi solide et constitue une bouillie blanche ayant l'aspect de la craie délayée dans un peu d'eau. Comme nous venons de le voir, cette sorte d'urine se compose principalement d'acide urique combiné avec de l'ammoniaque. Elle est rejetée mélangée aux excréments parce que les urétères des oiseaux, au lieu de conduire l'urine dans un réservoir spécial ou vessie, l'amènent à la terminaison de l'intestin. Pareille urine, demi-solide et très-riche en acide urique, se retrouve chez les reptiles et les insectes. Ces derniers ont pour reins des tubes très-longs et flexueux, *vaisseaux de Malpighi*, communiquant avec la portion terminale du canal digestif. Les mêmes organes fonctionnent pour la sécrétion de la bile.

La quantité de l'urine augmente avec l'abondance de la boisson ; il n'y a cependant aucune communication directe entre l'estomac qui reçoit le liquide et la vessie qui peu de temps après le rejette. C'est par la voie des vaisseaux sanguins que se fait le transport. Absorbé par les veines en rapport avec la surface de l'estomac, le liquide de nos boissons se mélange au sang, qui le conduit aux reins où s'effectue son élimination. C'est donc après avoir circulé dans nos artères et nos veines, après avoir fait partie de la masse du sang, que l'eau est expulsée par les voies urinaires, chargée d'urée et d'autres principes qu'elle a dissous sur son trajet.

L'exhalation par les poumons et la peau contribue

aussi largement à ce départ de l'eau surabondante, de manière que la sécrétion urinaire et la transpiration se viennent mutuellement en aide. Si l'une se ralentit, l'autre s'active. Ainsi par un temps froid, l'urine devient plus abondante parce que la transpiration est faible; par un temps chaud, elle diminue d'abondance parce que la transpiration augmente.

9. **Sueur.** — La peau n'est pas seulement le siége de la transpiration insensible; au moyen de glandes spéciales, logées dans son épaisseur, glandes dites *sudoripares*, elle extrait du sang un liquide, la *sueur*, qui renferme une petite quantité d'urée; elle concourt donc, dans de faibles limites, il est vrai, au travail de la sécrétion urinaire. Par une température élevée, nous voyons sourdre çà et là de la peau, au-dessus de très-fines ouvertures, assez faciles à reconnaître, notamment au bout des doigts, des gouttelettes qui grossissent rapidement et finissent par ruisseler. Ces gouttelettes sont la sueur, ces ouvertures sont les orifices des glandes sudoripares. Celles-ci consistent chacune en un tube, plongé dans l'épaisseur de la peau, à peu près rectiligne dans sa partie antérieure, roulé sur lui-même en un peloton à son extrémité postérieure.

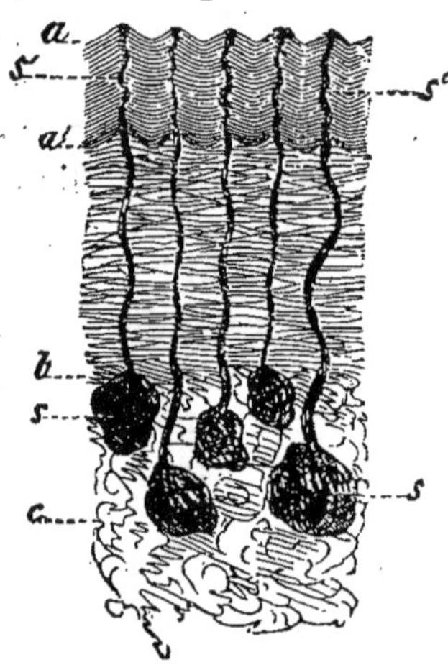

Fig. 75. — Organisation de la peau.

aa', épiderme; *a'b*, derme; *c*, tissu cellulaire; *s,s*, glandes de la sueur; *s',s'*, leurs canaux excréteurs.

QUESTIONNAIRE.

1. Que signifie le mot assimilation ? — En quoi consiste l'assimilation ? — 2. Comment se détruit la substance dans le corps de l'animal ? — Comment se renouvelle-t-elle ? — Expliquez l'accroissement, l'état stationnaire, le dépérissement. — Comment se fait la régénération des tissus ? — Citez quelques exemples remarquables de régénération chez les animaux. — 3. Décrivez la structure de l'hydre. — Racontez les expériences de Trembley. — 4. En quoi consiste la transpiration insensible ou l'exhalation ? — Est-ce la même chose que la sueur ? — La transpiration insensible est elle considérable ? — Citez l'expérience de Sanctorius. — Comment la transpiration insensible maintient-elle l'égalité de température du corps ? — 5. Que signifie le mot sécrétion ? — Comment se nomment les organes chargés des sécrétions ? — Citez quelques liquides sécrétés. — Décrivez la structure générale des glandes. — Comment agissent les glandes ? — Où puisent-elles les liquides qu'elles sécrètent ? — 6. Que deviennent le carbone, l'hydrogène et l'azote par le travail vital ? — D'où provient l'urée ? — Qu'est-ce que la sécrétion urinaire ? — Dites les caractères de l'urée. — Que savez-vous sur l'acide urique et l'acide hippurique ? — 7. Décrivez la structure des reins. — D'où provient l'urine ? — Quelles voies suit-elle ? — 8. Quelle est la composition de l'urine ? — Comment la sécrétion urinaire et la transpiration se viennent-elles mutuellement en aide ? — 9. Quelles glandes sécrètent la sueur ? — Dites la structure des glandes sudoripares. — Que contient la sueur ?

SECONDE PARTIE

FONCTIONS DE RELATION.

CHAPITRE I

LE SQUELETTE.

1. Fonctions de relation. — La nutrition est une propriété commune à tout être organisé, aux végé taux comme aux animaux; aussi la nomme-t-on, envisagée dans sa généralité, *fonction de la vie végé tale*. Mais les animaux ont de plus la faculté de se mouvoir volontairement pour satisfaire aux exigences de leur genre de vie, et la faculté d'avoir connaissance, à un degré plus ou moins élevé, soit de ce qui se passe en eux-mêmes, soit de ce qui se passe au dehors. La première faculté se nomme *locomotion*; la seconde, *sensibilité*. L'exercice des deux constitue les *fonctions de relation*, ainsi dénommées parce qu'elles mettent l'animal en relation avec les objets extérieurs. On les appelle aussi *fonctions de la vie animale* parce qu'elles sont caractéristiques des animaux. La sensibilité s'exerce par les *organes des sens,* la locomotion a pour organes les *muscles,* masses charnues qui se contractent ou se relâchent au gré de l'animal. L'une et l'autre sont sous la haute dépendance des *nerfs,* qui transmettent aux muscles l'influence de la volonté pour amener leur contraction ou leur relâchement, et font parvenir au *cerveau* ou autres *centres sensitifs*, l'impression reçue par les sens afin que l'animal en ait connaissance. Si les mouvements doivent avoir de l'ampleur et de la précision, les organes moteurs, les muscles, sont soutenus et dirigés dans leur action par une charpente solide à laquelle ils se rattachent. Cette charpente, composée de diverses pièces mobiles, articulées l'une à l'autre, est chez divers animaux inférieurs, les insectes et les crustacés par exemple, une simple modification de la peau et forme l'enveloppe extérieure ; mais tous les animaux supérieurs, c'est-à-dire les vertébrés, ont, pour soutien et régulateur de leurs mouvements, un appareil intérieur dont les pièces se nomment *os* et l'ensemble *squelette*. L'étude de la locomotion d'abord, puis de la sensibilité, sera l'objet de cette seconde partie.

2. **Composition des os.** — Les os sont formés d'une matière azotée, organique, destructible par le feu, et d'une matière minérale, inaltérable par la chaleur. Si l'on calcine un os à l'air libre, la matière organique brûle, et la matière minérale reste. L'os est alors blanc et très-friable ; il contient un mélange de sels minéraux où dominent le phosphate de chaux d'abord, et au second rang le carbonate de chaux. L'ensemble des substances minérales forme à peu près les deux tiers du poids primitif. L'autre tiers, disparu par l'action du feu, se compose presque en totalité de *gélatine*, substance qui ne diffère pas du produit employé dans l'industrie sous le nom de colle-forte. Celle-ci, en effet, s'extrait des os par l'action prolongée de l'eau à haute température. Pour obtenir la gélatine seule, il suffit de laisser macérer un os frais dans de l'acide chlorhydrique : l'acide dissout peu à peu les matières minérales, et la gé-

latine reste intacte, conservant la forme et les dimensions de l'os primitif, qui devient ainsi flexible en tout sens, mou, élastique. On voit donc qu'un os se compose d'une charpente organique, de nature gélatineuse, sans consistance par-elle-même, et d'un dépôt de matières minérales, phosphate et carbonate de chaux, qui pénètrent intimement cette charpente, la durcissent et lui donnent la rigidité.

3. **Structure des os.** — Les os débutent par l'état de *cartilage*, c'est-à-dire qu'ils sont d'abord mous, flexibles et composés uniquement de gélatine, enfin semblables aux os dépouillés de leur encroûtement calcaire par l'action de l'acide chlorhydrique. Chez quelques poissons, qualifiés pour ce motif de cartilagineux, tels que la raie et la lamproie, cet état imparfait persiste toute la vie; mais chez les autres vertébrés, le durcissement par incrustation de matières minérales ne tarde pas à venir. Les sels de chaux commencent à se montrer, non dans toute la masse de l'os à la fois, mais en des points isolés, dits *points d'ossification*, d'où le dépôt s'irradie peu à peu en tous sens et finit par rejoindre les dépôts voisins. Cette minéralisation ne se fait pas avec une égale rapidité, elle est ici plus prompte et là plus lente suivant l'os et suivant la partie du même os. Certaines parties du squelette persistent à l'état cartilagineux; il en est de même des surfaces par lesquelles se rejoignent et s'articulent deux os mobiles l'un sur l'autre. Enfin l'incrustation peut se poursuivre jusqu'à souder deux os primitivement distincts; aussi observe-t-on que le nombre des pièces osseuses est plus considérable dans le jeune âge que dans l'âge adulte, ce qui était d'abord séparé se réunissant par la continuation du dépôt minéral. Les os des membres,

qui, pour se prêter à l'ampleur des mouvements, possèdent une longueur considérable, sont appelés *os longs*. Tous sont ronds et creux à l'intérieur. Cette configuration diminue le poids sans nuire à la solidité ; la mécanique établit, en effet, que c'est avec la forme ronde et creuse qu'une quantité déterminée de matière résiste le mieux à la rupture. L'intérieur du canal des os longs est rempli d'une substance grasse, la *moelle*, qui imbibe le tissu osseux et diminue sa cassante raideur. Les deux extrémités sont renflées en tête ou *épiphyses*, qui forment d'abord deux pièces distinctes et se soudent plus tard au reste de l'os, vers l'âge de vingt ans, par le progrès de l'ossification. Les épiphyses ont la surface cartilagineuse pour adoucir le frottement de l'articulation, et l'intérieur formé d'un tissu lâche, spongieux. Les *os courts*, tels que ceux des poignets et des doigts, ont l'intérieur spongieux et l'extérieur compacte. Les os *plats*, tels que ceux de la tête, ont sur chaque face une lame de substance dure, et entre les deux une couche de tissu spongieux. Dans les divers cas, c'est donc toujours au dehors, là où la résistance est le plus nécessaire, que l'os possède le tissu le plus compacte, le plus minéralisé, le plus dur. Les os présentent à leur surface, pour l'attache des muscles, tantôt de légères saillies, des crêtes rugueuses, tantôt des éminences considérables qui prennent alors le nom général d'*apophyses*. Quelques-uns sont percés d'orifices pour le passage de nerfs et de vaisseaux san-

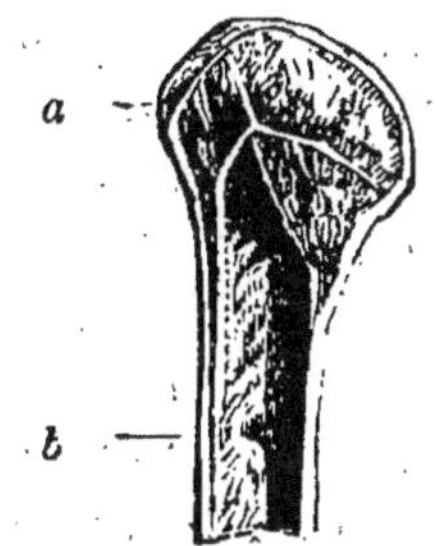

Fig. 76. — Structure d'un os long.

a, épiphyse ; *b*, corps de l'os.

guins; d'autres sont creusés de cavités pour recevoir l'extrémité d'un os voisin mobile, ou de dépressions où s'abritent des organes mous; tous reçoivent, jusque dans l'épaisseur de leur tissu, les artères, les veines, les nerfs nécessaires à leur état d'organes vivants; tous enfin sont enveloppés d'une membrane fibreuse, le *périoste*, siége du travail d'accroissement.

4. **Expériences de Flourens.** — Dans les pays où se cultive la garance, les agriculteurs connaissent depuis longtemps une propriété singulière de cette plante, dont on utilise la racine comme matière tinctoriale, tandis que la fane sert de fourrage pour les bestiaux. Les os des animaux soumis à ce genre de nourriture ne tardent pas à acquérir une superbe coloration rouge. Le principe tinctorial de la garance, disséminé en petite quantité dans la fane, est cause de cette coloration. La physiologie s'est emparée de cette donnée, et, en mélangeant de la poudre de garance à la nourriture de l'animal, M. Flourens est arrivé à des résultats extrêmement remarquables.

Au bout de quelques jours de ce régime garancé, tous les os de l'animal sont du plus beau rouge, mais seulement dans leurs couches extérieures. Les couches intérieures, anciennes, déjà formées, restent blanches; il n'y a de teint en rouge que la partie de l'os formée pendant l'usage de la garance. Si l'on soumet l'animal alternativement au régime de la garance pendant un mois et au régime ordinaire pendant un mois aussi, chacun de ses os scié en travers présente autant de couches concentriques alternativement rouges et blanches qu'il y a eu de changements dans la nature du régime. Si l'on suspend la nourriture garancée, la première couche rouge formée, et par conséquent la plus intérieure de toutes celles qui ont cette nuance, est graduellement refoulée jusqu'au bord interne du canal de l'os, tandis que ce dernier se recouvre de nouvelles couches blanches. Enfin, plus tard, cette couche rouge interne disparaît et est remplacée par une couche blanche, qui disparaît à son tour et se trouve remplacée par une couche rouge; et ainsi de suite, jusqu'à ce que toutes les couches rouges, peu à peu chassées du dehors vers l'intérieur de l'os, aient disparu, dissoutes et entraînées par le torrent de la circulation.

Ces expériences prouvent incontestablement que l'os toujours se détruit et toujours se reforme, qu'il se passe dans sa substance un travail incessant de destruction et de réédification. Cela prouve en outre que la destruction de l'os s'effectue par sa surface intérieure, celle qui limite le canal de moelle. La substance de l'os n'était donc pas hier exactement la même que celle d'aujourd'hui, et celle d'aujourd'hui n'est pas exactement la même que celle dont il sera formé demain. Jamais démonstration plus évidente n'a été donnée du continuel travail de rénovation dans l'organisme. La membrane fibreuse qui enveloppe l'os comme dans un fourreau, en un mot le périoste, est le siége de cette incessante formation de nouvelles couches osseuses.

5. **Os de la tête.** — Pour la classification des os, le corps se divise en trois parties : la tête, le tronc et les membres. — La tête comprend le *crâne* et la *face*. Le crâne est la boîte osseuse logeant le cerveau. Il se compose de huit os, dont quatre sont pairs c'est-à-dire forment des couples symétriques, et quatrè sont

impairs. Aux premiers appartiennent les deux *parié-*
taux, qui s'articulent par des dentelures engrenées
l'une dans l'autre suivant la ligne médiane du crâne,
et forment le haut et les côtés de la voûte crânienne

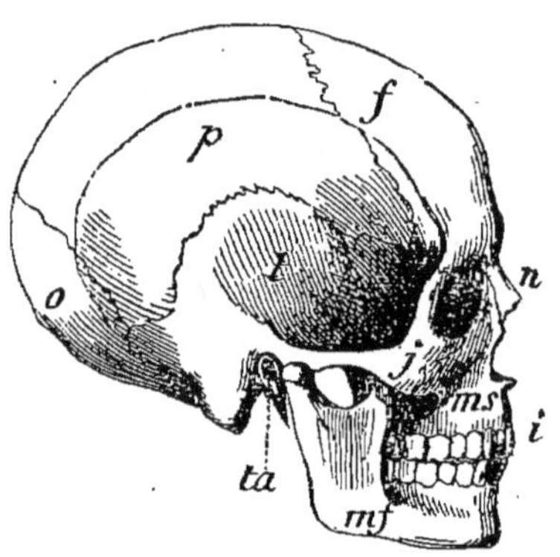

Fig. 77. — Tête osseuse de l'homme.

f, frontal; *p*, pariétal; *o*, occipital; *t*, temporal; *s*, aile du sphénoïde; *n*, os nasaux; *ms*, maxillaire supérieur; *mf*, maxillaire inférieur; *j*, os jugal; *ta*, trou auditif et en arrière l'apophyse mastoïde.

dans la région moyenne; les deux *temporaux*, qui
constituent les tempes c'est-à-dire les régions du
crâne dont chaque oreille occupe le bas. A la base
des temporaux se remarque une grosse apophyse,
dite *mastoïde*, servant de point d'attache à des muscles qui descendent obliquement vers la poitrine sur
le devant du cou, et font tourner la tête un peu à
droite et un peu à gauche sur la colonne vertébrale.
En avant de l'apophyse mastoïde est le *trou auditif*,
creusé dans une portion du temporal nommée *rocher*
à cause de sa grande dureté. Une seconde apophyse
s'élève des temporaux et va à la rencontre des os
jugaux en formant avec ceux-ci, en travers des joues,
une arcade sous laquelle passe le muscle moteur de

la mâchoire inférieure. — Aux os impairs appartiennent le *frontal*, constituant le front, et l'*occipital*, situé à l'arrière de la tête. Celui-ci est percé à sa base d'un large orifice, dit *trou occipital*, par lequel la cavité crânienne communique avec le canal de la colonne vertébrale. Sur les bords du trou occipital s'élèvent, l'une à droite, l'autre à gauche, deux grosses apophyses appelées *condyles*, qui sont les points d'articulation du crâne avec la première vertèbre. Les deux autres os impairs sont le *sphénoïde* et l'*ethmoïde*, intercalés, à la face inférieure du crâne, entre diverses pièces, et faisant en quelque sorte fonction de clefs de voûte pour l'ensemble. Le sphénoïde est en avant du trou occipital ; il se prolonge de chaque côté en une aile qui entre dans la composition de la tempe. Enfin l'ethmoïde, situé en arrière du nez, est criblé de trous pour le passage des nerfs de l'odorat.

Dans la face se comptent quatorze os ; douze disposés par couples symétriques et deux impairs. Les os pairs sont : les deux *maxillaires*, qui forment la mâchoire supérieure ; les deux *palatins*, qui prennent part, en arrière des maxillaires, à la formation de la voûte du palais ; les deux *jugaux*, dont une branche rejoint une apophyse du temporal et forme avec elle ce qu'on nomme l'*arcade zygomatique*, se traduisant au dehors par la pommette des joues ; les deux *nasaux*, qui forment la voûte du nez ; les deux *cornets nasaux*, qui occupent le fond des fosses nasales et sont composés d'une mince lame à nombreux replis, sur lesquels s'étale la membrane olfactive ; les deux *larymaux*, très-petits os situés à l'angle interne des orbites ou cavités des yeux. Les os impairs sont le *vomer*, lame osseuse formant cloison entre les deux narines ; enfin le *maxillaire inférieur* ou mâchoire inférieure. Ce dernier os, courbé en forme de fer à cheval, a ses extrémités terminées par une apophyse, nommée *condyle*, qui s'adapte dans une fossette ou *cavité glénoïdale*, creusée dans le temporal. C'est autour de ces deux points d'appui, comparables à de solides gonds, que se meut la mâchoire inférieure. Les muscles qui l'entraînent de bas en haut ont, pour point d'insertion, une saillie considérable de la mâchoire située en avant du condyle et nommée apophyse *coronoïde*. Ils passent sous l'arcade zygomatique et vont s'insérer, d'autre part, sur les côtés du crâne. — Comme dépendance de la tête, citons l'os *hyoïde*, qui sert de soutien à la langue et au larynx. Sa forme est celle d'un croissant. Il est placé horizontalement en travers du cou, au niveau du menton, et se relie aux temporaux par des ligaments.

Les diverses pièces osseuses que nous venons de mentionner pour la tête humaine, se retrouvent chez tous les mammifères, variables suivant le genre de vie. Elles présentent en outre certaines particularités qu'il est bon de connaître pour se retrouver aisément dans le cas où l'on aurait pour sujet d'étude le crâne d'un chien ou d'un chat, par exemple. Ainsi le frontal, au lieu de ne former qu'un seul os, en comprend deux symétriquement disposés et s'articulant sur la ligne médiane; la mâchoire inférieure est pareillement formée de deux os symétriques. Enfin entre les maxillaires supérieurs sont intercalés deux os nouveaux, les *inter-maxillaires*, dans lesquels sont implantées les dents incisives.

6. Os du tronc. — La partie la plus importante du squelette est la *colonne vertébrale* ou *colonne épinière*, robuste pilier qui sert de soutien au reste de l'édifice osseux. Elle est formée d'une série d'os, nommés

vertèbres, empilés l'un sur l'autre. La tête elle-même
est son prolongement, car les os du crâne ne sont, à
la rigueur, que des vertèbres modifiées. De toutes les
pièces osseuses, ce sont les vertèbres qui varient le
moins de forme d'une espèce animale à l'autre ; ce
sont elles aussi qui persistent les dernières dans
tout squelette si simplifié qu'il soit. Une colonne vertébrale et sa dépendance, la tête, tel est au moins
l'édifice des os dans sa plus grande simplification.
La couleuvre par exemple, est dépourvue de membres
et par conséquent des os qui entrent dans leur structure ; mais elle possède une longue file de vertèbres,
dont les antérieures se renflent et forment le crâne.
La vertèbre est donc l'os caractéristique, l'os général ; on la retrouve partout alors même que le reste

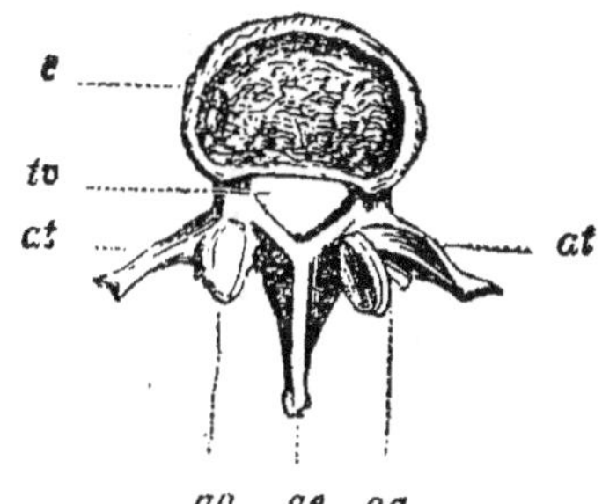

Fig. 78. — Vertèbre humaine.

c, corps de la vertèbre ; *tv*, trou vertébral ou médullaire ; *at*, *at*
apophyses transverses ; *ae*, apophyse épineuse ; *aa*, *aa*, apophyses articulaires.

manque. Aussi pour désigner les animaux doués
d'une charpente osseuse, se sert-on du nom de l'os
qui leur est commun à tous : on les dit *vertébrés*,
et, par opposition, on nomme *invertébrés* les animaux
dépourvus de squelette osseux.

Une vertèbre se compose, en avant, d'un disque plein nommé le *corps*; en arrière d'un arc qui se prolonge en sept apophyses. Le prolongement postérieur est l'*apophyse épineuse*, les deux prolongements latéraux sont les *apophyses transverses*. Tous les trois servent de points d'attache à des muscles qui résistent à la flexion du corps en avant sous l'effet de son poids, et le maintiennent dressé. A la base de chaque apophyse transverse se trouve, tant d'un côté que de l'autre, une apophyse dite *articulaire*, qui par une large facette s'articule avec l'apophyse pareille de la vertèbre voisine. Superposées par l'ample disque du corps et prenant, en outre, appui l'une sur l'autre par leurs apophyses articulaires, les vertèbres forment ainsi un vigoureux pilier, dont les pièces, reliées entre elles par des ligaments, n'ont chacune qué des mouvements très-limités, mais laissent néanmoins à l'ensemble une suffisante mobilité. Chaque vertèbre est traversée d'un large orifice, dit *trou médullaire*. Par la superposition, ces orifices forment un canal, qui communique avec la cavité du crâne au moyen de l'ouverture de l'os occipital, et contient un organe de premier ordre, la *moelle épinière*, prolongement du cerveau. Dans toute sa longueur, la moelle épinière donne naissance à des nerfs qui vont se distribuer çà et là dans le corps. Pour leur livrer passage hors du robuste étui qui renferme la moelle, chaque vertèbre s'échancre un peu sur chaque face, à droite et à gauche du trou médullaire. Les vertèbres étant superposées, des deux échancrures correspondantes se forme un orifice, appelé *trou de conjugaison*, par lequel sort le nerf, à droite ainsi qu'à gauche.

Chez l'homme, les vertèbres sont au nombre de

trente-trois ; elles se classent en cinq divisions, sa-

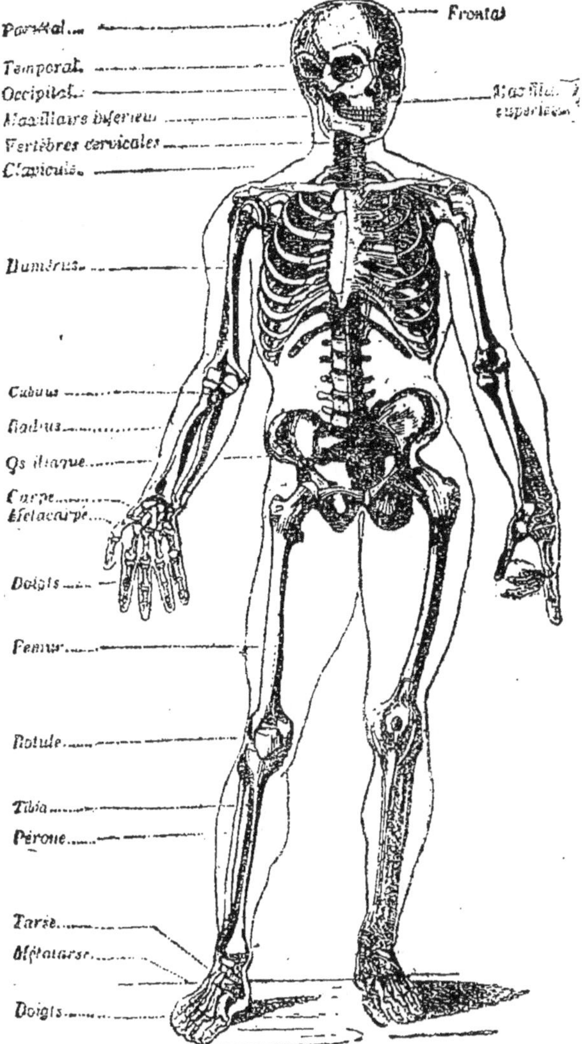

Fig. 79. — Squelette humain.

voir : 7 vertèbres *cervicales* ; 12 vertèbres *dorsales* ;

5 vertèbres *lombaires*; 5 vertèbres *sacrées*; 4 vertèbres *coccygiennes*. — Les vertèbres cervicales forment le cou. La première, appelée *atlas*, a une forme très-simple qui rappelle presque celle d'un anneau. Elle s'articule, d'une part, avec le crâne, au moyen des deux condyles de l'occipital; d'autre part, avec la seconde vertèbre ou *axis*, dont le corps s'élève en une sorte de pivot. C'est autour de ce pivot que l'atlas tourne, permettant ainsi le mouvement de rotation de la tête vers la droite et vers la gauche. — Les vertèbres dorsales correspondent au dos. Sur chacune d'elles prend appui une paire de côtes, dont le nombre est par conséquent de 12.

Les côtes sont des os minces, plats, recourbés en arc, circonscrivant la capacité du thorax. Leur extrémité postérieure s'articule avec les apophyses transverses de la vertèbre correspondante; leur extrémité antérieure vient, par un prolongement cartilagineux, se rattacher au *sternum*, os impair, large et plat qui occupe la ligne médiane de la poitrine. Les sept premières paires atteignent directement le sternum et portent le nom de *vraies côtes*. Les cinq dernières paires diminuent progressivement de longueur et n'atteignent le sternum qu'en se joignant aux cartilages des précédentes; on les nomme *fausses côtes*. — Les vertèbres lombaires correspondent à la région des reins, vulgairement nommée râble quand on parle d'un animal. — Les cinq vertèbres sacrées, distinctes dans le premier âge, ne tardent pas à se souder en un seul os qu'on nomme *sacrum*. Sur le sacrum s'appuient les os des hanches. Dans cette partie de la colonne vertébrale s'arrête la moelle épinière. — Les quatre vertèbres coccygiennes ne sont que des noyaux osseux sans trous médullaires, enfin des vestiges de vertèbres réduites à la partie que nous avons nommée le corps. Leur ensemble s'appelle *coccyx*. Les mammifères ont généralement cette portion de la colonne vertébrale très-développée et formée d'un grand nombre d'osselets allongés. Ces vertèbres de la queue s'appellent *caudales*.

7. Os des membres. — Les membres, au nombre de deux paires, se divisent en membres supérieurs et membres inférieurs. Dans les uns et les autres, il y a à distinguer les os du membre proprement dit, et les os qui servent à ces derniers de base pour les rattacher au tronc. — La portion basilaire des membres supérieurs se nomme *épaule* et se compose de deux os, l'*omoplate* et la *clavicule*. L'omoplate occupe l'arrière de l'épaule. C'est un grand os plat, de forme triangulaire, surmonté sur sa face postérieure d'une longue crête saillante, et creusé dans sa portion rétrécie, à l'angle de l'épaule, d'une fossette peu profonde, la *cavité glénoïde*, dans laquelle se loge l'extrémité supérieure de l'os du bras. La clavicule est un os assez mince, cylindrique, légèrement courbe, qui occupe le devant de l'épaule et s'articule d'une part avec l'omoplate et de l'autre au sternum. C'est elle que le toucher sent à droite et à gauche de la base du cou. Interposées comme des arcs-boutants, les clavicules maintiennent les épaules en place et les empêchent de se rapprocher dans les efforts des bras vers la poitrine.

Le *bras* s'étend de l'épaule au coude. Il est formé d'un seul os, l'*humérus*, dont l'extrémité supérieure se renfle en une tête arrondie et s'articule avec la cavité glénoïde de l'omoplate, tandis que son extrémité inférieure, également renflée, se creuse en une rainure semblable à la gorge d'une poulie et servant de charnière à l'articulation de l'avant-bras. — Du coude au poignet est l'*avant-bras*, formé de deux os disposés parallèlement l'un à l'autre, le *cubitus* et le *radius*. Le cubitus occupe la partie extérieure et correspond au petit doigt de la main ; le radius occupe la partie intérieure et correspond au pouce. Le premier se dilate dans sa partie supérieure pour s'articuler solidement avec l'humérus ; il s'amincit, au contraire, à son extrémité inférieure. Le second présente une disposition inverse : il est aminci dans le haut et renflé dans le bas, qui fournit à la main la majeure partie de son appui. De cette inversion de structure, il résulte que le radius peut tourner partiellement autour du cubitus, entraînant avec lui la main, qui se présente ainsi à volonté par une face ou par l'autre. Pour rendre cette rotation plus facile, les deux os ne sont en contact que par leurs extrémités. — Le poignet se nomme *carpe*. Il se compose de huit osselets disposés en deux séries. Cette multiplicité de pièces osseuses, légèrement mobiles les unes par rapport aux autres, a pour effet de donner à la main une grande variété de mouvements. — Au carpe fait suite le *métacarpe*, correspondant à ce qu'on nomme vulgairement la paume de la main. Il se compose de cinq os, servant chacun de base à un doigt. Quatre de ces os sont fixes ; le cinquième, celui sur lequel s'appuie le pouce, est mobile. — Enfin les doigts sont formés chacun d'une série de trois osselets, appelés *phalanges*, excepté le pouce qui n'en a que deux. La dernière, supportant l'ongle, est la *phalange unguéale*. Le plus mobile des doigts est le *pouce* qui peut s'opposer à chacun des quatre autres et remplit ainsi un rôle majeur dans les actes de la main. Le second est l'*indicateur*, ainsi nommé parce qu'il sert à indiquer, à montrer. Le troisième est le *médian* ou doigt du milieu ; le quatrième doit sa dénomination d'*annulaire* à l'usage où nous sommes d'y porter l'anneau nuptial ; le cinquième ou le petit doigt est dit *auriculaire* parce qu'il fait fonction de cure-oreille.

Les membres inférieurs ont la plus étroite analogie de structure avec les membres supérieurs. Leur partie *basilaire*, analogue de l'épaule, se nomme *hanche*. Elle se compose d'un os volumineux, plat, irréguliè-

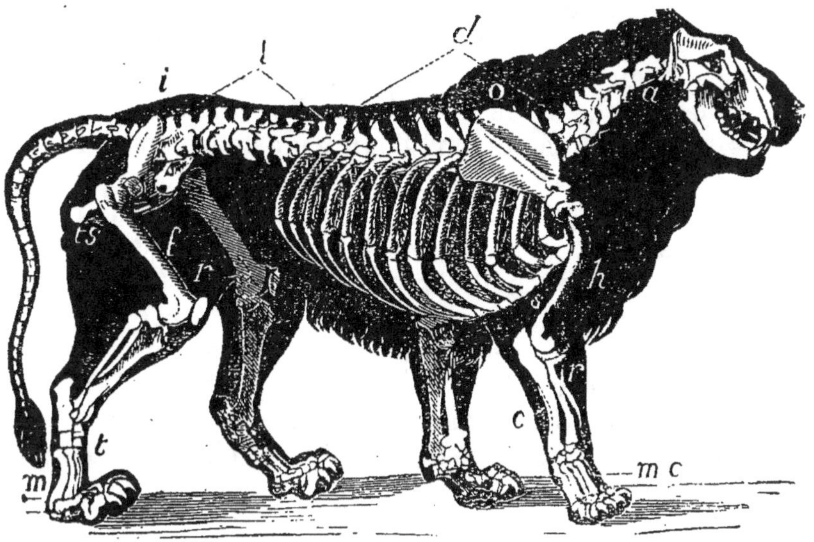

Fig. 80. — Squelette du lion.

a, atlas ; *d*, vertèbres dorsales ; *l*, vertèbres lombaires ; *i*, os iliaque ; *f*, fémur : *r*, rotule ; *t*, tarse ; *m*, métatarse ; *o*, omoplate ; *h*, humérus ; *r*, radius ; *c*, cubitus ; *mc*, métacarpe ; *s*, sternum.

rement contourné en un demi-cercle et appelé *os iliaque*. En arrière, les deux os iliaques prennent appui sur la portion de la colonne vertébrale appelée *sacrum* ; en avant, ils se rejoignent en formant une arcade nommée *pubis*. De leur ensemble résulte une large ceinture osseuse à laquelle on donne le nom de *bassin*. Par côté et en dehors, chacun d'eux présente une fossette profonde, pareille à une demi-sphère creuse, dite *cavité cotyloïde*, dans laquelle plonge l'extrémité arrondie de l'os de la cuisse, de même que l'extrémité de l'humérus s'engage dans la cavité glénoïde de l'omoplate.

Semblablement à ce que viennent de nous montrer les membres supérieurs, trois parties entrent dans la structure des membres inférieurs : la *cuisse*, analogue du bras, la *jambe*, analogue de l'avant-bras, le *pied* analogue de la main. A l'os unique du bras, l'humérus, correspond l'os unique de la cuisse, le *fémur*, la plus longue et la plus forte des pièces osseuses. Son extrémité supérieure porte obliquement une *tête* arrondie, rattachée à l'os par un prolongement étranglé que l'on désigne par le nom de *col du fémur* ; cette tête ronde s'adapte dans la cavité cotyloïde de l'iliaque. L'extrémité inférieure du fémur se renfle pour donner solide attache à la jambe, composée, ainsi que l'avant-bras, de deux os parallèles, le *tibia*, plus gros, et le *péroné*, plus faible. L'articulation du genou est occupée en avant par la *rotule*, petit os isolé et arrondi. — A l'imitation de la main, le pied comprend trois parties : le *tarse*, vulgairement cou-de-pied, le *métatarse* et les *doigts*. Le tarse est formé de sept osselets tandis que son analogue, le carpe, en a huit. Parmi ces osselets, on distingue le *calcanéum*, qui se prolonge en arrière et forme le talon ; *l'astragale*, qui s'articule avec le tibia par une face creusée en gorge de poulie. Le métatarse est formé de cinq os disposés parallèlement l'un à l'autre et servant de base aux doigts ou orteils. Ceux-ci, de même que les doigts de la main, ont chacun trois phalanges, sauf le gros orteil qui en a seulement deux. Ils sont doués de peu de mobilité et le gros orteil n'est pas opposable aux autres doigts.

8. Articulations. — L'union d'un os à un autre s'appelle *articulation*. Tantôt les os unis doivent se maintenir immobiles, et tantôt ils doivent posséder une mobilité plus ou moins grande. Dans le premier cas, l'articulation est dite *fixe*; dans le second cas, elle est dite *mobile*. — L'articulation fixe la plus remarquable se fait par engrenage, c'est-à-dire que les bords des deux os, entaillés de sinuosités correspondantes, pénètrent l'un dans l'autre et engrènent à la manière des dents de deux rouages, ou mieux à la manière de certaines pièces de menuiserie. Ce mode d'assemblage est des plus solides bien que la surface de contact soit de peu d'étendue. On en voit un bel exemple dans l'articulation des deux pariétaux, sur la ligne médiane du crâne.

L'articulation mobile est beaucoup plus compliquée. Considérons en particulier celle du genou. Les deux os assemblés, le fémur et le tibia, se présentent l'un à l'autre par un renflement ou tête, qui accroît la solidité en augmentant les surfaces d'appui. Pour rendre l'adaptation mutuelle plus facile et adoucir le frottement, les deux têtes, au lieu d'être en totalité formées d'une rigide matière minéralisée, sont revêtues d'une couche cartilagineuse, qui, par son élasticité et son poli, se prête mieux au jeu des deux pièces l'une contre l'autre. Un sac membraneux sans ouverture, appelé *bourse synoviale*, enveloppe la tête du fémur, et se réfléchit pour envelopper de la même manière la tête du tibia. Comme cette bourse n'a pas de communication avec l'extérieur, l'air est exclu de sa cavité, et de la sorte la pression atmosphérique s'exerce sur les deux renflements articulaires et concourt à es maintenir en place, de la même façon qu'elle maintient appliquées l'une contre l'autre les deux calottes de l'appareil de physique connu sous le

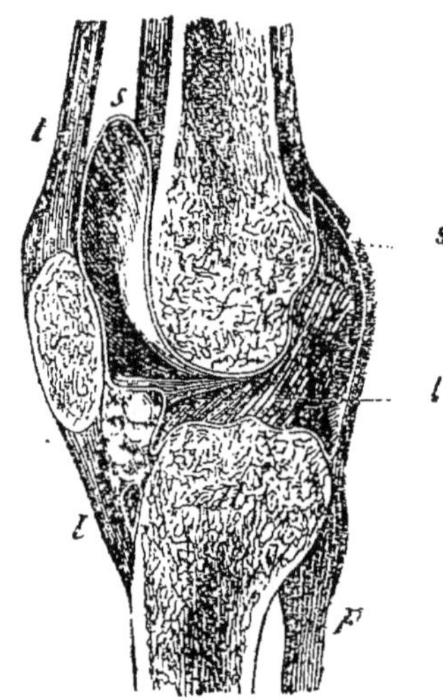

Fig. 81. — Articulation du genou.

tb, tibia; *p*, péroné; *r*, rotule; *f*, fémur; *l*, ligament; *t*, tendon. *s*, bourse synoviale.

nom d'hémisphères de Magdebourg. Là ne se borne pas le rôle de la bourse synoviale: sa paroi interne sécrète un liquide très-onctueux, la *synovie*, qui facilite le glissement des deux os, comme le font la graisse et l'huile pour les pièces de nos mécanismes. Enfin des ligaments d'une grande résistance, des tendons, relient les deux têtes l'une à l'autre. Il est rare que deux os assemblés avec de telles précautions se dérangent de leur place naturelle ; lorsque cet accident a lieu on dit qu'il y a *luxation*.

QUESTIONNAIRE.

1. Comment se divisent les fonctions de relation? — Quels sont les organes de la locomotion? — Quels sont les organes de la sensibilité? — 2. Dites la composition chimique des os. — 3. Comment débutent les os? — Y a-t-il des animaux dont le squelette reste toujours cartilagineux? — Comment durcissent les os? — Qu'appelle-t-on points d'ossification? — Qu'appelle-t-on os longs, os courts, os plats? — Dites leur structure. — Qu'est-ce que la moelle et quel est son rôle? — Qu'entendez-vous par apophyses et épiphyses? — 4. Quelle est l'action de la garance sur les os? — Citez les expériences de Flourens. — Que prouvent ces expériences? — 5. Nommez les os du crâne. — Nommez les os de la face. — 6. Décrivez la structure générale des vertèbres. — D'où provient la division des animaux en vertébrés et invertébrés? — Que contient le canal vertébral? — A quoi servent les trous de conjugaison? — Comment classe-t-on les vertèbres? — Nommez les autres os du tronc. — 7. Décrivez la charpente osseuse des membres supérieurs. — Comparez à ces membres les membres inférieurs. — Dites la structure de la main et du pied. — 8. Qu'appelle-t-on articulations? — Citez le mode le plus remarquable d'articulation fixe. — Qu'est-ce qu'une articulation mobile? — Décrivez l'articulation du genou. — Qu'appelle-t-on bourse synoviale? — Quel est le rôle de la synovie? — En quoi consiste la luxation?

CHAPITRE II

PRINCIPALES MODIFICATIONS DU SQUELETTE. — MUSCLES. —
LOCOMOTION.

1. **Mammifères.** — La charpente osseuse des mammifères présente la plus étroite analogie avec celle de l'homme. On y reconnaît les mêmes os, assemblés dans le même ordre, avec des variations de forme et de volume adaptées à la taille et au genre

de vie de chaque espèce animale. Il suffit d'examiner la figure 80, représentant le squelette du lion, pour constater jusqu'à quel point s'étend cette similitude de structure. Mais si le plan général reste le même, le détail ne manque pas de particularités dont nous allons décrire les principales.

Dans l'ordre des ruminants, diverses espèces ont les deux frontaux surmontés de prolongements osseux ou cornes. Tantôt, comme chez la girafe, ces protubérances sont recouvertes par la peau velue du front et persistent indéfiniment ; tantôt encore, com-

Fig. 82. — Le cerf.

me chez le bœuf, le mouton et la chèvre, l'axe osseux, également doué d'une durée indéfinie, est creux et enveloppé d'un étui de nature cornée, qui paraît formé, ainsi que les ongles, de poils agglutinés ; pareilles cornes sont dites creuses. Le cerf, au contraire, le daim, le renne, le chevreuil, ont des cornes caduques, c'est-à-dire qui se détachent du front d'elles-mêmes, à des périodes assez régulières, pour être remplacées par des excroissances nouvelles. On les nomme *bois* à cause de leur forme fréquemment ramifiée. Elles se composent d'un axe osseux, qui d'abord recouvert d'une peau velue, perce celle-ci,

Fig. 83. — Le rhinocéros.

s'allonge et reste désormais nu. La corne que le rhinocéros porte sur le nez reconnaît une autre structure : elle est formée d'un simple amas de poils agglomérés sans aucun noyau osseux.

A deux exceptions près, l'aï ou paresseux et le lamentin, tous les mammifères ont sept vertèbres cervicales comme l'homme, si différente que soit la longueur de leur cou. L'aï en possède neuf et le lamentin six. Les vertèbres dorsales varient de 12 à 20, ce qui amène la même variation dans le nombre de paires de côtes. Ces vertèbres sont généralement remarquables par leur apophyse épineuse, donnant attache aux muscles qui soutiennent le poids de la tête et du cou. Plus ce poids est considérable et le cou allongé, plus aussi les vertèbres du dos sont surmontées de longues et fortes apophyses. Les vertèbres coccygiennes ou caudales sont celles qui varient le plus en nombre. Quelques mammifères en sont

Fig. 84. — Le kanguroo.

dépourvus, d'autres en possèdent jusqu'à une soixantaine et au delà. La queue est parfois un vigoureux organe de locomotion. Ainsi le kanguroo de l'Australie, dont les membres antérieurs sont faibles et courts, a les membres postérieurs et la queue très-robustes. L'animal se pose assis sur ce triple appui ;

puis détendant à la fois les jambes et la queue comme des ressorts, il s'élance et progresse par bonds énormes. Pour passer d'un arbre à l'autre, divers singes enroulent autour d'une branche l'extrémité de leur longue queue, qui enlace et saisit comme le ferait une main; ainsi suspendus, ils atteignent par un élan la branche voisine. Chez la baleine et les autres cétacés, la queue devient un appareil de natation d'une incomparable puissance.

2. Membres. — Nous avons vu que les clavicules maintiennent les épaules et les empêchent de se rapprocher l'une de l'autre dans les mouvements des bras vers la poitrine. Le rôle de ces os est très-important dans les espèces dont les membres antérieurs se meuvent avec force en travers du corps, par exemple pour étreindre dans l'attaque et la défense; il est nul dans les espèces qui se servent de leurs membres antérieurs uniquement pour la marche et les meuvent toujours dans le sens longitudinal, sans effort tendant à rapprocher les épaules. Dans le premier cas, les mammifères sont doués de clavicules, tel est le chien; dans le second cas, ils en sont dépourvus, tel est le cheval.

Le reste de la charpente osseuse des membres ne présente rien de particulier, si ce n'est aux extrémités. Les singes ont le pouce opposable aux autres doigts tant aux membres postérieurs qu'aux membres antérieurs; ils possèdent ainsi quatre mains, toutes aptes à saisir, organisation remarquable qui *leur* a valu le nom de *quadrumanes*. La main de l'homme est néanmoins de beaucoup supérieure pour la dextérité. Divers mammifères, tels que le hérisson, l'ours, le blaireau, marchent en appuyant sur le sol toute la plante des pieds, c'est-à-dire la partie qui commence au tarse ou au carpe et finit à l'extrémité des doigts ; on les qualifie pour ce motif de *plantigrades*. D'autres, plus rapides, redressent le tarse et le carpe et marchent sur les doigts, ce qui leur vaut

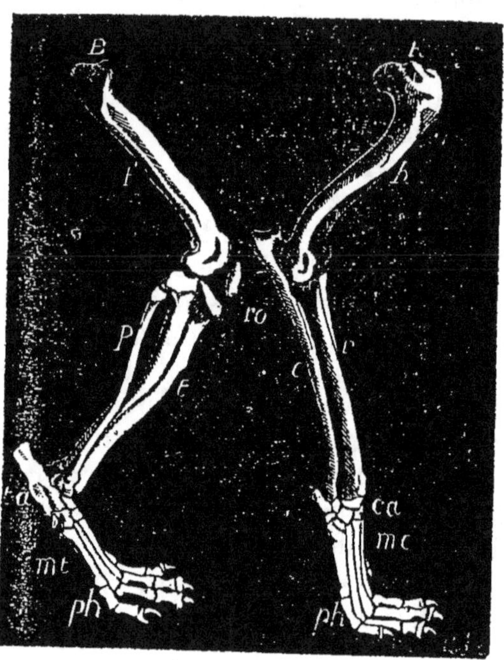

Fig. 85. — Membres d'un mammifère onguiculé.

A, membre antérieur. — *h*, humérus ; *c,r*, cubitus et radius ; *ca*, carpe ; *mc*, métacarpe ; *ph*, phalanges. *B*, membre postérieur. — *f*, fémur ; *ro*, rotule ; *t, p,* tibia et péroné ; *ta*, tarse ; *mt*, métatarse ; *ph*, phalanges.

la dénomination de *digitigrades*. Parmi ces derniers, les uns appuient à terre les trois phalanges et ont chaque doigt terminé par un ongle ou griffe, arme offensive et défensive ; les autres, organisés spécialement en vue de la course, ne touchent le sol que par la dernière phalange, enveloppée d'un robuste étui corné qui prend le nom de *sabot*. Les premiers sont dits digitigrades *onguiculés* ; les seconds, digitigrades *ongulés*. Le chien, le chat, le lion, sont onguiculés ; le mouton, le bœuf, le cheval, sont ongulés.

La figure 85 reproduit un membre de devant et

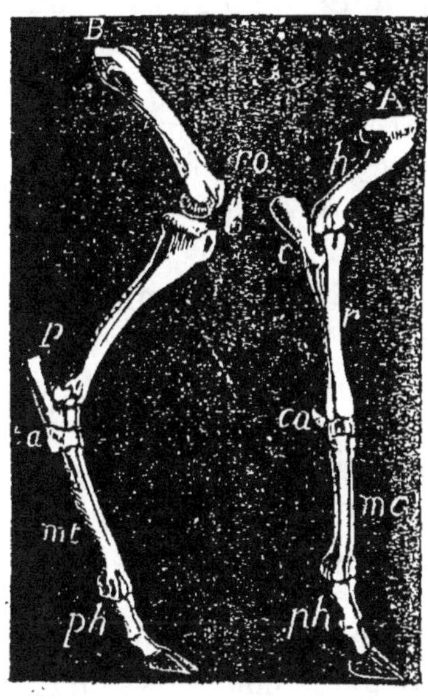

Fig. 86. — Membres d'un mammifère ongulé.

A, membre antérieur. — *h*, huméras ; *c,r*, cubitus et radius ; *ca*, carpe ; *mc*, métacarpe ; *ph*, phalanges. B, membre postérieur. — *ro*, rotule ; *p*, péroné et tibia ; *ta*, tarse ; *mt*, métatarse ; *ph*, phalanges.

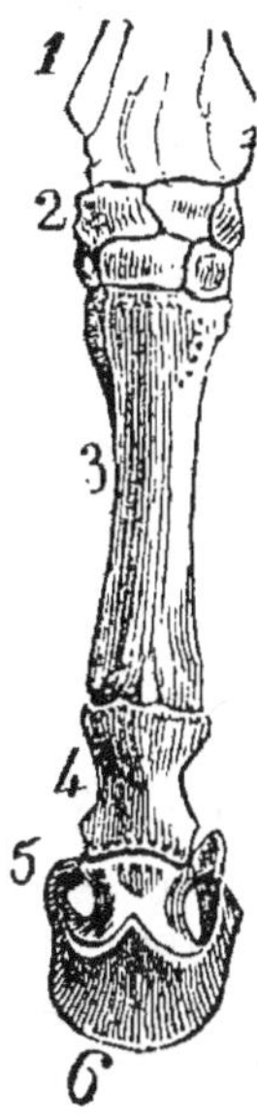

Fig. 87 — Pied du cheval.

1, cubitus ; 2, carpe ; 3, canon ou métacarpien ; 4, première phalange ; 5, seconde phalange ; 6, troisième phalange enveloppée dans le sabot.

un membre de derrière d'un onguiculé, le chien. On y reconnaît, sans hésiter, la structure qui nous est connue. La seule particularité nouvelle consiste dans les doigts, au nombre de quatre à la patte postérieure et de cinq à la patte antérieure. Chez le mouton, la chèvre et les autres ruminants, l'écart de structure est plus considérable. Les os du métacarpe et du métatarse se réduisent à deux, très-allongés et soudés l'un à l'autre en une pièce que l'on nomme *canon*. Celui-ci se termine en bas par une double gorge de poulie où s'articulent deux doigts, formés de trois phalanges et terminés chacun par un sabot. Dans le cheval, les extrémités se simplifient encore davantage. Le métacarpe et le métatarse sont formés d'un os unique, le *canon*; à cet os fait suite un seul doigt, composé de trois phalanges, dont la dernière est chaussée du sabot. Chez les mammifères à forme de poisson, les cétacés, les membres postérieurs manquent en entier, et les membres antérieurs s'aplatissent en larges rames. Pour donner à ces rames plus de longueur et de puissance, les doigts du milieu se composent d'un grand nombre de phalanges dans les cétacés les mieux doués sous le rapport de la natation.

3. **Ailes des Chauves-Souris.** — Malgré leurs fonctions si différentes, les ailes des chauves-souris ont la même charpente osseuse que les membres antérieurs des autres mammifères, et sont un bel exemple des procédés de transformation employés par la nature, qui, sans rien changer au plan fondamental, sans rien ajouter, sans rien retrancher, adapte un même organe à des usages divers. Une omoplate et une clavicule forment la base de l'aile. Sur cet appui est articulé l'humérus, auquel font suite deux os parallèles, le cubitus et le radius. Par delà vient le carpe avec ses osselets multiples; puis

le métacarpe supportant cinq doigts. Le pouce reste
court et libre ; il n'entre pas dans la charpente de
l'aile, mais se termine par un ongle crochu dont
l'animal se sert pour se cramponner et marcher. Les
métacarpiens des quatre autres doigts ainsi que les
phalanges s'allongent démesurément ; de là résultent
quatre fines baguettes à plusieurs pièces, quatre

Fig. 88. — Squelette de chauve-souris.

o, omoplate ; cl, clavicule ; h, humérus ; cu, cubitus ; r, radius ;
ca, carpe ; po, pouce ; mc, métacarpe ; ph, phalanges.

rayons entre lesquels est tendue la membrane de
l'aile comme est tendu le taffetas sur les baleines
d'un parapluie. C'est donc surtout aux dépens de la
main que l'aile est formée. Pour rappeler ce fait, on
désigne l'ensemble des mammifères analogues à
nos chauves-souris par le nom de *cheiroptères*, signifiant main-aile. La membrane de l'aile est un
simple repli de la peau, qui part de l'épaule, s'étale

entre les quatre longs doigts de la main, et va rejoindre les pattes postérieures, dont les cinq doigts, tous
armés d'ongles recourbés en crochet, ne s'écartent
pas de la conformation ordinaire.

4. **Ailes des Oiseaux.** — L'organe du vol par

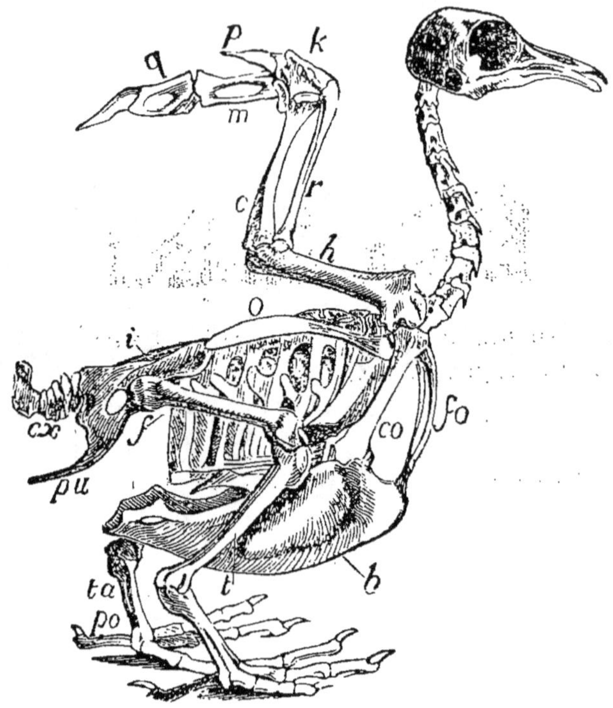

Fig. 89. — Squelette d'oiseau.

o, omoplate ; *fo*, clavicule ou fourchette ; *co*, os coracoïde ; *b*, sternum ; *h*, humérus ; *c,r*, cubitus et radius ; *k*, carpe ; *m*, métacarpe ;
p, pouce ; *q*, phalanges ; *i*, os iliaque ; *pu*, pubis ; *cx*, coccyx ; *f*, fémur ;
t, tibia ; *ta*, tarse ; *po*, pouce.

excellence est l'aile de l'oiseau, dont la structure
réclame des conditions spéciales de stabilité, surtout
dans l'épaule, qui doit, sans ébranlement, supporter

de violents efforts. Examinons comment ces conditions sont remplies. L'omoplate (*o*) (fig. 89) se façonne en une longue lame, qui va profondément chercher appui sur la voûte du dos. Les deux clavicules, à leur insertion sur le sternum, se soudent en un seul os *fo*, nommé *fourchette* et courbé comme les branches d'un éperon. Cette conformation permet à la fourchette d'agir comme un ressort pour maintenir les épaules à leur place malgré les efforts du vol tendant e les rapprocher. A cet arc-boutant s'en ajoute un autre, pour plus de fixité : c'est l'os *coracoïde* (*co*) roquste pilier qui appuie comme la clavicule, mais en un autre point, l'épaule sur le sternum. La colonne vertébrale et le thorax, base première de tout l'édifice, se renforcent pareillement. Les vertèbres dorsales sont immobiles, soudées l'une à l'autre ; les vertèbres lombaires et sacrées forment un seul os. Les côtes, au lieu d'atteindre au sternum par un cartilage, s'y réunissent chacune au moyen d'un os particulier qui naît du sternum et prend le nom de *côte sternale*. En outre, elles émettent latéralement une petite lame, une apophyse aplatie qui repose sur la côte voisine, de manière que tous ces os prennent appui l'un sur l'autre. Enfin le sternum est une vaste cuirasse qui recouvre non-seulement le thorax mais encore une partie de l'abdomen. Sur sa ligne médiane s'élève une large crête, une sorte de carène que l'on nomme *bréchet* (*b*). De chaque côté de cette carène, qui leur fournit un supplément d'attache, sont logés les muscles abaisseurs des ailes, les plus épais et les plus vigoureux de tout le corps. Le bréchet est très-développé quand le vol est puissant ; il diminue d'ampleur dans les oiseaux mauvais voiliers, et disparaît tout à fait dans les oiseaux impropres au vol, tels que l'autruche. Le reste de l'aile comprend un humérus, un cubìtus et un radius, quelques osselets pour le carpe, un métacarpien formé de deux os soudés, enfin deux doigts, dont

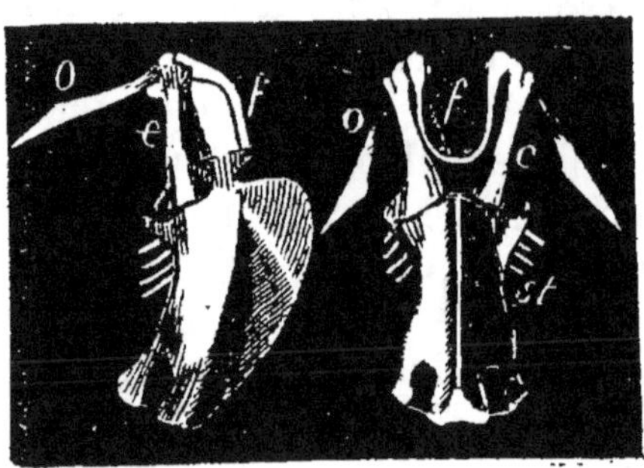

Fig. 90. — L'épaule d'un oiseau à vol puissant.

o, omoplate ; *f*, fourchette ; *c*, os coracoïde ; *st*, sternum avec ses côtes sternales.

l'un rudimentaire, le pouce, et l'autre composé de deux phalanges. On reconnaît dans les membres postérieurs, un fémur, un tibia correspondant à ce qu'on nomme très-improprement la cuisse de l'oiseau, car en réalité cette partie est le mollet, un tarse très-allongé, formé de trois os soudés en long et comparable au canon des ruminants. Le tarse se termine inférieurement par trois poulies donnant attache aux doigts antérieurs.

5. **Squelette des Tortues.** — Une partie du squelette de ces reptiles est reportée à l'extérieur, se recouvre immédiatement des lames écailleuses de la peau et constitue une solide boîte, ouverte en avant et en arrière pour le passage de la tête, des membres et de la queue. Le bouclier supérieur se

nomme *carapace*. Il est formé par les vertèbres dorsales au nombre de huit, et les côtes devenues assez larges pour se rejoindre par leurs bords. Le bouclier inférieur ou *plastron* a pour charpente le sternum et un cercle de plaques osseuses qui représentent la partie cartilagineuse des côtes des mammifères ou bien encore les côtes sternales des oiseaux. Toutes ces pièces, tant de la carapace que du plastron, sont unies entre elles par engrenage et forment un tout d'une inébranlable solidité. A l'intérieur de cette boîte sont les os des épaules et du bassin, de sorte que la tortue est, en quelque sorte, un animal retourné, ayant au dedans les omoplates, les clavicules, les iliaques et divers muscles que les autres animaux ont au dehors.

6. **Muscles.** — Par elle-même la charpente des os n'est qu'un assemblage inerte, comme le sont les pièces d'un mécanisme où manque le moteur. Dans la machine animale, les moteurs sont les *muscles*, qui forment à eux seuls tout ce que nous appelons communément chair. Portons notre attention sur un morceau de viande, et de préférence sur un morceau bouilli, ce qui rendra l'observation plus facile : nous le verrons se diviser en filaments d'une extrême finesse, sans ramifications et accolés parallèlement

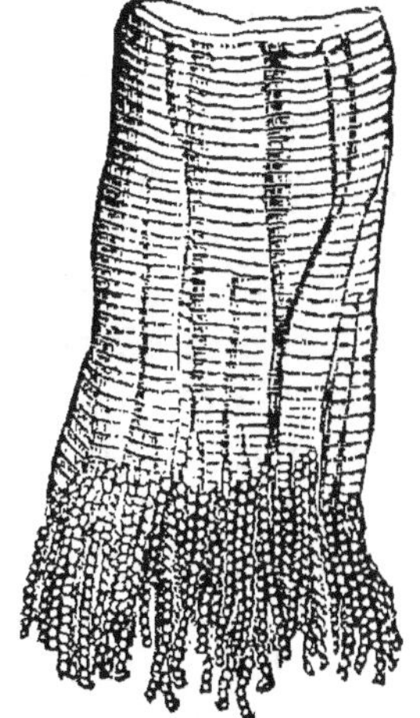

Fig. 91. — Faisceau de fibres musculaires vu au microscope.

l'un à l'autre. Quand est atteint le dernier degré de division, chacun de ces filaments est ce qu'on nomme une *fibre musculaire*; plusieurs fibres accolées entre elles forment un faisceau, que recouvre une fine gaîne ; et plusieurs faisceaux assemblés forment un *muscle*, isolé des autres et maintenu par une délicate enveloppe nommée *aponévrose*. Jamais les fibres musculaires ne se rattachent directement aux os. Pour s'y fixer, les deux extrémités d'un muscle se prolongent par des ligaments très-résistants, qui tantôt se groupent en large bandelette cernant l'os sur une ample surface d'attache, et tantôt se réunissent en manière de cordon qui va se rattacher, à quelque distance, sur une saillie de petite étendue. Ce dernier mode de prolongement constitue ce qu'on appelle un *tendon*. C'est par le tendon d'Achille, si sensible au toucher au-dessus du talon, que les muscles de la jambe se fixent au calcanéum pour faire mouvoir le pied. Par ses extrémités tendineuses, dépourvues des propriétés actives que nous allons reconnaître dans la fibre musculaire, tout muscle est ainsi fixé aux deux os qu'il doit faire mouvoir l'un sur l'autre; dans sa partie active, la partie charnue, il est libre d'adhérence.

7. **Mode d'action des muscles.** — Prenons un fil de gomme élastique et étirons-le. Il s'allongera en diminuant de grosseur. Abandonnons-le à lui-même; il se raccourcira en grossissant un peu. Quelque chose d'analogue est la propriété caractéristique de toute fibre musculaire, avec cette profonde différence que l'allongement est l'état forcé dans le fil de gomme élastique, tandis qu'il est l'état d'inactivité, de repos, dans la fibre. De même encore, le raccourcissement, état de repos dans le fil, est l'état forcé ou de travail dans la fibre. Sous l'influence de la volonté, qui se transmet au moyen d'organes spéciaux, les *nerfs*, la

fibre musculaire se raccourcit en grossissant; si cette influence cesse, la fibre se relâche, c'est-à-dire reprend sa longueur et son diamètre primitifs. Ce qui se passe dans une simple fibre se passe, multiplié de puissance, dans un muscle, ensemble d'une multitude de fibres parallèles, qui ajoutent leurs actions élémentaires en un commun effort. S'il agit, le muscle se contracte: il se raccourcit, se ramasse sur lui-même, se renfle et devient plus dur. S'il cesse d'agir, il se relâche: il reprend sa longueur et sa grosseur premières. Serrons à pleine main le milieu du bras et portons en même temps l'avant-bras vers l'épaule; nous sentirons, sous la main, la masse charnue se renfler et durcir. C'est le muscle du bras qui se contracte en entraînant l'avant-bras autour de l'articulation du coude.

Complétons la démonstration par une figure théorique. Imaginons (fig. 92) entre l'os du bras et les os de l'avant-bras un ressort spiral (*p*) qui représente le muscle, et à la suite un fil d'attache (*a*) figurant le tendon. Si la spirale se resserre, se contracte, elle entraînera vers le bras les os de l'avant-bras, la main et le poids (*r*) qu'elle porte. Ainsi agit le muscle dans le mouvement de *flexion*. Par un mouvement inverse ou d'*extension*, le membre reprend la ligne droite; il est alors mû par un second muscle situé à la face opposée de l'humérus. Dans la figure 93, *ho* représentant le bras, et *ab* l'avant-bras, supposons deux faisceaux musculaires, l'un inséré en avant de l'articulation du coude (*o*), et l'autre en arrière. Si le faisceau antérieur se contracte, l'autre étant relâché, *ab* remonte, se rapprochant de *oh*; si le faisceau postérieur se contracte, l'antérieur n'agissant plus, *ab* descend et se remet en ligne droite avec *oh*. Semblable mécanisme

14.

se retrouve dans toute articulation mobile. Deux muscles, dits *antagonistes*, agissent à tour de rôle pour les mouvements inverses. L'un se nomme *fléchisseur* et produit la flexion; l'autre se nomme *extenseur* et

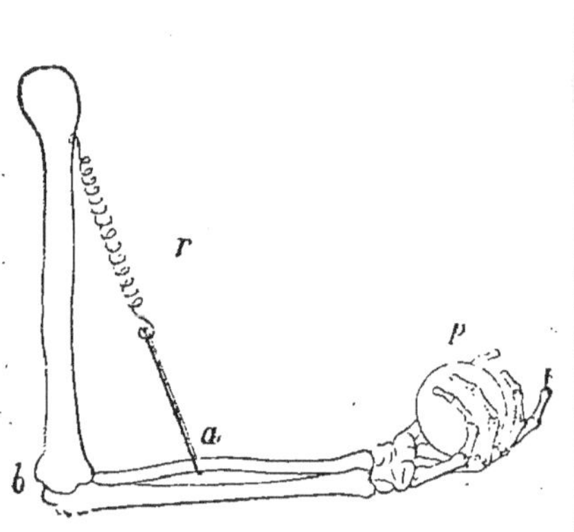

Fig. 92. — Théorie de l'action d'un muscle.

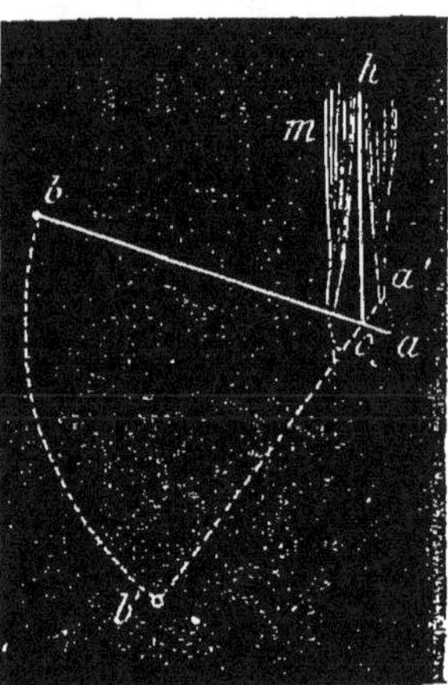

Fig. 93. — Action de deux muscles antagonistes.

produit l'extension. Ainsi les doigts ont à leur face inférieure les muscles fléchisseurs, qui les entraînent vers la paume de la main; et à leur face supérieure, les muscles extenseurs, qui les ramènent suivant la droite.

8. **Mécanique musculaire.** — La quantité dont se raccourcit un muscle pendant sa contraction est loin d'être la même pour tous; elle varie de la moitié aux cinq sixièmes de la longueur totale. Si considérable que soit cet amoindrissement en longueur, il ne pourrait, sans dispositions particulières, donner à la machine animale une ampleur convenable de mouvements, car les muscles ne possèdent qu'une

médiocre longueur ; mais ici intervient, pour amplifier l'effet de la contraction musculaire, un des principes les plus féconds de la mécanique. — Rappelons qu'on nomme *levier* toute verge inflexible pouvant tourner autour d'un point fixe nommé *point d'appui*, et sollicitée par deux forces, l'une nommée *puissance* et l'autre *résistance*. Les points d'application de ces deux forces tantôt se trouvent l'une à droite, l'autre à gauche du point d'appui, et tantôt sont situés du même côté, plus près ou plus loin indifféremment. Dans tous les cas, les distances entre le point d'appui et les points d'application des deux forces se nomment l'un *bras de levier de la résistance*, et l'autre *bras de levier de la puissance*. Maintenant, le principe en vue est celui-ci : avec un bras de levier, deux, trois, quatre, etc., fois plus long, une puissance donnée peut équilibrer une résistance deux, trois, quatre fois plus grande ; mais en compensation, le déplacement de celle-ci est deux, trois, quatre fois plus faible que celui de la puissance. Inversement, avec un bras de levier deux, trois, quatre fois plus court, la puissance doit être, pour l'équilibre, deux, trois, quatre fois plus considérable que la résistance ; mais alors celle-ci se déplace deux, trois, quatre fois plus que la première. De là deux dispositions inverses, suivant le but mécanique que l'on se propose. Veut-on avec une faible force en vaincre une plus grande, sans se préoccuper de la quantité de déplacement : on donnera le plus long bras de levier à la puissance, le plus court à la résistance. Veut-on, au contraire, avec un faible déplacement en obtenir un plus considérable : on donnera le plus court bras de levier à la puissance et le plus long à la résistance. Tout cela se résume en cet axiome : ce que l'on gagne en force, on le perd en chemin parcouru; ce que l'on gagne en chemin parcouru, on le perd en force.

De ces deux modes d'action du levier, c'est le second qu'utilise la machine animale. La puissance, c'est-à-dire le muscle moteur, prend attache sur le levier ou l'os en un point plus rapproché de l'appui de l'articulation que ne l'est le point où agit la résistance, consistant dans le poids du membre et dans la force à vaincre. Il résulte de cette disposition que le muscle dépense un effort supérieur à la résistance vaincue, mais aussi une faible contraction musculaire se traduit par un ample déplacement de l'extrémité du levier. Revenons à la figure 93. Si nous considérons le muscle dont le point d'attache est en a, tout près de l'articulation (o), tandis que le point où s'exerce la résistance est en b, à une distance considérable, nous verrons qu'au petit déplacement aa', directement amené par la contraction musculaire, correspond le grand arc bb', parcouru par la résistance. Le muscle antagoniste (m) donne lieu à la même remarque. C'est donc à la faveur d'un excès d'énergie dépensée que la contraction musculaire, agissant sur un levier plus court, obtient l'ampleur et la rapidité nécessaires dans les mouvements.

9. **Station.** — Pour l'équilibre d'un corps pesant quel qu'il soit, animé ou inanimé, la condition indispensable est que la verticale abaissée du centre de gravité passe à l'intérieur de la base de sustentation. Plus le centre de gravité est élevé et la base de sustentation étroite, plus aussi la stabilité est difficultueuse. Chez l'homme, le centre de gravité, situé vers la poitrine, sur l'axe du corps, est proportionnellement plus élevé que partout ailleurs dans la série des espèces zoologiques; de plus la base de sustentation,

trapèze délimité latéralement par les pieds, n'a qu'une bien médiocre étendue quand on la compare au vaste quadrilatère que forment, chez les mammifères, les quatre membres appuyés sur le sol. De là résultent pour la station verticale certaines difficultés dont l'enfant, à ses débuts, ne triomphe qu'après des chutes répétées. D'autre part, comme elle exige une continuelle contraction des muscles extenseurs, la station verticale, longuement continuée, devient pénible ; elle est plus fatigante que la marche, où les muscles, tour à tour contractés et relâchés, ont du moins des repos périodiques.

Néanmoins l'homme est fait pour l'attitude droite. Ce qu'Ovide disait, il y a dix-huit siècles, en magnifiques vers « L'homme lève le front et regarde le ciel (1) », l'anatomie le confirme par l'examen de l'organisation. « Lors même qu'il le voudrait, dit Cuvier, l'homme ne pourrait marcher commodément sur les quatre membres. Son pied de derrière court et presque inflexible, et sa cuisse trop longue, ramèneraient son genou contre terre ; ses épaules écartées et ses bras jetés trop loin de la ligne moyenne, soutiendraient mal le devant du corps ; le muscle qui, dans les quadrupèdes, suspend le corps entre les omoplates comme une sangle, est plus petit dans l'homme que dans aucun d'entre eux ; la tête est plus pesante à cause de la grandeur du cerveau, et cependant les moyens de la soutenir sont plus faibles, car l'homme n'a ni ligament cervical, ni disposition des vertèbres propre à les empêcher de se fléchir en avant. Il pourrait donc, tout au plus, maintenir sa

____

(1) Os homini sublime dedit, cœlumque tueri
Jussit, et erectos ad sidera tollere vultus.　　(OVIDE.)

tête dans la ligne de l'épine, et alors ses yeux et sa bouche seraient dirigés contre terre ; il ne verrait pas devant lui ; la position de ces organes est au contraire parfaite, en supposant qu'il marche debout. Les artères qui vont au cerveau ne se subdivisant point, comme dans beaucoup de quadrupèdes, et le sang nécessaire pour un organe si volumineux, s'y portant avec trop d'affluence, de fréquentes apoplexies seraient la suite de la position horizontale. L'homme doit donc se soutenir sur ses pieds seulement. Il conserve ainsi la liberté entière des mains pour les arts, et ses organes des sens sont situés le plus favorablement pour l'observation. »

10. **Marche, saut, course.** — Dans la *marche*, le centre de gravité du corps de l'homme a tour à tour pour appui celui des deux pieds reposant sur le sol, ce qui s'obtient par un léger balancement des hanches alternativement d'un côté puis de l'autre. La jambe appuyée, d'abord un peu fléchie, se tend ; la plante du pied se relève du talon aux doigts ; et par ce double effort, le corps est porté en avant, où il prend aussitôt appui sur le second pied. Dans la marche, le corps ne cesse donc pas un instant d'être appuyé, soit sur un pied, soit sur l'autre. Pour le *saut*, au contraire, le corps quitte momentanément le sol et s'élance, à la manière d'un projectile, poussé par l'effort des membres qui, d'abord fléchis, se tendent brusquement. Enfin, la *course* est une succession de sauts précipités sur un seul pied, alternativement sur l'un, puis sur l'autre.

Pour exemple de la marche des quadrupèdes, considérons en particulier le cheval. Ses différentes manières de marcher se nomment *allures*. Il y en a de naturelles et d'artificielles. Les premières sont employées par le cheval sans y être dressé ; les secondes sont le résultat d'une éducation spéciale. Les allures naturelles sont le *pas,* le *trot* et le *galop*. — Dans le pas, les membres se déplacent en diagonale, l'un après l'autre, dans l'ordre que voici : le membre antérieur droit, le postérieur gauche, l'antérieur gauche et le postérieur droit. Si le cheval est bien conformé, le pied postérieur vient occuper l'empreinte laissée par le pied antérieur du même côté.

Dans le trot, les membres se lèvent et se posent deux à deux, par paires diagonales, l'antérieur droit avec le postérieur gauche, et l'antérieur gauche avec e postérieur droit. Cette allure est plus rapide que la précédente, mais elle est aussi plus dure tant pour le cavalier que pour le cheval, à cause de la secousse qu'éprouvent les deux membres retombant à la fois sur le sol.

On distingue plusieurs sortes de galops. Le plus simple et le plus rapide consiste en une série de bonds en avant. Les deux membres antérieurs se lèvent à la fois, puis les deux membres postérieurs, qui poussent l'animal par une détente subite. Telle est l'allure des chevaux de course.

Parmi les allures artificielles, nous citerons l'*amble*. Dans ce mode de marche, les membres se meuvent par paires de même côté, les deux de droite à la fois, puis les deux de gauche, alternativement. Le cheval éprouve ainsi une sorte de balancement, qui rend l'allure douce et peu fatigante pour le cavalier. L'amble est cependant rapide, car l'appui manquant du côté où les deux pieds sont levés, l'animal ne prévient la chute que par la promptitude du pas.

Les animaux organisés pour bondir ont les membres postérieurs plus longs et plus forts que les membres antérieurs. Ils les fléchissent, puis les détendent brusquement à la façon d'un ressort. Tel est le kanguroo, qui progresse par bonds énormes, lancé

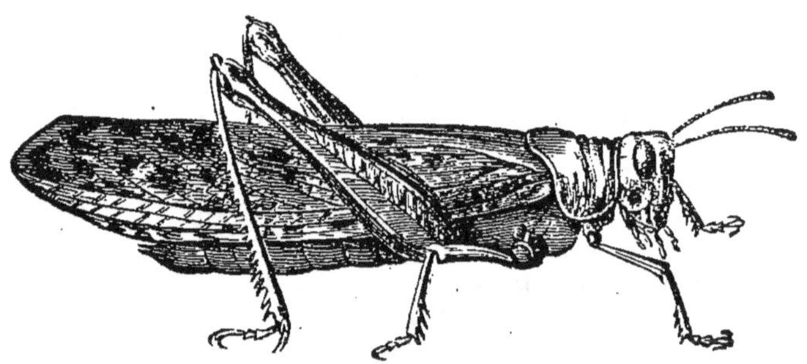

Fig. 94. — Insecte sauteur. Criquet.

à la fois par ses vigoureuses pattes postérieures et par sa queue non moins robuste ; tels sont aussi le lièvre, le lapin, le chat ; et parmi les insectes, les sauterelles et les criquets.

11. **Vol.** — Quelques mammifères, voisins de nos écureuils, ont le corps cerné par une ample membrane qui s'étend des membres antérieurs aux membres postérieurs, et forme une espèce de parachute apte à soutenir l'animal en l'air quand il s'élance d'un arbre à l'autre. Ce n'est pas encore là un organe de vol, malgré le nom d'écureuil volant porté par une des espèces qui en est pourvue. Les chauves-souris ont une ébauche d'aile plus avancée. Nous avons vu comment les doigts des membres antérieurs s'allongent démesurément pour servir de support à la membrane constituant la rame aérienne. Le poisson volant ou dactyloptère a des nageoires pectorales très-amples, au moyen desquelles il peut s'élancer

hors des eaux, voltiger à leur surface et quelques
instants se maintenir en l'air. Mais l'aile véritable,
propre au vol longtemps soutenu, est le 'partage ex-
clusif de l'oiseau et de l'insecte.

Nous connaissons déjà la charpente osseuse de

Fig. 95. — Dactyloptère.

l'aile des oiseaux. Sur cet appareil, d'une structure
si remarquable, prennent appui les *pennes* ou fortes
plumes du vol, solidement implantées dans les chairs
par leur base creuse. Leur tige est garnie d'une
double rangée de *barbes*, minces lamelles étroitement
imbriquées. Elles sont de longueur diverse et se re-

couvrent en partie de manière à former une sur-face continue qui unit la résistance à la légèreté. Les plus longues et les plus importantes, au nombre ha-bituellement de dix, sont implantées sur la main et se nomment *rémiges primaires*. L'avant-bras porte les *rémiges secondaires*, en nombre très-variable. La base des unes et des autres est protégée et consolidée

Fig. 96. — Aile emplumée d'oiseau.

PR, rémiges primaires ; SP, rémiges secondaires ; T, tectrices ; b, bras ; ba, avant-bras ; m, main.

par une rangée de plumes dites *tectrices*. Enfin la queue, dont l'oiseau se sert comme d'un gouvernail pour diriger son élan, s'étale en un éventail où se comptent d'habitude douze pennes nommées *rectrices*. Les ailes agissent dans l'air comme le font les rames dans l'eau. Quand l'aile s'élève, les pennes s'écartent et laissent passer l'air dans leurs intervalles sans éprouver de résistance ; quand elle s'abaisse, les pennes se resserrent et forment une nappe continue qui choque vivement l'air et y prend appui pour pousser l'oiseau en avant. Le nombre de ces battements est de treize par seconde pour le moineau, de neuf pour le canard sauvage, de huit pour le pigeon.

Les ailes des insectes ne résultent pas de la transformation de certains membres : ce sont de simples

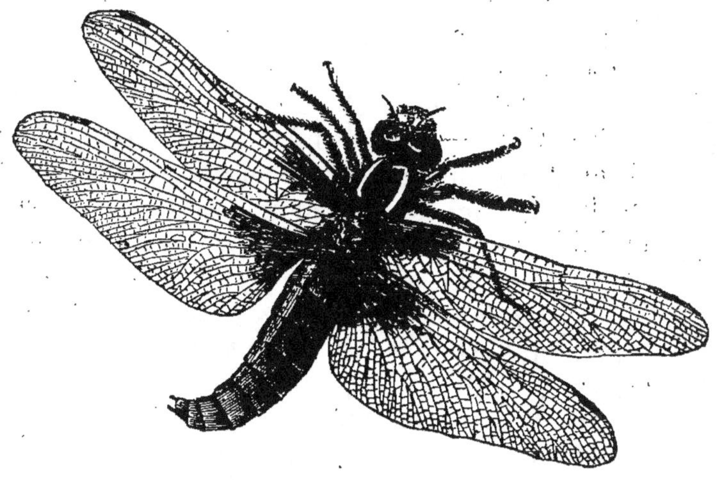

Fig. 97. — Libellule.

replis de la peau, devenus surface écailleuse. Les uns, mouches, cousins, taons, n'ont qu'une paire d'ailes et pour ce motif se nomment insectes *diptères*; les autres, plus nombreux, papillons, libellules, guêpes, abeilles, scarabées, hannetons, en ont deux paires. Tantôt les deux paires sont également aptes au vol et se composent tant l'une que l'autre d'une fine membrane ; tantôt la paire inférieure prend seule part au vol, et la paire supérieure s'épaissit en un étui corné qui enveloppe et protége la première. Ces ailes protectrices se nomment *élytres*. On la retrouve dans tous les coléoptères, dont le nom signifie précisément ailes en étui. Ainsi le hanneton a, sous l'étui de ses élytres, deux ailes membraneuses repliées et cachées pendant le repos. Les ailes de l'insecte sont loin d'avoir la perfection de celles de l'oiseau : elles ne le soutiennent que par l'extrême rapidité de leurs évolutions. Le nombre de battements d'aile est de 330 par seconde pour la mouche commune, de 290 pour l'abeille, de 140 pour la guêpe, de 28 seulement pour la libellule.

12. **Natation.** — Le mécanisme de la progression dans l'eau ressemble à celui de la progression dans l'air, mais exige une dépense moindre de forces, parce que le fluide ambiant étant plus dense est aussi plus résistant. L'animal qui nage prend appui sur le liquide, qu'il refoule en arrière avec des organes généralement façonnés en rames ou palettes. Si l'appui était inébranlable, le nageur avancerait en utilisant tout son effort ; mais comme cet appui fuit en arrière, il n'avance que d'une quantité égale à la différence entre sa propulsion et le recul de l'eau. L'homme est mal organisé pour ce mode de locomotion. Sa densité moyenne, un peu inférieure à celle de l'eau, lui permet, il est vrai, de flotter naturellement, mais comme le centre de gravité du corps est dans la moitié antérieure, l'avant plonge et submerge la tête. Pour la maintenir à la surface, il faut une combinaison de manœuvres difficultueuses, que l'habitude seule peut donner. C'est pour alléger l'avant, trop lourd, que les nageurs novices s'aident d'une ceinture de liége ou d'autres flotteurs attachés sous les aisselles. D'autre part, la conformation des membres n'est pas

ce que la nage réclame ; les mains et les pieds ne sont pas des rames frappant l'eau par de larges surfaces. Aussi l'homme ne peut-il nager sans apprentissage, ce que font néanmoins fort bien, à leur premier essai, une foule d'animaux mieux équilibrés dans l'eau par la position de leur centre de gravité.

Les mammifères éminemment organisés pour fréquenter l'eau ou même y vivre, se font remarquer par la forme de leurs membres, aplatis en manière de rames et raccourcis afin de frapper l'eau avec plus de vigueur. En outre, pour fendre l'eau avec moins de résistance, le corps s'effile et rappelle plus ou moins celui des poissons. Chez le phoque, les membres postérieurs, conformés sur le plan général des mammifères, restent engagés sous la peau et constituent dans leur ensemble une sorte de gouvernail analogue à la queue des poissons ; chez la baleine, ils manquent complétement, mais la queue prend une puissance énorme.

Les oiseaux nageurs, tels que le canard, l'oie, le cygne, la sarcelle, ont les doigts des pieds reliés entre eux par une membrane ou *palmure*; en un mot ils ont les pieds *palmés*, ce qui les fait désigner par l'expression générale d'oiseaux *palmipèdes*. Ces pattes à large surface sont de vigoureuses rames de natation. Si l'oiseau les rejette en arrière, elles s'ouvrent

Fig. 98. — Patte d'un oiseau palmipède.

par l'effet seul de la résistance de l'eau ; et, de leur éventail déployé, prennent appui sur le liquide pour pousser l'oiseau en avant. Si l'oiseau les ramène à lui, sous le ventre, elles se ferment toutes seules, encore par l'effet de la résistance du liquide agissant en sens contraire ; elles replient leur membrane à la manière de l'étoffe d'un parapluie rassemblée en paquet par les baleines, et de la sorte leur retour en avant s'effectue sans choc et par conséquent sans recul.

Les poissons ont pour organes locomoteurs les nageoires, formées de rayons osseux qu'une membrane relie. Les unes sont paires ou symétriques, les autres sont impaires. Les nageoires symétriques sont les deux

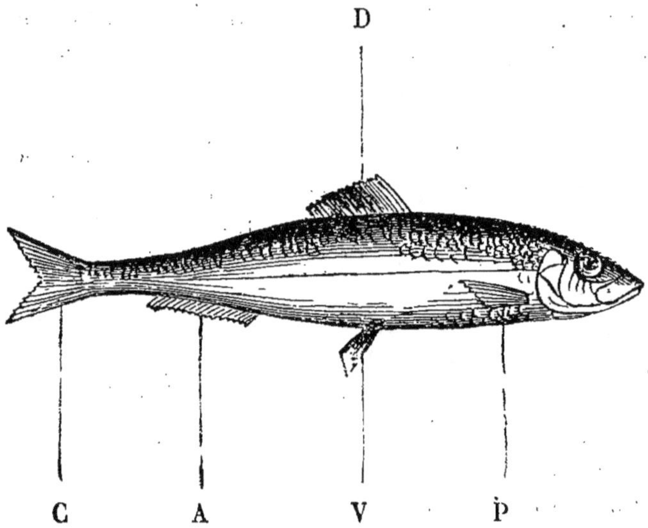

Fig. 99. — Appareil promoteur du hareng.

D, nageoire dorsale ; P, nageoire pectorale ; V, nageoire ventrale ; A, nageoire anale ; C, nageoire caudale.

pectorales situées derrière les ouïes, et les deux *ventrales* placées plus ou moins en arrière, à droite et à gauche de la ligne médiane du ventre. Les nageoires impaires sont la *dorsale*, tantôt simple, tantôt multiple ; la nageoire *anale*, et enfin la nageoire *caudale*, la plus forte et la plus importante de toutes. Les nageoires symétriques paraissent destinées au maintien de l'équilibre; les autres servent à la propulsion, dans laquelle la caudale a la majeure part. L'arrière du corps s'effile en un cône allongé que revêt une puissante couche de muscles. Des chocs rapides, distribués de droite et de gauche par ce vigoureux appareil, font progresser le poisson comme progresse une barque manœuvrée à l'arrière par un seul aviron. Beaucoup de poissons ont en outre un organe très-curieux, la *vessie natatoire*, qui, en modifiant un peu leur densité moyenne, leur permet de descendre et de monter au sein de l'eau sans effort spécial. C'est un petit sac transparent d'une extrême finesse, divisé en deux par un étranglement et plein d'air. Elle se trouve dans l'abdomen, sous l'épine dorsale. Au gré de l'animal, la vessie natatoire se comprime un peu ou se dilate. Quand elle se dilate, le poisson, sans augmenter de poids, devient plus volumineux, déplace une plus grande quantité d'eau, et par conséquent éprouve une poussée plus grande de la part du liquide. Cet excédant de poussée le fait monter. Quand elle se comprime, le poisson, devenu moindre en volume tout en conservant le même poids, éprouve une poussée moindre, et, par suite, descend. Pareil organe manque, comme totalement inutile, dans les espèces qui ne quittent jamais le fond ou s'enfouissent dans la vase.

13. **Reptation.** — Le mode de locomotion le plus imparfait, la *reptation*, a donné son nom à la classe des reptiles. Parmi ces animaux, les uns, lézards, crocodiles, tortues, sont doués de quatre membres, mais proportionnellement si courts et si rejetés sur les côtés, que le ventre traîne à terre et rampe; les autres, les serpents, sont dépourvus de membres, et

alors apparaît la véritable reptation. Pour avancer, les serpents se meuvent en replis onduleux, dont les antérieurs prennent appui sur le sol au moyen des

Fig. 100.— Couleuvre.

aspérités des écailles et tirent à eux les replis posté-rieurs ; ceux-ci, à leur tour, prenant appui, permet-tent à l'animal de se porter en avant. — La reptation est fréquente chez les annélides et les mollusques. La sangsue a ses extrémités terminées en ventouses,

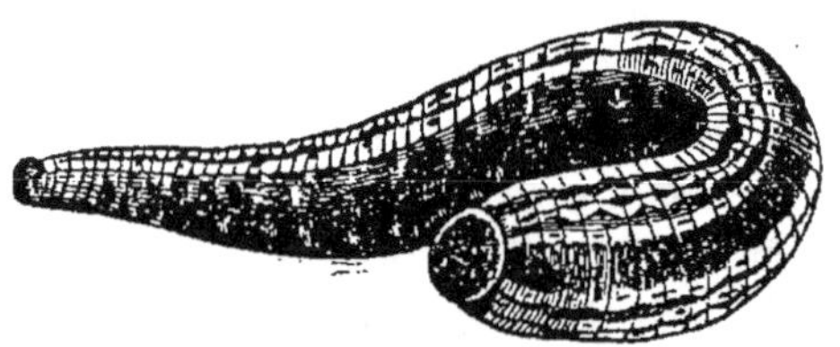

Fig, 101.— Sangsue.

c'est-à-dire en disques propres à se fixer par une sorte de succion. Avec l'appui de l'extrémité postérieure fixée, l'extrémité antérieure avance ; puis elle se fixe, et le reste du corps progresse en se courbant en arc. Le ver de terre se meut en contractant le corps, puis l'étirant. L'humeur visqueuse que la peau sécrète lui sert pour augmenter l'adhérence sur le plan de reptation. Semblable humeur adhésive, laissant sur le passage de l'animal une traînée luisante, se retrouve plus abondante dans la limace, l'escargot et autres mollusques terrestres.

QUESTIONNAIRE.

1. Dites quelques mots sur la charpente osseuse des mammifères. — En quoi consistent les cornes des ruminants ?— Quel est le nombre des vertèbres cervicales ? — Que présentent de particulier les vertèbres caudales. — 2. Quelles espèces ont des clavicules et quelles espèces en manquent ? — Pourquoi les singes sont-ils appelés quadrumanes ? — Qu'appelle-t-on animaux plantigrades et animaux digitigrades ? — En quoi consiste le sabot des animaux ongulés ? — Décrivez le pied du cheval et celui du mouton. — Que deviennent les membres chez les cétacés ? — 3. Dites la structure des ailes de la chauve-souris. — 4. Dites la charpente osseuse de l'aile des oiseaux. — Que présentent de remarquable, chez les oiseaux, les clavicules, le sternum et les côtes ? — 5. Décrivez le squelette des tortues. — 6. Qu'appelle-t-on muscle. — Qu'entendez-vous par fibre musculaire ? — Qu'est-ce qu'un tendon ? — 7. Dites la manière d'agir des muscles ? — Que désigne-t-on par muscles antagonistes ? — Comment se nomment-ils ? — Que peut-on constater pendant la flexion de l'avant-bras vers le bras ? — 8. Comment les faibles modifications de longueur dans un muscle peuvent-elles donner lieu à des mouvements d'une ampleur convenable ? — Dites les diverses manières d'agir d'un levier ? — Quel est le mode d'action du levier utilisé dans la mécanique animale ?—9. A quelle condition d'équilibre le corps doit-il satisfaire dans la station ?—Pourquoi la station est-elle plus fatigante que la marche ? — L'homme est-il fait pour l'attitude verticale ? — 10. Dites le mécacisme de la marche, du saut, de la course. — Rendez compte des principales allures du cheval. — 11. Com-

ment s'opère le vol? — Que savez-vous sur les plumes de l'aile? — Décrivez les ailes des insectes. — Combien de battements d'ailes fait l'oiseau par seconde, et combien en fait l'insecte? — 12. Quel est le mécanisme de la natation? — L'homme est-il bien organisé pour la nage. — Que présentent de particulier les mammifères nageurs? — Décrivez la patte des oiseaux nageurs. — Dénommez les nageoires des poissons. — Comment agissent ces nageoires? — Qu'est-ce que la vessie natatoire et quel est son rôle? — Quels poissons en sont dépourvus? — 13. Comment rampent les serpents? — Comment rampent la sangsue et le colimaçon?

CHAPITRE III

SYSTÈME NERVEUX.

1. Fonctions des nerfs. Paralysie. — Les contractions musculaires, cause des mouvements locomoteurs, ne s'accomplissent qu'excités par la volonté; en l'absence de cette excitation, les muscles restent inertes. Le point de départ de cette mystérieuse influence, qui fait contracter et relâcher les muscles, est le *cerveau* continué par la *moelle épinière*; ses voies de propagation sont les *nerfs*, filaments blancs qui naissent des précédents organes, se composent comme eux de la même pulpe cérébrale et vont se ramifiant çà et là dans le corps. Le centre nerveux, le cerveau, lance l'ordre, le nerf le transmet, le muscle le reçoit et obéit. Si la voie de transmission est interrompue, l'excitation du vouloir ne parvient plus au muscle et celui-ci est impropre à remplir ses fonctions. Une expérience bien remarquable met en pleine évidence ce fait fondamental. Sur un animal vivant, le pysiologiste tranche le nerf qui se rend à l'une des pattes ; par elle-même, la blessure est sans importance, elle endommage à peine les points traversés, mais elle a coupé le nerf, et ce qui serait simple piqûre, aisément guérie sans laisser de traces, devient ainsi accident très-grave dont l'animal ne se rétablira jamais. La patte expérimentée pend désormais inerte ; elle ne se meut plus, ne se contracte plus. L'animal est dans l'impuissance absolue d'en faire usage pour saisir, marcher, s'appuyer même. C'est un membre inutile que le corps traîne comme un appendice étranger. Cependant, le sang y circule, la nutrition s'y fait, tout s'y passe comme avant ; une seule chose y manque : l'excitation du vouloir, qui n'arrive plus aux muscles à cause du nerf interrompu. Cet arrêt de la contraction musculaire par le fait d'un nerf coupé ou ne fonctionnant plus pour un motif quelconque, se nomme *paralysie*.

L'animal ne se meut pas seulement, il est encore en communication avec les choses de l'extérieur par les organes des sens : il voit, il flaire, il sent, il entend. Un objet frappe sa vue, un son arrive à son ouïe ; mais les impressions produites sur ces organes par la lumière et le son ne suffisent pas pour que l'animal ait connaissance du fait. L'œil est bien l'instrument disposé pour recevoir la lumière, mais ce n'est qu'un instrument, un appareil optique inconscient de ce qui se passe en lui ; il ne voit pas lui-même, il n'a pas connaissance de l'image lumineuse. L'oreille, faite pour recueillir les ondes sonores, n'entend non plus elle-même et ne juge pas du son. Ce qui voit, ce qui entend réellement, c'est une faculté intérieure, un sens intime indéfinissable, qui a le cerveau pour instrument de son exercice. A ce centre sensitif doivent parvenir les impressions faites sur les organes pour que l'animal ait connaissance de la chose vue, de la chose entendue. Les voies de transmission sont encore ici des nerfs, distincts de ceux qui portent aux muscles l'excitation motrice. Si le nerf de la vue est coupé ou ne fonctionne plus pour tout autre motif, l'animal ne voit plus, bien que l'œil n'ait souffert aucune altération comme instrument optique ; si le nerf de l'ouïe est interrompu, l'animal n'entend plus, quoique les ondes sonores soient recueillies comme avant par l'appareil acoustique, l'oreille. La cécité et la surdité résultent de la rupture d'un simple filament nerveux, rupture qui cependant ne compromet en rien la structure des organes sur lesquels agissent la lumière et le son. L'animal est sourd, il est aveugle, uniquement parce que le centre sensitif, le cerveau, n'est plus en rapport avec les appareils de l'audition et de la vision. Tout le corps est le siége d'un sens appelé le toucher, par lequel se perçoit, en particulier, la douleur d'une blessure. Eh bien, si l'on coupe le nerf qui préside à ce sens dans un membre, l'animal devient complétement insensible pour cette partie du corps. On peut pincer le membre, l'entailler, le piquer, le brûler, sans que le patient manifeste un signe de souffrance. La douleur a disparu du moment que le cerveau n'a plus connaissance de la blessure. Cependant, si le nerf de l'excitation motrice est respecté, le membre se meut comme d'habitude et prend part comme les autres à la locomotion. Il y a dans ce membre *paralysie* de la sensibilité, mais non de la contraction musculaire.

Ces observations nous amènent à reconnaître deux sortes de nerfs. Les uns, les *nerfs moteurs*, apportent aux fibres musculaires l'excitation qui les fait contracter ; ils agissent de l'intérieur vers l'extérieur, du cerveau et de la moelle épinière vers les muscles. Les autres, les *nerfs sensitifs*, transmettent au cerveau et à la moelle épinière les impressions produites sur les sens ; ils agissent par conséquent dans une direction inverse des premiers, de l'extérieur à l'intérieur. Les nerfs moteurs et les nerfs sensitifs ont tous pour centre le cerveau et son prolongement la moelle épinière. L'ensemble de ces divers organes forme ce qu'on appelle le *système nerveux de la vie animale* parce qu'il préside aux fonctions de relation ou fonctions de la vie animale.

Tous les muscles dont les mouvements peuvent être stimulés par la volonté reçoivent leurs nerfs moteurs du centre *cérébro-spinal*, c'est-à-dire du cerveau prolongé par la moelle. Mais il y a des muscles non soumis à l'influence de la volonté, par exemple le cœur, dont il n'est nullement en notre pouvoir d'accélérer ou de ralentir les pulsations ; par exemple encore les fibres musculaires de l'estomac et de l'intestin, fibres qui, par leurs contractions, font parcourir le canal digestif aux matières alimentaires. La volonté n'est pour rien dans le jeu de ces organes, qui fonctionnent à notre insu ; le voudrions-nous, il nous est impossible d'en suspendre l'action ou de la ranimer à notre gré. D'autres, les muscles de la respiration, sont un moyen terme : habituellement ils agissent sans la participation du vouloir, mais nous sommes néanmoins maîtres de les arrêter et de les remettre en mouvement. Les muscles soumis à la volonté sont au service de la vie de relation ou vie animale ; les muscles non soumis à la volonté sont au service de la vie de nutrition ou vie végétale. Les premiers ont toujours leurs fibres striées en travers, les seconds les ont lisses ; cette différence toutefois souffre des exceptions. Ainsi les fibres du cœur, organe éminemment hors de l'influence de la volonté, sont striées comme les fibres des muscles locomoteurs.

Or, pour présider aux mouvements involontaires des organes de la vie de nutrition, il existe un système nerveux tout différent de celui dont nous venons de tracer une rapide esquisse. Il se compose d'une série de petites masses nerveuses ou *ganglions*, reliées entre elles par des cordons de même nature, et points de départ de ramifications ou nerfs, qui se distribuent aux poumons, au cœur, à l'estomac, aux intestins, au foie, aux artères et aux veines, enfin aux divers organes de la nutrition. Ces ganglions sont, pour la plupart, disposés en une double chaîne qui s'étend du cou à l'extrémité de l'abdomen, un peu en avant de la colonne vertébrale. D'autres ganglions s'écartent de cette disposition symétrique ; il s'en trouve en particulier au voisinage du cœur et de l'estomac. Les ramifications des centres nerveux ganglionnaires, quoique indépendantes de la volonté, ne sont pas moins indispensables aux mouvements qu'elles animent. Ainsi la section des nerfs qui se rendent au cœur amènerait sur-le-champ et pour toujours l'arrêt de cet organe. L'ensemble des ganglions et des nerfs qui en proviennent porte le nom de *système nerveux de la vie organique* ou bien encore de *système ganglionnaire*. On le désigne aussi par le nom de *grand sympathique*.

En résumé : la vie animale et la vie végétale ont chacune leur système nerveux. La première obéit au système nerveux *cérébro-spinal*, qui préside à la sensibilité et aux mouvements volontaires ; la seconde obéit au *système ganglionnaire*, qui préside aux fonctions des organes de nutrition, hors de l'influence de la volonté.

2. **Substance nerveuse**. — Une erreur vulgairement répandue consiste à considérer comme nerfs les cordons tendineux, si résistants, qui servent d'attache aux muscles. Les nerfs réels sont fort loin de posséder cette grosseur et surtout cette robusticité de structure. La substance nerveuse, en effet, celle dont se composent non-seulement les nerfs, mais aussi le cerveau, la moelle épinière, les ganglions, est une pulpe molle, très-délicate, presque sans consistance. Le microscope y reconnaît un assemblage de tubes excessivement déliés, groupés parallèlement, sans communication entre eux, fermés de distance en distance par des cloisons et remplis d'un fluide gras et visqueux qui se coagule promptement hors de l'influence de la vie. Sur une section d'un millimètre carré, on peut en compter, tant leur diamètre est faible, jusqu'à seize mille groupés à côté l'un de l'autre. Ces tubes portent le nom de *fibres nerveuses*. Malgré leur dénomination, ils n'ont rien de commun avec les fibres musculaires; en particulier, ils ne sont pas contractiles. La substance qu'ils forment se nomme *substance blanche*. Les nerfs en sont exclusivement composés. Mais les centres nerveux, ganglions, moelle épinière, cerveau, contiennent en outre une *substance grise*, formée de cellules colorées en gris jaunâtre. Celles-ci paraissent être le siége des fonctions nerveuses, tandis que les fibres seraient des agents de transmission. Les unes, les plus volumineuses, sont de configuration étoilée et communiquant avec les fibres nerveuses du mouvement; les autres affectent la forme d'un fuseau et

sont en rapport avec les fibres nerveuses de la sensibilité ; les autres enfin sont rondes et se trouvent dans les ganglions de la vie organique. La chimie reconnaît dans la substance nerveuse, outre l'eau, si abondante dans tout l'organisme, de l'albumine et une matière grasse riche en phosphore. On attribue à la décomposition de cette matière grasse les pâles lueurs que les chaleurs de l'été font parfois dégager des fissures du sol dans les lieux de sépulture, lueurs provenant d'un gaz spontanément inflammable à l'air, l'hydrogène phosphoré.

3. Enveloppes du système nerveux cérébro-spinal. — La portion centrale du système nerveux cérébro-spinal comprend le *cerveau*, le *cervelet*, la *moelle allongée* et la *moelle épinière*. Les trois premiers organes sont contenus dans la cavité du crâne et sont désignés, dans leur ensemble, par le nom d'*encéphale*. La moelle épinière continue l'encéphale et plonge par le trou occipital dans le canal de la colonne des vertèbres.

Les enveloppes qui protégent ces organes, si essentiels à la vie et si délicats, sont multiples et formées d'abord de la boîte osseuse du crâne et de l'étui des vertèbres. Immédiatement sous le crâne est la *dure-mère*, membrane fibreuse, épaisse, ferme et très-résistante. Sa face interne émet divers replis, qui plongent plus ou moins dans les sinuosités de la masse cérébrale, maintiennent immobiles les diverses portions du cerveau et les empêchent de peser les unes sur les autres, quelle que soit la position du corps. Le plus important de ces replis, appelé *faux cérébrale* à cause de sa forme, occupe la ligne médiane et divise, d'avant en arrière, le cerveau en deux moitiés égales dites *hémisphères*. Un autre repli, nommé *tente du cervelet*, est dirigé en travers et sépare le cervelet du cerveau. Après avoir enveloppé l'encéphale, la dure-mère pénètre dans le canal vertébral et y forme une gaîne protectrice pour la moelle. — Au-dessous de la dure-mère est l'*arachnoïde* comparable pour la finesse à une toile d'araignée, comme son nom l'indique. Elle se compose d'un sac sans issue dont une moitié rentre dans l'autre. Son double feuillet sécrète un liquide onctueux qui baigne l'encéphale et facilite ses glissements. Elle est pour le cerveau ce que le péricarde est pour le cœur et la plèvre pour les poumons. L'arachnoïde ne se continue pas dans le canal des vertèbres ; elle y est remplacée par un liquide qui distend l'étui de la dure-mère, et au sein duquel flotte la moelle épinière, disposition admirablement propre à préserver celle-ci de toute commotion, car, dans cette partie de l'appareil nerveux, la moindre violence serait suivie des accidents les plus graves et même d'une mort instantanée. — Au contact de l'encéphale est la *pie-mère*, membrane sans consistance où se ramifient et s'entrelacent de nombreux vaisseaux capillaires, qui se rendent dans la masse cérébrale ou qui en reviennent. La circulation exige ici, en effet, des précautions délicates. Avant de pénétrer dans l'encéphale, le sang se divise dans une trame de capillaires qui modèrent sa force d'impulsion. Malgré le réseau modérateur de la pie-mère, il arrive parfois que des émotions vives, des passions surexcitées, l'exposition aux ardeurs du soleil, l'intempérance et d'autres causes, provoquent un afflux rapide du sang dans le cerveau. Comprimée par la surabondance du sang, la délicate pulpe cérébrale est entravée dans ses fonctions, et de là résultent les redoutables accidents désignés par le nom d'*apoplexie*. Une membrane analogue enveloppe la moelle épinière.

4. Encéphale. — Le cerveau, la plus volumineuse des trois parties de l'encéphale, occupe le haut de la

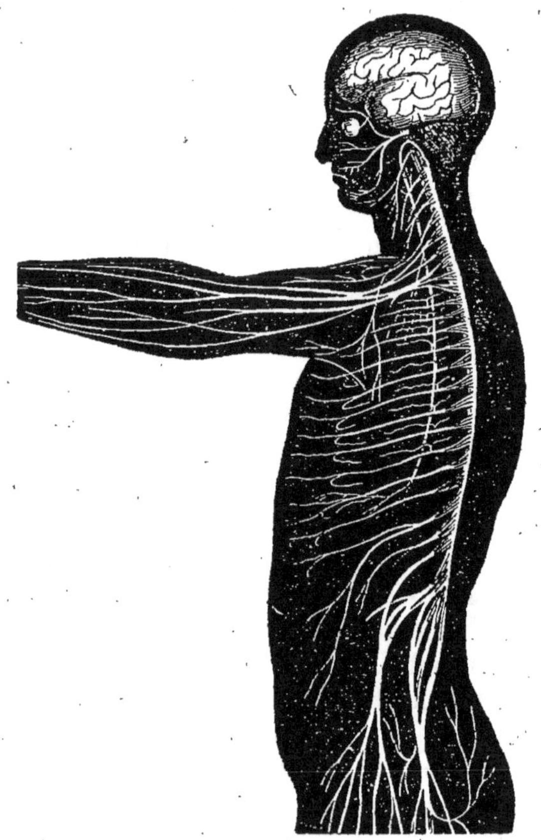

Fig. 102. — Système nerveux cérébro-spinal.

cavité crânienne, du front à l'occiput. Une profonde scissure , où plonge le repli de la dure-mère nommé faux cérébrale, le divise d'avant en arrière en deux moitiés symétriques dites *hémisphères* ; néanmoins la séparation n'est pas complète : à la base et dans la région moyenne, les deux hémisphères sont unis par une bande transversale de substance nerveuse. Cette bande est le *mésolobe* ou *corps calleux*. La surface du cerveau présente un grand nombre de plis et replis tortueux nommés *circonvolutions*, que séparent des sillons plus ou moins profonds appelés *anfractuosités* Dans sa masse sont creusées diverses cavités communiquant entre elles et dites *ventricules*. La surface se compose de substance grise et l'intérieur de substance blanche .

Le cervelet, d'un volume environ trois fois moindre, occupe la partie postérieure du crâne, au-dessous du cerveau. Il est séparé de celui-ci par un pli transversal de la dure-mère, la *tente du cervelet*. On y distingue deux lobes latéraux ou hémisphères séparés par une scissure, et un lobe moyen situé en arrière dans la partie inférieure. Au lieu d'être creusée de sillons tortueux, sa surface présente une multitude de rainures transversales et parallèles, qui lui donnent un aspect feuilleté. Comme pour le cerveau, le dehors est composé de substance grise et l'intérieur de substance blanche. Celle-ci plonge en ramifications dans la substance grise et y dessine une figure arborescente que les anciens anatomistes ont appelée du nom un peu exagéré d'*arbre de vie*.

De la base inférieure du cerveau naissent deux volumineuses colonnes de matière nerveuse ; ce sont les *pédoncules cérébraux*. Deux autres pédoncules, dits *cérébelleux*, naissent également de la base du cervelet. De leur réunion en un faisceau commun résulte la *moelle allongée*, qui est comme la racine de la

moelle épiniaire. Les fibres nerveuses issues des hémisphères du cerveau se croisent dans la moelle allongée, celles de l'hémisphère droit se portent à gauche, celles de l'hémisphère gauche se portent à droite.
Cet entre-croisement explique un fait fort singulier:
la lésion d'un seul hémisphère, l'autre restant intact,
amène la paralysie, non de la moitié du corps qui
correspond à cet hémisphère, mais bien de la moitié
opposée.

5. **Moelle épinière.** — Par l'orifice de l'os occipital, la moelle allongée sort de la cavité crânienne
et se continue par la moelle épinière, qui, sous forme
de cordon cylindrique, occupe le canal de la colonne
vertébrale. La moelle épinière, à l'inverse de l'encéphale, se compose de substance blanche au dehors et
de subtance grise à l'intérieur. Un léger sillon médian
la divise dans toute sa longueur en deux moitiés symétriques réunies au centre. De distance en distance, elle émet des ramifications ou nerfs, qui sor-
tent deux à deux hors de l'étui des vertèbres, l'un
à droite, l'autre à gauche, par les trous de conjugaison.

6. **Nerfs.** — Les nerfs sont au nombre de qua-
rante-trois paires. Les douze premières paires naissent de l'encéphale et se nomment *nerfs crâniens*, les
trente-une paires suivantes naissent de la moelle
épinière et s'appellent *nerfs spinaux*. Tous sont exclusivement composés de substance blanche, c'est-à-
dire de fibres nerveuses, rangées parallèlement les
unes aux autres, sans jamais se confondre et communiquer entre elles; l'ensemble du faisceau est
protégé par une fine enveloppe membraneuse nommée
névrilemme. En s'éloignant de son point d'origine, le
faisceau se subdivise en branches, rameaux et ra-

muscules, qui comprennent chacun un certain nombre de fibres et se rendent en des points différents. Parfois quelques nerfs ou quelques-unes de leurs ramifications se réunissent avec d'autres, c'est-à-dire engagent leurs fibres élémentaires sous la même enveloppe, mais sans les confondre. Ces liaisons entre nerfs, plus apparentes que réelles, se nomment *plexus* ou *anastomoses*. Enfin, parvenues à destination, les fibres nerveuses se distribuent dans l'organe et s'y terminent en sa bouclant en anse.

7. Nerfs crâniens. — Les douze paires de nerfs crâniens se distribuent presque toutes à la tête et à la partie supérieure du cou ; deux paires seulement envoient des filets au thorax et à l'abdomen.

1re paire ou *nerfs olfactifs.* — Ce sont les nerfs de l'odorat ; ils se distribuent dans les fosses nasales.

2e paire ou *nerfs optiques.* — Cette paire est affectée à la vision. La *rétine*, membrane nerveuse qui tapisse le fond de chaque globe oculaire, est l'épanouissement du nerf optique correspondant.

3e paire ou *nerfs moteurs oculaires.* — Ces nerfs président aux mouvements des muscles des yeux.

4e paire ou *nerfs pathétiques.* — Se distribuent, comme les précédents, aux muscles des yeux.

5e paire ou *nerfs trijumeaux.* — Ainsi nommés à cause de leur division en trois branches, ces nerfs se distribuent dans la face et comprennent à la fois des fibres motrices et des fibres sensitives. Un de leurs rameaux se rend dans la langue et reçoit les impressions de saveur.

6e paire ou *nerfs moteurs oculaires.* — Prennent part, comme les nerfs de 3e et 4e paire, aux mouvements des globes oculaires.

7e paire ou *nerfs faciaux.* — Se distribuent à la face et président aux mouvements qui donnent à la physionomie son expression.

8e paire ou *nerfs auditifs*. — Se rendent aux organes de l'ouïe et recueillent l'impression du son.

9e paire ou *nerfs glosso-pharyngiens*. — Nerfs sensitifs de la langue et du pharynx.

10e paire ou *nerfs pneumogastriques*. — Ces nerfs envoient leurs ramifications aux poumons, au cœur, à l'estomac, au foie, et président aux grandes fonctions de la vie organique, respiration, digestion, circulation.

11e paire ou *nerfs spinaux*. — Animent les muscles respiratoires de la partie supérieure du tronc.

12e paire on *nerfs hypoglosses*. — Ce sont les nerfs moteurs de la langue.

Les deux premières paires de nerfs crâniens, les nerfs olfactifs et les nerfs optiques se rattachent à la face inférieure du cerveau ; les dix autres paires ont pour origine la moelle allongée.

8. **Nerfs spinaux**. — A leur point de départ, les nerfs spinaux sont divisés en deux racines, dont l'une naît de la face antérieure de la moelle épinière et l'autre de la face postérieure. Bientôt les deux racines se rejoignent en un faisceau unique qui ne tarde pas à se ramifier pour distribuer sur son trajet les fibres nerveuses dont il se compose. Or ces fibres n'ont pas toutes la même fonction : celles qui naissent de la racine antérieure président aux contractions musculaires, ce sont des fibres motrices ; celles qui naissent de la racine postérieure président à la sensibilité, ce sont des fibres sensitives. Supposons que, sur un animal en vie, on ait mis à nu la base d'un nerf spinal. Vient-on à couper la racine antérieure, les mouvements volontaires sont à l'instant abolis.

Il y a paralysie des muscles, mais la sensibilité n'en persiste pas moins, comme le prouvent les manifestations de douleur quand on pique le membre incapable de se mouvoir. La section de la racine postérieure, l'antérieure restant intacte, amène un autre

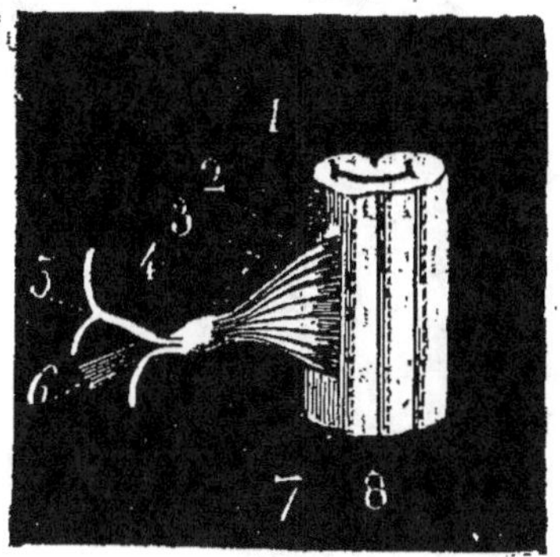

Fig. 103. — Racines des nerfs spinaux.

résultat. La sensibilité est détruite, car l'animal reste indifférent aux blessures faites dans la région du corps où se rend le nerf, mais les mouvements volontaires se conservent sans altération aucune. Le membre expérimenté se meut comme d'habitude, seulement il est impassible à la douleur. Enfin la section des deux racines abolit à la fois les mouvements volontaires et la sensibilité. Les nerfs spinaux ont donc une double nature, ce sont des nerfs *mixtes*, préposés aux contractions musculaires par leurs fibres motrices et aux impressions tactiles par leurs fibres sensitives.

Quelques nerfs crâniens, les trijumeaux et les quatre dernières paires, sont également de composition mixte et renferment à la fois des fibres motrices et des fibres sensitives. Les nerfs olfactifs, optiques et auditifs sont exclusivement affectés aux perceptions sensitives ; les autres sont des nerfs moteurs.

9. **Système nerveux des animaux vertébrés.** — L'encéphale des mammifères est organisé sur le

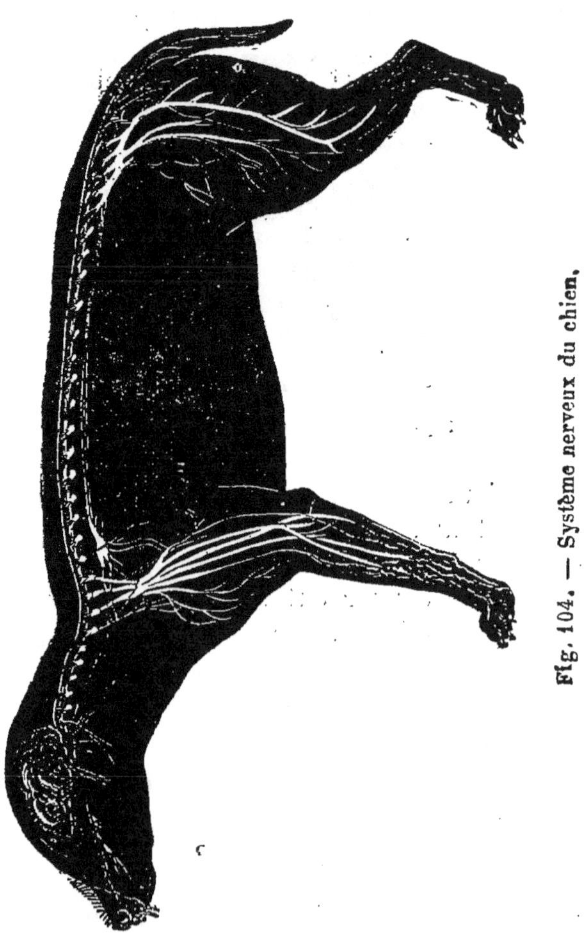

plan général de celui de l'homme, mais il est proportionnellement moins volumineux moins compliqué dans sa structure, moins parfait. Quelques espèces, les singes d'abord, puis les carnivores, entre autres le chien, à un moindre degré l'éléphant, le cheval, les cétacés, les ruminants, ont la surface du cerveau mamelonnée de circonvolutions et sillonnée d'anfractuosités; d'autres, comme les divers rongeurs, rat, marmotte, lapin, l'ont totalement lisse. Il est à remarquer que l'abondance de circonvolutions cérébrales est, en général, signe d'intelligence plus développée. Le lapin, aux facultés obtuses, a le cerveau lisse; le chien, devenu pour son intelligence le compagnon de l'homme, a le cerveau doué de circonvolutions.

L'encéphale des oiseaux, des reptiles, des poissons, présente avec celui des mammifères de profondes différences. D'abord le cerveau est toujours lisse. En second lieu, certaines parties, rudimentaires chez les mammifères, prennent ici un développement considérable. Ainsi à la base des nerfs olfactifs, soit de l'homme, soit des mammifères, sont deux légers renflements qui, dans l'encéphale des reptiles, deviennent deux masses volumineuses nommées *lobes olfactifs*. Ainsi encore deux renflements d'où naissent les nerfs de la vision se transforment, chez les oiseaux et les reptiles, en deux *lobes optiques*, rivalisant parfois de volume avec les hémisphères cérébraux. L'encéphale d'une tortue se compose ainsi d'un double chapelet de masses nerveuses : les deux lobes olfactifs en avant, puis les deux hémisphères du cerveau, à leur suite les deux lobes optiques, et enfin le cervelet et la moelle allongée.

10. **Système nerveux des animaux invertébrés.** — Les animaux articulés, notamment les insectes, ont pour centres nerveux une série de *gan-*

glions reliés entre eux par un double cordon. Cette chaîne nerveuse repose, sans étui protecteur, à la face inférieure du corps, position inverse de celle de la moelle, qui occupe la face supérieure ou le dos chez

Fig. 105. — Système nerveux
d'un insecte.

Fig. 106. — Système nerveux d'un
mollusque, la limace.

a, nerf optique; *b*, ganglion au-dessus de l'œsophage; *c*, ganglion au-dessous de l'œsophage.

les animaux vertébrés. En avant, elle présente un renflement plus considérable, logé dans la tête et analogue du cerveau. Ce ganglion primordial se rattache aux autres au moyen d'un collier dans lequel passe l'œsophage ; le résultat de cette disposition est d'amener le renflement nerveux de la tête au-dessus du canal digestif, tandis que les suivants sont tous situés au-dessous. Les mollusques ont de même, pour centre principal de leurs ramifications nerveuses, des ganglions disposés en collier autour de l'œsophage.

11. Fonctions de l'encéphale. — Lorsque, sur un animal vivant, on opère la section transversale de la moelle épinière en n'importe quel point, toute la région du corps située en arrière de la section est privée à la fois de la sensibilité et de la faculté de se mouvoir volontairement, tandis que la région située en avant continue à sentir et à se mouvoir. Ce n'est donc pas dans la moelle épinière que se trouve le centre des perceptions sensitives et le siége de la volonté motrice, mais bien dans le cerveau, origine de cette moelle.

Si l'on met à nu le cerveau d'un animal en vie, on est témoin des faits les plus inattendus : cet organe, chargé de recueillir les impressions transmises par les nerfs, est lui-même d'une insensibilité complète. On peut le couper par tranches, le transpercer de part en part, le dilacérer sans que la victime jette un cri et manifeste qu'elle a conscience des mutilations qu'on lui fait subir. Le centre sensitif est lui-même insensible ; le siége de l'intelligence n'a pas conscience de ses propres blessures. Bien plus, on peut enlever une portion considérable du cerveau, en avant, en arrière, sur les côtés, peu importe, pourvu que ce qui reste soit une fraction notable de l'ensemble, les facultés intellectuelles de l'animal ne sont ni diminuées en nombre ni affaiblies. Mais passé une certaine limite, toutes les facultés disparaissent à la fois et l'intelligence est abolie. Un animal peut survivre à l'ablation totale du cerveau. M. Flourens, à qui l'on doit les études les plus importantes sur ce sujet, a gardé, pleines de vie, plus d'une année entière, des victimes ainsi mutilées, qui, simples automates, ne voient plus, n'entendent plus, perdent leur volonté, leurs instincts, ne savent ni se défendre, ni s'abriter, ni fuir, ni manger et ne remuent que poussées par une force étrangère. Les hémisphères du cerveau sont donc le siége de l'intelligence et de la volition qui détermine les mouvements.

Les fonctions du cervelet sont différentes. D'après M. Flourens, si l'on enlève le cervelet, l'animal perd toute faculté de se tenir debout, de marcher, de courir régulièrement. L'équilibre lui manque. Cependant tous les mouvements partiels subsistent, et l'animal peut les exécuter quand il veut; mais ces mouvements partiels n'étant pas coordonnés en des mouvements d'ensemble, réguliers et déterminés, la station, la locomotion, la nage, le vol, deviennent impossibles. Le cervelet est par conséquent le siége de la coordination des mouvements.

Dans la moelle allongée, d'après le même physiologiste, réside le principe premier moteur du mécanisme respiratoire. Là se trouve un point nommé *nœud vital*, dont l'ablation détermine instantanément la mort, en arrêtant sur-le-champ tout travail respiratoire.

QUESTIONNAIRE.

1. Que sont les nerfs ? — Quelles expériences constatent les fonctions des nerfs ? — Qu'est-ce que la paralysie ? — Qu'appelle-t-on nerfs moteurs et nerfs sensitifs ? — D'où proviennent les nerfs qui président aux mouvements et à

la sensibilité ? — D'où proviennent les nerfs qui président aux mouvements involontaires des organes de la vie de nutrition ? — Qu'entendez-vous par système cérébro-spinal ? — Qu'appelle-t-on système ganglionnaire ou grand sympathique ? — 2. Quelle structure présente au microscope la substance nerveuse ? — Quelle différence y a-t-il entre la substance blanche et la substance grise ? — De quelle substance les nerfs sont-ils composés ? — Quelle est la nature chimique de la matière nerveuse ? — 3. Décrivez les enveloppes du système nerveux cérébro-spinal ? — Que savez-vous sur la pie-mère ? — D'où provient l'apoplexie ? — 4. Décrivez la structure générale du cerveau, du cervelet et de la moelle allongée. — 5. Décrivez la moelle épinière. — 6. Dites l'enveloppe et la structure des nerfs. — Combien y a-t-il de paires de nerfs ? — 7. Qu'appelle-t-on nerfs crâniens et nerfs spinaux ? — En quoi consistent les plexus ou anastomoses des nerfs ? — Citez quelques nerfs crâniens, en particulier ceux qui se rendent aux organes des sens ? — 8. Comment les nerfs spinaux naissent-ils de la moelle épinière ? — Quelles fonctions remplissent la racine antérieure et la racine postérieure ? — Qu'appelle-t-on nerfs mixtes ? — 9. Que savez-vous sur l'encéphale des mammifères ? — Citez des espèces à cerveau sillonné de circonvolutions, et d'autres à cerveau lisse. — Que présente de remarquable l'encéphale des oiseaux, des reptiles, des poissons ? — 10. Décrivez la structure du système nerveux chez les insectes. — En quoi consiste le système nerveux des mollusques ? — 11. Citez les expériences de Flourens sur les fonctions du cerveau. — Quelles sont les fonctions du cervelet ? — Quelle partie de l'encéphale préside aux mouvements respiratoires ?

CHAPITRE IV

ORGANES DU TOUCHER, DU GOUT ET DE L'ODORAT

1. Sensibilité. — Au point de vue de la physiologie, la *sensibilité* n'est pas cette disposition tendre et délicate de l'âme qui nous porte à être émus, à être

16.

touchés; c'est tout simplement l'aptitude que nous avons à recevoir des impressions de la part des objets extérieurs. Ceux-ci agissent sur nous soit à distance par la lumière qu'ils envoient, par les ondes sonores dont ils sont le point d'origine, par leurs émanations odorantes; soit au contact par leur saveur, et d'une manière bien plus générale par leur dureté, leur résistance, leur poli, leur poids, leur température et autres propriétés. A chacun de ces modes d'action de la matière sur nous, correspond une modification de la sensibilité, mise en jeu au moyen d'un instrument spécial, d'un organe, l'œil pour la lumière, l'oreille pour le son, le nez pour l'odeur, la langue pour la saveur, a peu près toute la surface du corps pour l'appréciation du contact. Ce sont-là les *sens*, au nombre de cinq pour l'homme et pour la plupart des animaux : la *vue*, l'*ouïe*, l'*odorat*, le *goût* et le *toucher*.

Dans toute sensation, trois actes sont à distinguer. En premier lieu, l'objet qui la provoque produit sur nous une impression, soit par son contact direct, soit par ses émanations odorantes, ses rayons lumineux, ses ondes sonores. Un organe, disposé à cette fin, recueille l'impression, mais n'en a pas lui-même conscience ainsi que nous l'avons déjà exposé. Secondement, un cordon nerveux transmet l'impression au cerveau, centre où convergent tous les fils conducteurs de la sensibilité. Troisièmement, par l'intermédiaire du cerveau, l'impression est perçue; nous en avons connaissance.

Le premier acte est accessible à nos moyens de recherche; la science explique d'une manière suffisante comment, par exemple, la lumière agit sur l'œil et le son sur l'oreille; elle interprète ces deux organes comme elle le ferait de deux appareils de physique. Mais du moment qu'intervient la substance nerveuse, tout n'est plus que mystère. On ne sait rien sur la manière dont l'impression arrive au cerveau par la voie du cordon nerveux; on ignore plus profondément encore le rôle du cerveau dans la perception. Il y a en nous quelque chose qui dit : moi; quelque chose qui dit : mon bras, ma tête, mon cerveau, comme un ouvrier dit : mon marteau, ma lime, mes pinces, sachant bien que ce marteau, cette lime, ces pinces, ne sont pas lui, mais ses instruments. Ce quelque chose échappe au scalpel de l'anatomiste, car c'est un principe immatériel. Son nom est l'*âme*. Le cerveau et ses dépendances sont donc les instruments de l'âme dans ses rapports avec la matière. Ces instruments recueillent l'impression et la transmettent; l'âme la reçoit et la juge. Comment? A cette question, le savoir humain n'a pas de réponse.

2. **Spécialité de fonctions des nerfs sensitifs.** — Tout nerf affecté au service d'un sens ne provoque d'autre sensation que celle qui lui est habituelle. Le nerf optique, par exemple, est fait pour transmettre les impressions lumineuses ; supposons-le excité par un autre agent que la lumière, supposons-le piqué, brûlé, déchiré. Que transmettra-t-il au siége sensitif? Sera-ce une impression de douleur produite par la brûlure ou la piqûre? En aucune manière. Pour ce nerf, la douleur n'existe pas. Toute irritation s'y traduit par un éblouissement, une vive scintillation, enfin une sensation lumineuse. Ce qui serait pour un autre point du corps impression de blessure, de tiraillement, de choc, est pour ce nerf impression de lumière. C'est ainsi qu'un coup reçu

sur l'œil, en ébranlant le nerf optique, provoque une sensation lumineuse comme le ferait un éclair. De même toute excitation du nerf auditif donne lieu, quelle que soit sa nature, à une sensation de bourdonnements, de bruits confus plus ou moins intenses. Pareille remarque s'applique aux cordons nerveux de l'odorat et du goût : pour le premier, tout est odeur; pour le second, tout est saveur. Exclusifs dans la manière d'être impressionnés, les uns et les autres traduisent, par la sensation qui leur est habituelle, les excitations qu'ils reçoivent, si diverses qu'elles soient. Les nerfs qui traduisent par de la douleur le contact blessant d'un corps étranger, sont les nerfs spinaux et les nerfs crâniens autres que ceux affectés au service de la vue, de l'ouïe, de l'odorat, et du goût; ce sont enfin les nerfs de la sensibilité tactile considérée en général.

3. **Point où la sensation est rapportée.** — Par une extrémité le nerf sensitif est excité, par l'autre il communique l'excitation au cerveau, où naît réellement la sensation. Néanmoins ce n'est pas à ce centre que la sensation est rapportée, mais bien à l'extrémité opposée du nerf, au point d'où est partie l'excitation qui l'a provoquée. Touchons un corps du bout du doigt. Ce qui sent en réalité, c'est l'âme par son intermédiaire matériel, le cerveau; et néanmoins, c'est par le bout du doigt qu'il nous semble sentir le corps touché. Une invincible habitude, corroborée par l'exercice de tous les instants, rend compte de ce fait. Il y a plus : si, à la suite d'un accident, un nerf manque de sa portion terminale, la sensation que provoque le tronçon restant est rapportée à la partie absente. C'est ainsi qu'un amputé, longues années après l'opération, peut se plaindre

de douleurs éprouvées au bras, à la jambe qui lui manque, parce qu'il rapporte invinciblement à la terminaison naturelle du nerf, la sensation éveillée par le tronçon nerveux.

4. Structure de la peau. — Le sens du toucher a pour siége l'enveloppe générale du corps ou la peau, composée de deux couches distinctes, l'*épiderme* à la surface et le *derme* au-dessous. L'épiderme fait fonction de vernis protecteur : il modère l'évaporation des liquides de l'organisme, il nous défend des contacts qui, directs, deviendraient douloureux. C'est un tissu insensible, formé de cellules aplaties et disposées en plusieurs assises, dont les inférieures se renouvellent sans cesse tandis que celles de la surface se détruisent et se détachent en fines lamelles. Les ampoules produites soit par une brûlure, soit par le maniement prolongé d'un objet grossier, résultent de l'épiderme soulevé. Si l'ampoule est crevée avant la formation d'une nouvelle couche protectrice, la sensibilité douloureuse du derme nous renseigne sur la haute importance de l'épiderme pour nous garantir de cuisantes impressions, provoquées même par le seul contact direct de l'air. En tout point où le corps est exposé à des pressions prolongées, à des frottements réitérés, le tissu épidermique augmente pour mieux remplir son rôle défensif. C'est ainsi qu'il acquiert un développement considérable aux talons, appui du corps dans la station ; c'est ainsi encore qu'il durcit en épaisses callosités dans les mains de l'ouvrier, maniant de rudes et pesants outils. Il reste, au contraire, très-mince dans les points qui n'ont pas de frictions à supporter, aux paupières et aux lèvres, par exemple.

Dans les assises inférieures de l'épiderme est le

pigment, c'est-à-dire la matière colorante qui donne sa teinte à la peau. Elle consiste en très-fines granulations, plus ou moins foncées suivant les races et les individus. C'est à un pigment noirâtre que la race nègre doit sa couleur d'ébène. De l'épiderme dépendent les poils. Chacun sort d'une cavité tubulaire que l'épiderme tapisse en entier, excepté au fond où le derme se renfle pour former ce qu'on appelle le *bulbe pilifère*. En ce point, la substance épidermique,

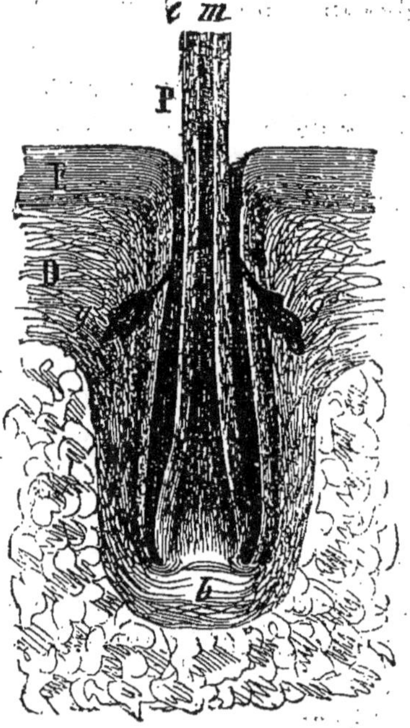

Fig. 107. — Bulbe pilifère.

E, épiderme ; *D*, derme; *C*, tissu cellulaire ; *P*, poil ; *b*, base du ulbe pilifère ; *gs*, glandes sébacées.

douée d'une rapide activité de formation, accumule cellules sur cellules et produit ainsi un prolongement piliforme, poil ou cheveu, qui croissant toujours par la base, peut acquérir une longueur considérable. Dans la paroi de la cavité tubulaire sont de très-petites glandes, dites *glandes sébacées*, qui sécrètent une humeur grasse et la déversent sur le poil pour lui conserver sa souplesse. La même onctuosité se répand sur l'épiderme et lui maintient sa flexibilité. Les ongles sont pareillement des productions épidermiques ; on peut les comparer à une lame de poils agglutinés entre eux. Les piquants du hé-

Fig. 108. — Porc-épic.

risson et du porc-épic sont des poils de grande dimension. Enfin les cornes, les sabots, les plumes doivent être considérées comme des formations pileuses.

Le *derme*, beaucoup plus épais que la couche épidermique, est une membrane souple, élastique, très-résistante, formée d'un entrelacement serré de fibres. C'est le derme de la peau des animaux, qui dans l'opération du tannage, devient imputrescible et se convertit en cuir. Dans son épaisseur sont logées les *glandes sudoripares*, dont nous avons déjà parlé. Sa surface est couverte d'innombrables petites saillies coniques, appelées *papilles*, groupées deux par deux et disposées en séries régulières que séparent des sillons, principalement au bout des doigts. Dans ces papilles se distribuent les filaments nerveux de la sensibilité tactile.

5. Tact et toucher. — Toute la surface de la peau est apte à être impressionnée par le contact d'un corps étranger et à nous renseigner, d'une manière plus ou moins nette, sur certaines propriétés de ce corps, notamment la température, la consistance, le degré de rudesse ou de poli. Envisagée sous cet aspect général, la sensibilité tactile prend le nom de *tact*. Mais il y a en outre une sensibilité plus exquise, qui, au lieu de subir passivement les objets en présence, va à leur devant pour les explorer, les palper et recueillir les impressions relatives à la forme, à l'étendue, au poids, à l'état des surfaces et autres propriétés. Cette sensibilité active, que la volonté dirige en ses recherches, s'appelle *tact*. Chez l'homme, son organe est la *main*, qui, par l'extrême mobilité des doigts et l'opposition du pouce, peut saisir l'objet, se mouler sur lui et prendre en une fois connaissance de sa configuration au moyen de la multiplicité des points de contact. Ce sont les extrémités des doigts, parties de la main les plus riches en papilles, qui possèdent le plus de délicatesse tactile et le plus de précision.

6. Une illusion du toucher. — Croisons le doigt moyen sur l'index, et du bout des doigts ainsi croisés palpons un corps rond, une bille. Il nous semblera en toucher deux, et l'illusion sera si profonde, si nette, que, si la vue ne nous avertissait du contraire, nous affirmerions qu'il y a réellement deux billes sous les doigts et non une seule. Cette étrange illusion s'explique comme il suit.

« Nous avons reconnu que, par le fait d'une invincible habitude, la sensation est rapportée à l'extrémité du nerf qui se rend au point impressionné dans les conditions naturelles. Or, dans leur position normale, les deux doigts sont en présence l'un de l'autre par une face que nous appellerons intérieure pour éviter des circonlocutions; ils n'ont aucun contact par la seconde face, qui sera la face extérieure. Une même bille peut être en rapport à la fois avec les faces intérieures du bout des deux doigts, ceux-ci étant dans leur position naturelle. Ce double contact se traduit par une sensation unique, parce que l'habitude nous a appris que, dans de telles conditions, il y a réellement unité de l'objet palpé. Mais une même bille ne peut être en rapport à la fois avec les faces extérieures des doigts dans leur position naturelle; et s'il y a double impression de contact, une pour chaque face en même temps, c'est qu'il y a réellement deux billes, l'une à droite et l'autre à gauche du couple de doigts. Maintenant mettons en présence les faces extérieures, en croisant le bout des doigts. Par cet artifice, ces faces pourront palper une seule et même bille; mais comme chacune, dans l'état habituel, recevrait une impression indépendante de celle de l'autre, cette duplicité persiste pour les doigts croisés, et la bille palpée n'est plus une, mais double en apparence. Ce qui serait en réalité double pour les doigts disposés comme ils le sont habituellement, reste double d'une manière illusoire pour les doigts dont on a renversé l'ordre des faces tactiles.

7. Organe du goût. — La sensibilité gustative ou le *goût* perçoit les saveurs et nous guide dans le choix de la nourriture ; aussi a-t-elle son siége à l'entrée de l'appareil digestif. C'est une modification du toucher, car elle ne s'exerce qu'au direct contact de la chose goûtée. Son organe est la *langue,* hérissée de nombreuses papilles analogues à celles de la peau, mais plus développées et recevant un nerf spécial, rameau de la cinquième paire. La langue est en outre animée par des cordons nerveux qui président à ses mouvements. Les autres parties de la bouche, mais à un degré moindre, sont aptes aussi à être impressionnées par les saveurs. Pour être doué de saveur, pour être sapide, un corps doit pouvoir se dissoudre dans l'eau ; s'il est insoluble, il est par cela seul insipide. Cette solubilité dans l'eau entraîne la solubilité dans la salive, en majeure partie formée d'eau. Les particules dissoutes baignent les papilles et par leur contact provoquent l'impression de saveur.

8. Organe de l'odorat. — La sensibilité olfactive ou l'*odorat* nous donne la notion des odeurs. Pour affecter l'odorat, une matière doit se trouver dissoute dans l'air que nous respirons, de même que pour affecter le goût, elle doit être dissoute dans la salive. Les particules dégagées de la substance odorante sont amenées dans les fosses nasales par le courant de la respiration, et y produisent l'impression de l'odeur. Ces particules dégagées doivent être excessivement nombreuses et d'une ténuité inconcevable, comme le témoigne l'exemple suivant. *Le musc,* une des matières odorantes les plus remarquables, provient d'une espèce de chevrotin habitant les montagnes boisées du Thibet et de la Chine; l'animal le produit dans une pochette située sous le ventre. Un morceau de musc placé dans une chambre y répand une odeur forte, même intolérable, des mois entiers, des années entières, quoique l'air se renouvelle sans cesse. Les parcelles de musc exhalées dans l'atmosphère de la chambre sont répandues partout, car l'odeur imprègne tout. Il y en a au moins une, peut-être un grand nombre, dans chaque millimètre cube d'air. Combien y a-t-il de millimètres cubes dans l'atmosphère de l'appartement, combien de fois cette atmosphère est-elle renouvelée? L'imagination ne peut se le représenter. Et cependant le poids du musc à la fin de l'année n'a pas sensiblement diminué.

Puisque les odeurs sont apportées par l'air, le siége des sens olfactifs doit être, chez tous les animaux aériens, à l'entrée des organes respiratoires. C'est en effet par le nez, principale voie de l'air, que les vertébrés à respiration pulmonaire perçoivent les odeurs. Considérons particulièrement l'odorat et ez l'homme. Le nez est divisé par le vomer et son prolongement cartilagineux en deux cavités ou *fosses nasales*, qui en avant sont en rapport avec l'atmosphère, par le double orifice des *narines*, et en arrière communiquent avec le pharynx. Trois lames, nommées *cornets du nez*, font saillie sur la paroi externe et augmentent l'étendue superficielle de chaque fosse nasale ; leur charpente osseuse est fournie par les replis des cornets nasaux. Ces trois lames et le reste des parois sont tapissés par la *membrane pituitaire*, où le microscope montre une multitude de fines saillies comparables au duvet d'un velours, et des cils vibratiles dans un mouvement continuel, pareil à celui d'une moisson que le vent fait onduler. La membrane pituitaire est l'organe de l'olfaction; elle reçoit dans les délicates saillies de sa surface veloutée, les ramuscules des nerfs de première

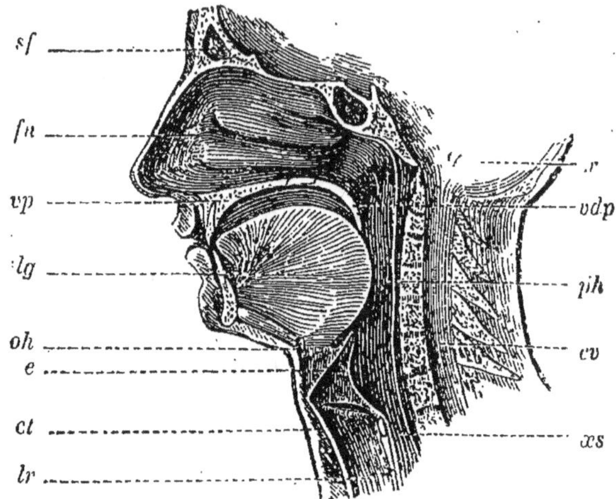

Fig. 109. — Coupe des fosses nasales et de la bouche.

sf, sinus frontaux; fn, fosses nasales; vp, voûte du palais; lg, langue; oh, coupe de l'os hyoïde; e, épiglotte; ct, cartilage thyroïde; lr, larynx; cr, crâne; vdp, voile du palais; ph, pharynx; cv, canal vertébral; œs, œsophage.

paire. Quand l'air pénètre dans les défilés étroits et tortueux des cornets du nez, les particules odorantes sont retenues au passage par un liquide visqueux, le *mucus nasal*, qui humecte constamment la membrane olfactive; les cils vibratiles, par leurs ondulations, les disséminent, les étalent sur toute la surface sensible; enfin le contact de ces particules avec les papilles de la pituitaire, provoque l'impression de l'odeur. Le mucus nasal provient en partie des *sinus frontaux*, cavités creusées dans l'épaisseur de l'os frontal et communiquant avec les fosses nasales, dont elles sont comme un prolongement. Ce liquide est d'une haute importance dans les fonctions du nez ; il tamise en quelque sorte l'air, et retient dans sa viscosité ce qui est matière odorante. Aussi tout ce qui altère sa nature abolit momentanément l'olfaction ; tel est le coryza ou rhume de cerveau, qui le fait découler très-abondant, mais trop fluide.

QUESTIONNAIRE.

1. Que faut-il entendre par sensibilité ? — De combien de manières les objets extérieurs agissent-ils sur nous ? — Qu'appelle-t-on organes des sens ? — Combien avons-nous de sens ? — Combien d'actes faut-il distinguer dans toute sensation ? — Où se produit l'impression qu'un objet fait sur nous ? — Quel organe la transmet et quel organe la perçoit ? — Quel est l'instrument de l'âme dans ses rapports avec le monde extérieur ? — 2. Un nerf peut-il provoquer une autre sensation que celle qui lui est habituelle ? — Comment se traduisent les irritations quelconques faites sur le nerf optique ou sur le nerf auditif ? — Quels sont les nerfs affectés aux sensations de douleur ? — 3. En quel point est rapportée la sensation ? — Peut-on ressentir de la douleur dans un membre qui n'existe plus ? — Rendez compte de cette singularité. — 4. Qu'est-ce que l'épiderme ? — Quelle est sa fonction ? — Où acquiert-il sa plus grande épaisseur ? — D'où provient l'ampoule d'une brûlure ? — Pourquoi l'ampoule prématurément crevée est-elle douloureuse ? — D'où provient la couleur de la peau ? — Quelle est la nature et l'origine des poils, des cheveux ? — Qu'appelle-t-on glandes sébacées ? — A quoi faut-il assimiler les ongles ? — Citez quelques autres formations de nature pileuse ? — Qu'est-ce que le derme ? — Avec quoi se prépare le cuir ? — Que savez-vous sur les papilles du derme ? — 5. Quelle différence y a-t-il entre le tact et le toucher ? — Quel est l'organe du toucher ? — En quels points de la main la sensibilité tactile a-t-elle le plus de délicatesse ? — De quelle importance sont la grande flexibilité des doigts et leur opposition avec le pouce ? — 6. Dites une illusion du toucher et donnez-en l'explication. — 7. Quel est l'or-

gane du goût ? — Que savez-vous sur les papilles de la langue ? — Quel nerf sensitif reçoivent-elles ? — Que faut-il pour qu'un corps soit doué de saveur ? — 8. D'où proviennent les odeurs ? — Citez un exemple qui prouve l'extrême division des particules odorantes. — Décrivez la structure du nez. — Que savez-vous sur la membrane pituitaire ? — Quel rôle remplissent les cils vibratiles ? — Quelle est la fonction du mucus nasal ? — Où se produit ce liquide ? — Pourquoi le rhume de cerveau abolit-il momentanément l'olfaction ?

CHAPITRE V

ORGANE DE LA VUE.

1. Structure de l'œil. — La sensibilité optique, dont l'agent excitateur est la lumière, a pour organes les yeux. L'œil ne montre à découvert que sa face antérieure ; le reste est voilé par les paupières, ou enfoncé dans une cavité spéciale de la tête, nommée orbite. Dans son ensemble, il forme un globe creux, rempli d'humeurs diaphanes. Son enveloppe extérieure comprend deux parties bien distinctes : l'une blanche et opaque, nommée *sclérotique*, S (fig. 110) ; l'autre transparente comme une mince lamelle de corne, et appelée *cornée*, A. La première entoure le globe oculaire partout, excepté en avant, où elle laisse une large ouverture ronde, dans laquelle la seconde est enchâssée comme un verre de montre. Sur la face visible de l'œil, la sclérotique constitue la partie blanche ; la cornée forme le reste. En arrière de la cornée et dans l'intérieur de l'œil est tendu transversalement un rideau membraneux et circulaire, qui se rattache au bord de la sclérotique, tout autour de la cornée. On lui donne le nom d'*iris*, I. Sa couleur est variable suivant les personnes, tantôt bleue, tantôt noire ou verdâtre. Au centre de l'iris est percé un orifice rond, P, qu'on

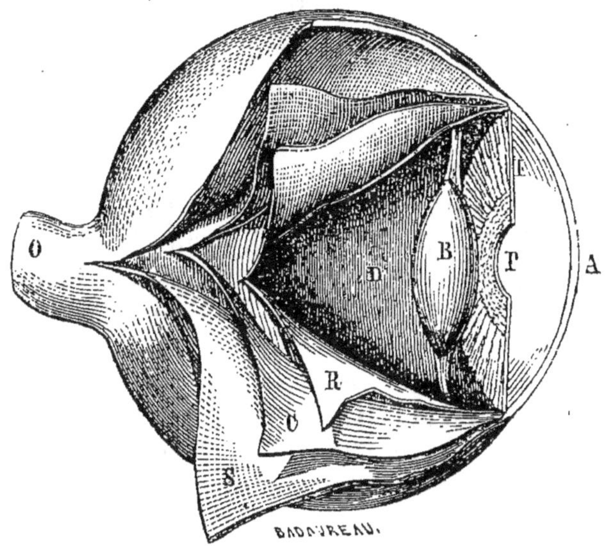

Fig. 110. — Structure de l'œil.

aperçoit au milieu de l'œil comme un gros point noir. Cet orifice s'appelle *pupille*. Un peu en arrière de l'iris, bien en face de la pupille, est placé le *cristallin*, B. C'est un corps diaphane, aussi transparent que le cristal, ayant la forme de ce que la physique appelle une lentille, et renfermé dans une *capsule* ou sac membraneux diaphane, qui l'enveloppe étroitement. L'espace compris entre le cristallin et la cornée se trouve divisé par la cloison de l'iris en deux parties ou chambres, communiquant entre elles par l'ouverture de la pupille. En avant de l'iris, c'est la *chambre antérieure*; en arrière, c'est la *chambre postérieure*. Un liquide, nommé *humeur aqueuse*, clair et fluide comme de l'eau, remplit l'une et l'autre chambre. La cavité située en arrière du cristallin est occupée par l'*humeur vitrée*, D, c'est-à-dire par une substance à demi fluide, gélatineuse et douée de la transparence du verre. L'albumine de l'œuf rappelle, à peu de chose près, son aspect. De partout, excepté en avant, où se trouve le cristallin, l'humeur vitrée est enveloppée par une membrane molle et blanche, qui constitue la partie de l'œil sensible à la lumière et prend le nom de *rétine*, R. Elle est formée par un rameau nerveux crânien, le *nerf optique* ou de seconde paire, O, dont l'extrémité s'épanouit de manière à tapisser toute la paroi intérieure de l'œil en arrière du cristallin. Enfin, entre la sclérotique et la rétine, est appliquée une dernière membrane, la *choroïde*, C, imprégnée d'une matière noire, qui donne à l'intérieur de l'œil la teinte sombre apparaissant à travers la pupille.

2. Rôle de la cornée et de l'iris. — Pour nous donner connaissance des objets qui nous entourent, la lumière doit arriver au fond de l'œil et dessiner sur la rétine l'image en petit de ces objets. Nous allons voir bientôt, en effet, que le globe oculaire est assimilable à l'appareil nommé chambre obscure en physique ; le cristallin est la lentille, et la rétine est l'écran sur lequel se forme l'image (1). En premier lieu, la lumière rencontre la cornée, dont la transpa-

(1) L'intelligence du mécanisme de la vision exige quelques notions sur les propriétés de la lumière. Il serait trop long de les donner ici, et nous renvoyons le lecteur au *Cours élémentaire de Physique*, où il trouvera les données indispensables pour bien comprendre ce qui va suivre.

rence parfaite lui permet une entrée libre, et qui par sa courbure donne aux rayons un commencement de convergence, de manière à augmenter la quantité de lumière qui peut pénétrer dans l'œil. Nous reviendrons plus tard sur cette courbure de la cornée. Quant à la lumière qui tombe sur la sclérotique, elle ne remplit évidemment aucun rôle dans la vision, parce que l'opacité de cette enveloppe l'empêche d'aller plus avant. Dès que la lumière a traversé la cornée et l'humeur aqueuse de la chambre antérieure, un écran opaque se présente et lui barre partiellement le passage. Cet écran, c'est l'iris, destiné à n'admettre que les rayons les plus efficaces du pinceau lumineux et à écarter les autres. Au moyen de la pupille dont il est percé, l'iris laisse pénétrer seulement dans l'œil le filet lumineux central, qui, par sa direction voisine de l'axe du cristallin, est apte, mieux que tout autre, à former une image nette de l'objet d'où il est parti. C'est ainsi que les opticiens placent, en avant des lentilles de leurs appareils, un diaphragme annulaire qui élimine les rayons trop éloignés de l'axe. Cette espèce de triage des rayons lumineux au moyen de l'iris est de haute importance ; sans lui, l'image formée sur la rétine manquerait de netteté et la vision serait confuse.

3. **Rôle de la pupille.** — Là ne se bornent pas les fonctions de l'iris. Dans son épaisseur sont distribués des filaments contractiles ou fibres musculaires de deux sortes. Il y a des fibres rayonnantes, qui se dirigent du bord de la pupille vers la paroi de l'œil, et des fibres circulaires qui entourent la pupille comme autant d'anneaux. Si les premières se contractent, la pupille, dont le bord est tiraillé de dedans en dehors, s'agrandit ; si les secondes se con-

17.

tractent, la pupille se rétrécit, comme le fait l'ouverture d'une bourse dont on serre les cordons. Par le mécanisme des fibres musculaires de l'iris, la pupille peut donc, suivant que les circonstances l'exigent, devenir plus étroite ou plus grande, et régler ainsi la quantité de lumière qui pénètre dans l'œil. Dans une vive lumière, la pupille se rétrécit pour éviter la surabondance fatigante de la clarté; dans un milieu peu éclairé, elle s'élargit pour recueillir le plus possible de lumière et permettre la vision.

C'est à notre insu et indépendamment de notre volonté que les fibres musculaires de l'iris agissent sur la pupille; en outre, leur action est assez lente. Quand on passe sans transition de la clarté éblouissante du plein soleil dans un appartement très-peu éclairé, d'abord on ne voit pas, parce que les pupilles, amoindries sous l'influence de la lumière très-vive du dehors, n'admettent pas un nombre suffisant de rayons; mais peu à peu l'ouverture de l'iris s'agrandit et l'obscurité se dissipe. Un fait inverse a lieu quand nous passons brusquement de l'obscurité au soleil. A cause de l'ampleur des pupilles dilatées dans l'obscurité, nous recevons trop de lumière et nous sommes frappés, par éblouissement, d'une cécité momentanée. L'éblouissement se dissipe lorsque les pupilles sont suffisamment amoindries. Ces changements de dimension des pupilles sont très-remarquables dans le chat. Dans une demi-obscurité, la pupille du chat est ronde et grandement ouverte, parce que dans la demi-obscurité où l'animal se trouve, l'œil ne peut recueillir la quantité de rayons nécessaires à la vision qu'en ouvrant à la lumière la plus large voie possible. Au soleil, au contraire, la pupille du chat n'est plus qu'une fente étroite, pareille à un trait noir.

Enfin, la pupille se rétrécit quand on regarde des objets rapprochés, et s'agrandit quand on regarde des objets éloignés. Dans le premier cas, les rayons sont très-divergents, et la pupille fait une élimination plus rigoureuse de ceux qui s'écartent de l'axe ; dans le second cas, les rayons sont peu divergents et peuvent ainsi pénétrer dans l'œil en plus grande abondance sans que l'image perde de sa netteté.

4. Rôle du cristallin. — Devant une lentille biconvexe L (fig. 111), plaçons une bougie allumée A,

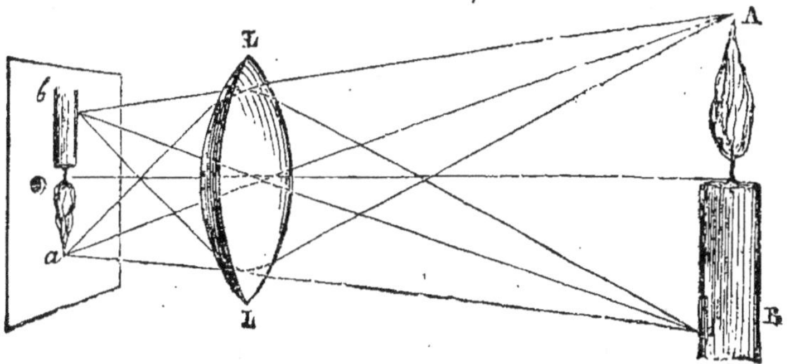

Fig. 111. — Image donnée par une lentille.

et en arrière de la lentille, à une distance que l'on déterminera par quelques tâtonnements, une feuille de papier servant d'écran. Nous verrons se peindre sur cette feuille une image lumineuse de la bougie, image plus petite que l'objet et renversée. Tel est le principe de la chambre obscure, dans laquelle le photographe expose à l'action chimique de l'image lumineuse la feuille de papier imprégnée d'une préparation altérable par l'effet de la lumière. A cause de sa forme lenticulaire, le cristallin doit également produire une image renversée de l'objet lumineux placé devant lui. Prenons, en effet, un œil de bœuf, aussi frais que possible ; râclons avec un canif sa paroi postérieure pour amincir la sclérotique et la rendre translucide, ce qui nous permettra de voir à l'intérieur ; enfin, plaçons l'œil ainsi préparé devant une bougie allumée. Le résultat de l'expérience précédente se reproduira exactement ; nous apercevrons, peinte sur la paroi postérieure, une image lumineuse de la bougie, plus petite et renversée. Le cristallin remplit donc absolument les mêmes fonctions qu'une lentille dans une chambre obscure ; il donne une image renversée de l'objet, et cette image se peint sur un écran qui est la terminaison du nerf optique épanouie en membrane, enfin sur la rétine.

Pour donner une image nette, une lentille doit se trouver à une distance de l'écran variable suivant la distance de l'objet ; il faut, enfin, que l'écran soit toujours placé à ce qu'on nomme le foyer de la lentille, foyer dont la position change avec celle de l'objet. Dans l'expérience qui précède, rapprochons la bougie de la lentille : pour que l'image reste nette, il faudra aussi rapprocher l'écran ; éloignons au contraire la bougie, il faudra éloigner l'écran. Mais dans l'œil, la distance du cristallin à l'écran reste invariable ; comment se fait-il donc que la vision soit possible de près et de loin, que la rétine soit toujours au foyer du cristallin, n'importe la distance de l'objet ? Cette difficulté a longtemps embarrassé les physiologistes ; aujourd'hui des recherches expérimentales, très-précises, permettent d'affirmer que l'œil s'adapte aux distances par des modifications qu'éprouve le cristallin. Cet organe est une lentille vivante, qui, dans d'étroites limites, se contracte ou se dilate à la manière des masses musculaires, et, par le changement de forme de ses courbures, maintient son foyer sur la rétine, malgré le changement de distance de l'objet.

5. **Rôle de la choroïde.** — On peint en noir l'intérieur des divers instruments d'optique pour éviter les réflexions par les parois et obtenir une plus grande netteté de l'image. La membrane imprégnée de couleur noire, la choroïde, qui tapisse le fond de l'œil immédiatement au-dessous de la rétine, remplit un rôle analogue. Elle éteint les rayons lumineux étrangers à l'image, et rend impossibles, dans le globe oculaire, les reflets qui troubleraient la vision.

La choroïde est quelquefois privée de son pigment noir. Un animal atteint de cette infirmité n'a plus sa pupille d'un noir sombre, mais d'un rouge clair. En outre, sa fourrure est blanche; pour ce motif, on lui donne le nom d'*albinos*, qui signifie blanc. La même infirmité se rencontre aussi chez l'homme. Les albinos ont la vision très-imparfaite; en plein jour, la lumière les éblouit; mais de nuit, et surtout au crépuscule, leur vue devient distincte.

6. **Humeur aqueuse et humeur vitrée.** — La lumière, et principalement celle du soleil, renferme à la fois des rayons lumineux, des rayons calorifiques et des rayons chimiques. Or, l'humeur aqueuse et l'humeur vitrée se laissent facilement traverser par les radiations lumineuses, mais elles arrêtent les radiations calorifiques. Si l'on concentre avec une lentille les rayons obscurs qui, seuls, traversent un écran formé d'une dissolution d'iode dans du sul-

fure de carbone, on obtient un pinceau de chaleur qui peut pénétrer dans la pupille sans impressionner l'œil en aucune manière, arrêté qu'il est par l'humeur aqueuse et l'humeur vitrée ; mais la sensation de brûlure est vive, si le pinceau obscur touche partout ailleurs, sur les paupières, par exemple. Nos lentilles de verre concentrent à la fois à leur foyer la lumière et la chaleur ; le cristallin n'amène sur la rétine que de la lumière, parce que les humeurs qui précèdent et suivent, absorbent les rayons obscurs calorifiques. C'est donc aux humeurs de l'œil que nous devons de pouvoir regarder la flamme d'un foyer, sans que la vue soit mise en péril ou même simplement incommodée par la chaleur qui accompagne la lumière. Les rayons chimiques paraissent également être arrêtés, du moins en partie. Mais, si la source lumineuse est très-riche en rayons de cette nature, le triage est imparfait, et la vue est péniblement impressionnée. Telle paraît être la cause de l'action dangereuse que la lumière électrique, abondante en radiations chimiques, exerce sur les yeux.

7. **Rétine.** — La rétine est l'extrémité du nerf optique, qui s'épanouit en une mince couche tapissant le fond du globe oculaire. C'est l'écran sensible sur lequel se peint, renversée, l'image de l'objet donnée par le cristalin. L'impression provoquée par cette image détermine la vision.

Tous les points de la rétine ne sont pas également impressionnables. Les physiologistes nomment *punctum cœcum* ou point aveugle, un point de la rétine sur lequel la lumière n'agit que très-faiblement. Il se trouve à l'entrée même du nerf optique dans le globe oculaire. Ce point insensible se constate par l'expérience suivante. On trace sur un tableau noir deux petits cercles blancs du diamètre d'une pièce de deux francs environ, situés sur la même horizontale et distants l'un de l'autre de un à deux décimètres. On se met en face du tableau ; on ferme l'œil droit, et de l'œil gauche on regarde fixement le cercle de droite. Pour une certaine distance, les deux cercles sont visibles à la fois, bien que le regard soit maintenu fixé sur celui de droite. Mais, si l'on s'éloigne un peu, sans changer la direction du regard, le cercle de gauche disparaît brusquement. Son image se forme alors sur la partie insensible de la rétine, sur le *punctum cœcum*. Pour un éloignement un peu plus grand, le cercle invisible reparaît parce que son image se déplace et va maintenant se former sur un point sensible.

8. **Vision avec les deux yeux**. — Au fond de chaque œil, une image se forme ; et cependant l'objet vu est simple, les deux impressions ne provoquent qu'une seule sensation. On l'explique par l'habitude, à chaque instant confirmée, de sentir des points simultanément impressionnés sur les deux rétines par la lumière émanant d'un même centre. Ces points, nommés *points identiques*, se trouvent à la rencontre des rétines avec les axes des yeux convergeant vers l'objet considéré. Mais si la lumière atteint des points non identiques, la double image produit une sensation double. C'est ainsi que l'on voit double en dérangeant un peu un œil de sa position normale par la pression avec le doigt. Nous avons vu que le sens du toucher se prête à une illusion analogue : si deux doigts sont dans une position forcée, de manière à mettre en jeu la sensibilité de points qui d'habitude ne fonctionnent pas de concert, à un seul objet palpé correspond une double sensation.

9. Presbytisme. — La netteté de la vision exige que l'image vienne se peindre exactement sur la rétine ; mais cela n'a pas lieu toujours par suite d'une convexité trop forte ou trop faible du cristallin eí surtout de la cornée. Le *presbytisme* ou *vue longue* affecte surtout les personnes âgées. Il est dû à un aplatissement de la cornée, conséquence de la déperdition de substance dans les humeurs de l'œil, avec l'âge. Ce défaut de convexité fait que les rayons lumineux convergent moins en traversant l'œil et vont se croiser au delà de la rétine, s'ils partent d'un objet rapproché. Dans ces conditions, on voit bien les objets éloignés, dont les rayons sont peu divergents ; mais on voit mal les objets rapprochés, dont les rayons divergent trop pour que le cristallin puisse les rassembler sur l'écran sensible. On remédie au presbytisme par l'emploi de *besicles* ou *lunettes* à verres convergents, qui suppléent par leur convexité à la convexité trop faible de la cornée ou du cristallin.

10. Myopisme. — Le *myopisme* ou *vue courte* provient d'une convexité trop grande soit dans la cornée soit dans le cristallin. Cet excès de convexité fait que les rayons très-divergents sont les seuls qui, en traversant l'œil, puissent se croiser sur la rétine. Quant aux autres, la forte déviation qu'ils éprouvent dans l'œil les rassemble en avant de la rétine. Les myopes voient donc bien les objets rapprochés, mais ils voient mal les objets éloignés. Les personnes affectées de myopie se servent de lunettes à verres divergents qui, par leur concavité, corrigent la convexité trop grande soit du cristallin, soit de la cornée.

11. Organes protecteurs des yeux. — Les yeux, organes d'une délicatesse tout exceptionnelle, sont protégés par les *orbites*, les *paupières*, les *cils* et es sourcils. Les orbites sont des cavités profondes creusées dans les os de la face. Elles sont matelassées d'une couche graisseuse, au milieu de laquelle reposent les globes oculaires, à l'abri de tout rude contact. Les paupières sont des rideaux qui garantissent l'œil des violences extérieures par leur occlusion instantanée. Elles sont douées d'un mouvement rapide,

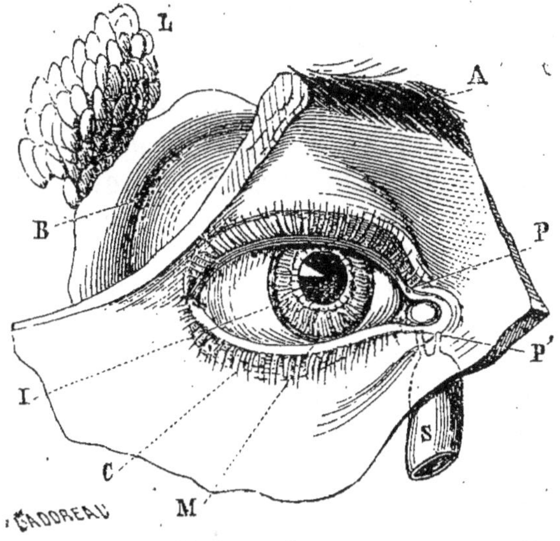

Fig. 112. — Organes protecteurs des yeux. — A, sourcil ; C, cils ; M, bord de la paupière renfermant les glandes de Meibomius ; L, glande lacrymale ; B, orifices amenant les larmes sous la paupière supérieure ; P, P', points lacrymaux ; S, sac lacrymal.

nommé *clignement*, qui revient à intervalles rapprochés, pour balayer la surface de la cornée et la débarrasser des fines poussières que l'air peut y disposer. Pendant le sommeil, elles se ferment et empêchent l'accès importun de la lumière et de l'air ; pendant la veille, elles s'entr'ouvrent plus ou moins suivant le degré de clarté, de manière à ne laisser pénétrer dans l'œil que la quantité de lumière nécessaire à la vision. Chacune d'elles est bordée d'une rangée de poils courts et raides nommés *cils*. Les cils ont pour fonction de tamiser l'air qui vient au contact avec l'œil, et d'arrêter au passage les corpuscules de poussière. Ils servent aussi à adoucir l'éclat d'une lumière trop vive, qui pourrait fatiguer la rétine. Les *sourcils* sont des saillies transversales de la peau placées sur l'arcade supérieure de l'orbite, et couvertes de poils serrés. Ils projettent leur ombre sur les yeux pour modérer l'impression de la lumière ils arrêtent et détournent la sueur du front, qui, sans cet obstacle, irait endolorir par son âcreté la surface délicate des globes oculaires.

12. **Larmes.** — A cause de l'extrême subtilité de la lumière, la moindre impureté à la surface de la cornée amène un trouble dans la vision. Il faut donc que la cornée, malgré ses rapports avec l'air, charriant toujours des poussières, soit maintenue parfaitement nette et polie. A cet effet, à l'angle externe de l'orbite est logé, sous la peau, un organe nommé *glande lacrymale*, qui sécrète un liquide à peine différent de l'eau ordinaire, et le déverse goutte à goutte sous la paupière supérieure. Ce liquide constitue ce qu'on appelle les *larmes*. A mesure qu'une larme arrive, les paupières s'en emparent, l'étendent sur le globe de l'œil, et, par un doux frottement, lavent la surface de la cornée. Après chaque lavage, le liquide qui a servi à le faire s'amasse sur le bord de la paupière inférieure, comme dans une rigole, et se porte vers l'angle interne de l'œil, où se trouvent deux petits orifices d'écoulement nommés *points lacrymaux*.

Deux canaux, partant de ces orifices, amènent les larmes dans un arge conduit appelé *sac lacrymal*; enfin, ce dernier les dèverse dans les cavités du nez, qu'elles humectent pour les rendre plus aptes à percevoir les odeurs. Les larmes coulent sans interruption pour maintenir la netteté de la cornée. Quand, à la suite d'une émotion de l'âme, elles deviennent trop abondantes, leur passage rapide dans le nez se traduit par un fréquent besoin de se moucher; enfin, si les points lacrymaux ne peuvent suffire à leur écoulement, elles débordent la paupière et coulent sur les joues.

13. Glandes de Meibomius. — Chaque paupière, en arrière des cils, est percée d'une rangée de très-petits trous, par lesquels, de fines glandes logées dans l'épaisseur des paupières et dites *glandes de Meibomius*, déversent peu à peu une matière onctueuse. Quelquefois, surtout pendant le sommeil, cette matière s'amasse sans emploi et se dessèche sur les cils et dans l'angle interne de l'œil, en formant ce qu'on appelle la *chassie*; mais, dans les conditions régulières, elle est étendue, comme un vernis, par l'effet du clignement, sur la face antérieure de l'œil, pour adoucir le glissement continuel des paupières et donner du poli à la cornée.

QUESTIONNAIRE.

1. Décrivez la structure du globe de l'œil. — 2. Où se trouve la cornée? — Quelle est sa forme? — Qu'appelle-t-on iris? — Quel rôle remplit-il? — 3. Qu'est-ce que la pupille? — Comment cet orifice peut-il se rétrécir ou se dilater? — Expliquez l'éblouissement que nous éprouvons dans le passage subit de l'obscurité à une vive lumière; expliquez aussi la cécité momentanée qui se produit dans le passage d'une vive lumière dans une demi-obscurité. —

Que présente de remarquable la pupille du chat ? — 4. Où est situé le cristallin ? — Quelle est sa forme ? — Comment agit-il ? — Décrivez l'expérience fondamentale de la chambre obscure. — Comment démontre-t-on la formation de l'image lumineuse au fond de l'œil ? — Comment l'image se forme-t-elle toujours sur la rétine malgré la distance variable de l'objet ? — 5. Qu'est-ce que la choroïde et quel est son rôle ? — Qu'appelle-t-on albinos ? — Que savez-vous sur la vue des albinos ? — 6. Quelle fonction remplissent l'humeur aqueuse et l'humeur vitrée ? — Comment, dans un pinceau de lumière, peut être séparé ce qui est chaleur de ce qui est lumière ? — Le pinceau de rayons calorifiques ainsi séparés affecte-t-il la vue ? — Comment pouvons-nous regarder, sans en être incommodés, la flamme d'un foyer ardent ? — 7. Qu'est-ce que la rétine ? — Décrivez l'expérience où l'on constate sur la rétine l'existence d'un point insensible. — 8. Comment la double image des deux yeux ne produit-elle qu'une seule sensation ? — Qu'appelle-t-on points identiques ? — Comment provoque-t-on la vision double ? — 9. Qu'est-ce que le presbytisme ? — D'où provient-il ? — Comment y remédie-t-on ? — 10. En quoi consiste le myopisme ? — Quelle est sa cause ? — Quelle lunettes portent les myopes ? — 11. Dites le rôle des orbites, des paupières, des cils, des sourcils ? — 12. Comment la cornée est-elle maintenue dans un état constant de parfaite netteté ? — D'où proviennent les larmes ? — Comment s'écoulent-elles après avoir lavé la cornée ? — 13. Où sont les glandes dites de Meibomius ? — Que secrètent-elles ? — Quel rôle remplit leur sécrétion ?

CHAPITRE VI

ORGANE DE L'OUÏE.

1. Oreille externe. — L'organe de l'audition comprend trois parties : *l'orielle externe, l'oreille moyenne* et *l'oreille interne.* — L'oreille externe se compose du *pavillon* et du *conduit auricularie.* Le pavillon est une lame fibro-cartilagineuse, détachée de la tête dans la majeure partie de son étendue, et présentant divers replis et divers enfoncements, dont le plus remarquable est la *conque auditive*. On désigne ainsi la cavité évasée en forme d'entonnoir dans laquelle débouche le conduit auriculaire. Ce dernier est un canal un peu recourbé qui s'enfonce dans l'épaisseur de l'os temporal.

Le pavillon de l'oreille a pour fonctions de recueillir les ondes sonores et de les diriger dans le conduit auriculaire. Chez quelques animaux, le lièvre, le lapin, le cheval, l'âne, etc., cette partie de l'oreille acquiert un développement considérable et prend la forme d'un grand cornet mobile, susceptible d'être dirigé en tous sens pour percevoir le son dans une direction quelconque. Il est incontestable que ces cornets, largement ouverts aux ondes sonores, doivent faciliter l'audition. Nous-mêmes, en effet, pour recueillir un son trop faible ou trop éloigné, nous épanouissons la paume de la main derrière l'oreille afin d'augmenter l'étendue du pavillon. Les personnes un peu sourdes emploient des cornets acoustiques qu'elles s'appliquent, pour mieux entendre, à l'entrée du conduit auditif. Dans l'oreille humaine, la conque auditive remplit, sur une petite échelle, le rôle d'un cornet acoustique.

Quant au reste du pavillon, on ne voit pas d'abord à quels usages il peut servir; on ne se rend pas compte de l'utilité de ses saillies sinueuses à l'arrangement desquelles le hasard seul semble avoir présidé. Mais une étude plus approfondie montre que ces replis sont destinés à réfléchir les ondes sonores dans le conduit auditif, quelle que soit leur direction. On trouve, en effet, dans les principaux d'entre eux, la courbure que les géomètres nomment parabolique, courbure propre à conduire les ondes sonores à l'entrée du canal auriculaire. Le pavillon de l'oreille, soit en recevant directement le son dans la conque auditive, soit en l'y réfléchissant au moyen de ses replis paraboliques, remplit donc un rôle d'une certaine

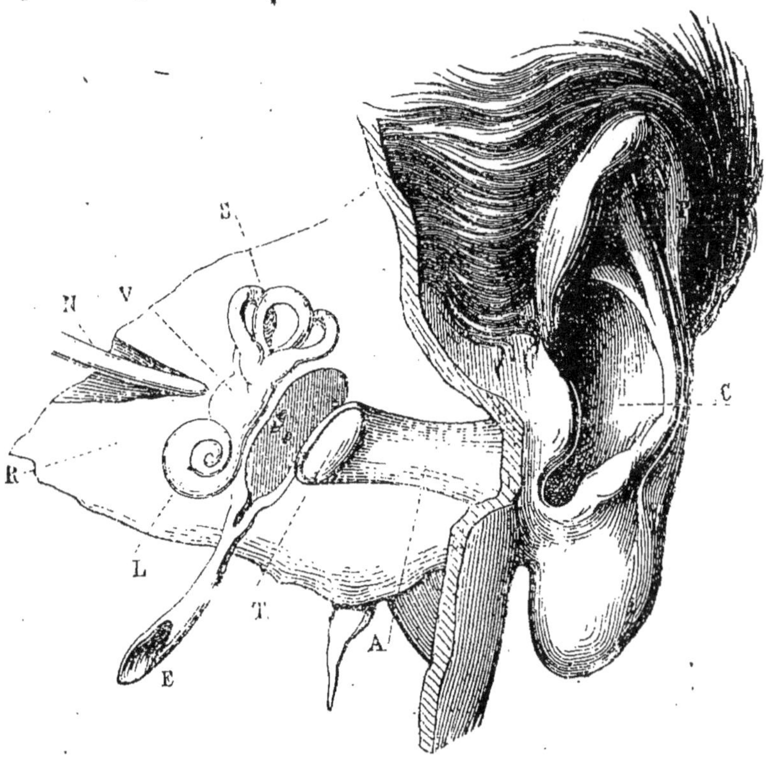

fig. 113. — Organes de l'ouïe. — P, pavillon; C, conque auditive, A, conduit auriculaire; T, tympan; E, trompe d'Eustache; V, vestibule; S, canaux semi-circulaires; L, limaçon; N, nerf acoustique; R, rocher.

importance relativement à la finesse de l'ouïe; toutefois, à un point de vue plus général, son rôle est très-secondaire, car la perte des pavillons n'amène point la surdité ; elle rend seulement l'ouïe un peu dure. D'ailleurs beaucoup d'animaux qui ne sont pas sourds pour cela, les oiseaux par exemple, ne possèdent point de pavillon.

   2. **Oreille moyenne**. — Le conduit auriculaire plonge, en se recourbant, dans l'épaisseur de l'os temporal et se termine bientôt par une cloison membraneuse extrêmement mince, tendue comme la peau d'un tambour et nommée *tympan*, T. Là commence l'oreille moyenne, qui se compose du tympan, de la *caisse* et des parties qui en dépendent. La caisse est une petite cavité pleine d'air, séparée du conduit auriculaire par la cloison du tympan. Elle est percée, du côté opposé au tympan, de deux autres ouvertures, également bouchées par une fine membrane tendue, et nommées, l'une la *fenétre ovale* et l'autre

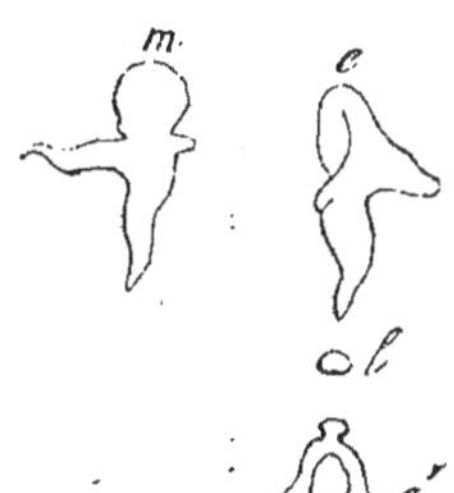

Fig. 114. — Osselets de l'oreille. — *m*, marteau ; *e*, enclume ; *l*, os lenticulaire ; *é*, étrier.

la *fenétre ronde*. Un conduit long et étroit, appelé *trompe d'Eustache*, E, débouche à sa partie inférieure et vient aboutir, d'autre part, en arrière des fosses nasales, mettant ainsi en communication l'air renfermé dans la caisse avec l'air extérieur. Enfin, quatre tout petits osselets, placés à la file l'un de l'autre, sont suspendus dans la caisse par leur mutuel appui, et forment une sorte de chaîne irrégulière, qui aboutit, d'un côté, à la membrane du tympan, et du côté opposé, à la membrane de la fenêtre ovale. Ces quatre osselets sont : le *marteau*, *m* (fig 114), *l'enclume*, *e*, *l'os lenticulaire*, *l*, *l'étrier*, *é*. Leurs dénominations sont tirées de la forme qu'ils présentent grossièrement. Le marteau s'appuie sur le tympan par son manche, l'étrier s'applique par sa base sur la membrane de la fenêtre ovale, l'os lenticulaire et l'enclume sont intercalés entre l'étrier et le marteau. Enfin un petit muscle spécial agit sur le marteau pour tendre ou relâcher un peu la chaîne articulée des osselets.

3. **Fonctions du tympan.** — La membrane du tympan a pour rôle de renforcer et de transmettre le son. Très-fine et délicatement tendue, elle vibre sous l'impulsion des ondes sonores amenées par le conduit auditif. De plus, elle renforce le son, car après l'avoir recueilli, elle transmet, en grande partie, ses propres vibrations à la chaîne des osselets, et transporte ainsi dans des corps solides l'ébranlement sonore qui d'abord se propageait par l'air. Or, c'est dans les corps solides que le son se transmet avec le plus de facilité.

4. **Fonctions de la trompe d'Eustache.** — Pour vibrer aisément sous l'influence d'un son, une membrane doit être convenablement tendue. Trop tendue, elle vibre mal; trop peu tendue, elle vibre mal encore. Entre ces deux extrêmes se trouve un degré moyen de tension le plus favorable à l'ébranlement du tympan. Mais cette membrane supporte la pression atmosphérique par sa face extérieure, qui est en rapport direct avec l'air. Alors, si la pression atmosphérique, variable d'un moment à l'autre, vient à augmenter ou à diminuer, la tension du tympan sera trop forte ou trop faible et l'audition sera gênée. Pour que le degré de tension du tympan soit à l'abri des variations de la poussée de l'air, il faut que les deux faces de la membrane soient également en rapport avec l'atmosphère ; alors la poussée de l'air sera

pareille des deux côtés et se détruira elle-même. C'est ce qui a lieu au moyen de la trompe d'Eustache, qui amène dans la caisse l'air du dehors, et permet à la pression atmosphérique de s'exercer sur le tympan du côté de la caisse aussi bien qu'elle s'exerce du côté du canal auditif.

5. Expériences. — Quelques expériences bien simples nous démontrent qu'effectivement un excès de pression sur l'une ou l'autre des faces du tympan, amène une surdité momentanée. Fermons la bouche et les narines et comprimons l'air des poumons comme pour une forte expiration. Un peu d'air sera refoulé dans la caisse par la trompe d'Eustache, le tympan éprouvera un excès de pression de dedans en dehors, et une surdité temporaire résultera de cet état de la membrane tympanique. Les sons aigus seront encore perceptibles, mais les sons graves pourront à peine être entendus. Pareille chose arrive quand on éternue violemment. Pour mettre fin à cet état de surdité, il faut à diverses reprises contracter l'arrière-bouche comme pour avaler. La trompe d'Eustache, dont les parois sont affaissées sur elles-mêmes, s'ouvre et laisse écouler l'excès de l'air.

Au moyen d'une aspiration profonde, la bouche et les narines étant fermées, on peut produire un effet inverse, c'est-à-dire diminuer la force élastique de l'air contenu dans la caisse. La tension du tympan est alors trop forte du dehors en dedans, et de là résulte encore une surdité momentanée. La trompe d'Eustache a donc pour rôle de maintenir la pression égale sur les deux faces du tympan en faisant communiquer l'air de la caisse avec l'extérieur.

6. Fonctions du muscle du marteau. — La chaîne des osselets est un régulateur qui modifie la tension de la membrane tympanique et l'accommode à l'intensité, à l'acuité des sons. Elle est mise en jeu par le muscle du marteau. Quand on n'*écoute* pas, ce muscle est relâché : le marteau n'appuie que faiblement sur le tympan, et celui-ci n'a pas la tension convenable pour vibrer avec facilité. Il en résulte une audition confuse ; l'attention étant portée ailleurs, on *entend* sans *écouter*. Lorsqu'on *écoute*, le muscle se contracte, le marteau appuie sur la membrane tympanique et lui donne le degré de tension approprié aux ondes sonores qu'il s'agit de percevoir. La transmission des sons se fait alors principalement par la chaîne des osselets, tandis qu'elle se faisait en majeure partie au moyen de l'air de la caisse. Les mouvements régulateurs de la chaîne des osselets, qui tendent ou détendent la membrane tympanique avec une exquise précision, pour s'accommoder aux ondes sonores, s'exécutent indépendamment de notre volonté, à notre issu, comme les mouvements de l'œil, qui se dispose d'une manière différente pour voir avec netteté les objets éloignés ou rapprochés, faiblement ou vivement éclairés.

7. **Fonctions de la chaîne des osselets.**—Les vibrations du tympan doivent se transmettre aux membranes de la fenêtre ovale et de la fenêtre ronde. Elles arrivent à la fenêtre ronde par l'intermédiaire de l'air qui remplit la caisse ; elles arrivent à la fenêtre ovale par l'intermédiaire de la chaîne des osselets. De ces deux voies, la dernière est la plus importante, parce que les corps solides transmettent le son avec bien plus de facilité que ne le font les corps gazeux ; aussi est-elle la voie principale du son quand on écoute.

La caisse de l'oreille présente avec celle du violon

une étroite analogie. Comme cette dernière, la caisse de l'oreille est remplie d'air et comprend deux tables réunies par un pilier intermédiaire on *âme* (1). La table supérieure, c'est le tympan, qui reçoit l'influence

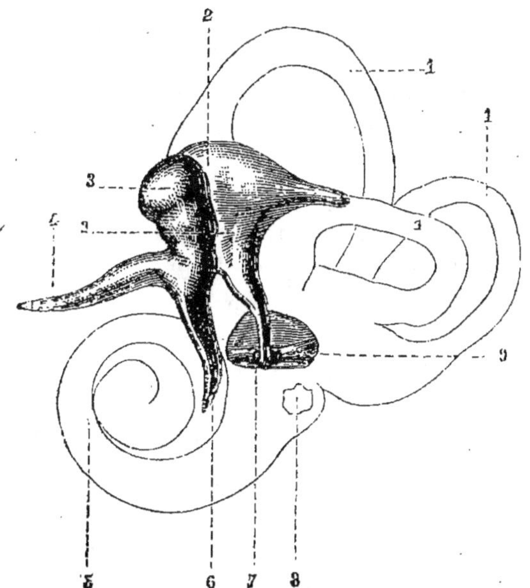

Fig. 115. — Osselets de l'oreille. — 1,1,1, les trois canaux semi-circulaires ; 2, enclume ; 3,4,6, marteau ; 5, limaçon ; 7, os lenticulaire ; 8, fenêtre ronde ; 9, étrier appliqué sur la fenêtre ovale.

des ondes sonores venues du dehors, comme la table supérieure du violon reçoit l'ébranlement sonore des cordes. La table inférieure, c'est la membrane de la fenêtre ovale ; et l'âme, qui met en rapport les deux

(1) Consultez pour la sonorité de la caisse du violon et pour les autres questions d'acoustique nécessaires à l'intelligence de ce chapitre, le *Cours élémentaire de Physique* de la même collection.

tables et transmet à la seconde les vibrations de la première, c'est la chaîne des osselets. Mais combien les savantes dispositions de l'oreille l'emportent sur celles de l'instrument sonore ! Au lieu des deux tables rigides du violon, impuissantes à vibrer sous l'influence de sons faibles, ce sont, dans l'oreille, deux membranes de la plus grande finesse, éminemment aptes à être influencées par les sons ; au lieu de l'âme immobile, inerte du violon, c'est une chaîne vivante d'osselets, qui se meut, se resserre ou s'allonge pour diminuer ou augmenter l'aptitude à vibrer dans les deux membranes qu'elle met en rapport.

8. **Oreille interne.** — Les diverses parties de l'oreille décrites jusqu'ici ne servent qu'à recueillir le son, à le concentrer, à le diriger ; c'est dans les parties qu'il nous reste à connaître, ou dans l'oreille interne, que s'effectue enfin l'audition.

L'oreille interne, logée dans une partie de l'os temporal que sa dureté a fait nommer le *rocher*, se compose : premièrement, d'une ampoule ovalaire appelée *vestibule*, V. fig. 113 ; secondement, de trois canaux courbés en demi-cercle et nommés pour ce motif *canaux semi-circulaires*, S ; troisièmement, d'un canal roulé sur lui-même en spirale, comme la coquille d'un escargot, et qu'on nomme pour cette raison *limaçon*, L. De ces trois parties, la première est la plus importante. C'est, en effet, au vestibule que se réduit l'oreille chez les animaux inférieurs. Partout où existe un appareil auditif spécial, se trouve un petit sac membraneux rempli de liquide, dans lequel flottent les dernières ramifications du nerf auditif ou nerf acoustique. Ce sac est l'équivalent du vestibule.

La caisse est en rapport avec le vestibule par la

fenêtre ovale, et avec la partie inférieure de la rampe du limaçon par la fenêtre ronde. La cavité du limaçon est divisée en deux par une cloison interrompue au sommet de la spirale, de manière que les deux compartiments communiquent entre eux. Le compartiment inférieur aboutit à la fenêtre

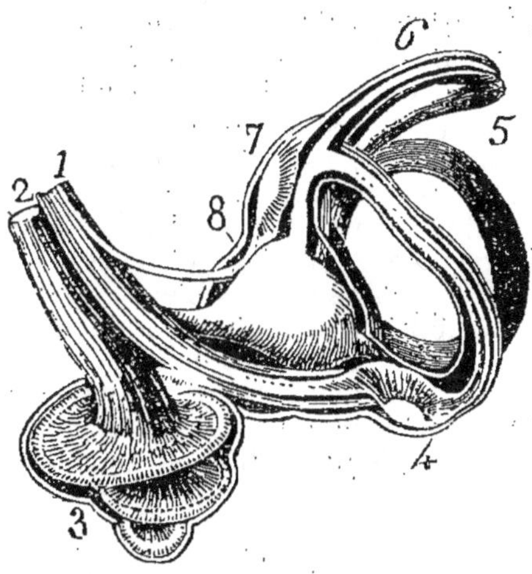

Fig. 116. — Distribution du nerf acoustique. — 1, 2, les deux branches du nerf se rendant l'une au limaçon 3, l'autre au vestibule 8 et aux canaux semi-circulaires 4,5,6.

ronde, comme nous venons de le dire ; le compartiment supérieur débouche dans le vestibule. Enfin celui-ci communique librement avec les trois canaux semi-circulaires. Les trois parties de l'oreille interne sont remplies d'un liquide au sein duquel s'épanouissent des houpes de fines ramifications nerveuses, fournies par le *nerf acoustique* ou nerf crânien de huitième paire. Cela compris, il est visible que les vibrations sonores des membranes des deux fenêtres doivent se propager dans le liquide de l'oreille interne. Ce liquide les transmet aux filaments nerveux qu'il baigne, et de l'ébranlement de ceux-ci résulte l'audition.

QUESTIONNAIRE.

1. Décrivez l'oreille externe. — Quel est le rôle du pavillon de l'oreille? — De quelle utilité sont les plis? — 2. Quelle est la structure de l'oreille moyenne? — 3. Quelles sont les fonctions du tympan? — 4. Quel est le rôle de la trompe d'Eustache? — 5. Prouvez par quelques expériences la nécessité d'une égale pression sur les deux faces du tympan. — 6. Quels sont les osselets de l'oreille moyenne? — Quel est celui de ces osselets qui est mu par un muscle? — Comment agit le marteau? — Que se passe-t-il dans l'oreille quand on entend et quand on écoute? — 7. Quelle fonction remplit la chaîne des osselets? — Quelle comparaison peut-on établir entre cette chaîne d'osselets et l'âme d'un violon? — 8. Décrivez l'oreille interne. — Quel nerf reçoit l'oreille? — Comment les trois parties de l'oreille interne sont-elles en communication entre elles? — Quelle est la partie la plus importante? — Comment les ondes sonores ébranlent-elles le nerf acoustique?

CHAPITRE VII

LA VOIX.

1. Organe de la voix. — Pour bien des personnes, la langue est l'organe de la voix; c'est là une grossière erreur. Comment, en effet, cet organe si massif, si lourd, sans élasticité, pourrait-il vibrer avec la rapidité qu'exige la formation des sons? La langue, sans doute, joue un rôle dans la prononciation, mais elle ne produit pas le son, elle n'engendre pas la parole. C'est tellement vrai, que l'on connaît des exemples de personnes privées accidentellement ou naturellement de la langue, et qui cependant, par suite d'une longue habitude, parlaient avec une telle facilité, une telle clarté, qu'il était impossible, à moins d'en être prévenu, de soupçonner chez elles l'absence de l'organe réputé par excellence l'instru-

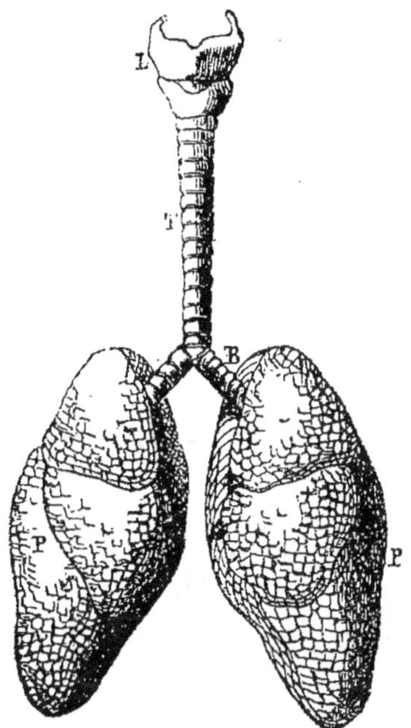

Fig. 117. — Organe de la voix. — L, larynx ; T, trachée-artère
B, bronches ; P, poumons.

ment de la parole. L'organe de la voix est le *larynx*, renflement cartilagineux, L (fig. 117), qui termine supérieurement la trachée-artère.

2. **Larynx.** — Nous avons vu que la trachée-artère, T, composée d'une série d'anneaux élastiques empilés l'un sur l'autre, commence dans l'arrière

bouche, parcourt la longueur du cou, descend dans la poitrine et se termine dans les poumons, P, P, en s'y ramifiant. Dans la partie supérieure du cou, elle

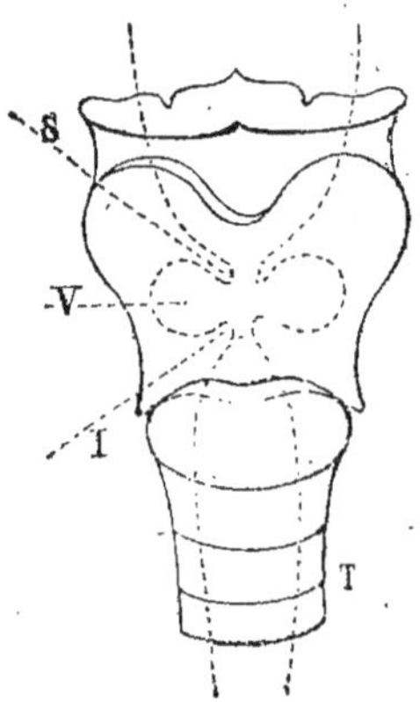

Fig. 118. — Larynx. — T, trachée-artère ; I, ligaments inférieurs V, ventricules ; S, ligaments supérieurs.

se renfle et produit ce qu'on nomme le *larynx*. La protubérance qui sent la main en avant du cou n'est autre chose que la face antérieure du larynx lui-même.

3. **Cordes vocales.** — La cavité de la trachée-artère, en débouchant dans le larynx, se rétrécit brusquement en forme de fente étroite, comprise entre deux lamelles très-élastiques, I (fig. 118) appelées *ligaments inférieurs* ou *cordes vocales*. On peut comparer cette fente à une boutonnière, dont les deux bords représenteraient les cordes vocales. Au-dessus de cette fente, la cavité du larynx s'élargit en formant, l'un à droite, l'autre à gauche, deux enfoncements, V, appelés *ventricules*. Enfin, un peu plus haut, à l'endroit où elle se termine dans l'arrière-bouche, la ca-

vité du larynx se rétrécit une seconde fois sous forme d'une fente en boutonnière pareille à la précédente. Les deux replis S se nomment *ligaments supérieurs.*

4. Mécanisme de la voix. — Les cordes vocales, comme leur nom l'indique, donnent naissance à la voix par leurs vibrations. Ces deux petites lamelles élastiques peuvent se rapprocher ou s'éloigner l'une de l'autre, de manière à laisser un passage plus ou moins libre à l'air venant des poumons; elles peuvent se tendre pour vibrer plus vite ou se relâcher pour vibrer plus lentement ; enfin elles remplissent les conditions pour produire, à volonté, des sons forts ou faibles, graves ou aigus. Mais d'elles-mêmes les cordes vocales n'entrent pas en vibration; il faut qu'elles soient mises en mouvement par l'air chassé des poumons comme d'un soufflet. Qui ne connaît ces instruments sonores que chacun a confectionnés dans son jeune âge, et consistant en un cylindre d'é-corce enlevé, tout d'une pièce, sur un rameau en séve. En pinçant entre les lèvres ces tuyaux flexibles, de manière à ne laisser entre les bords rapprochés qu'une étroite fente, on obtient, quand on souffle, de fort beaux sons, produits par le même mécanisme qui fait résonner les cordes vocales. C'est donc avec les instruments de musique dits à anche que le larynx a le plus d'analogie. Les deux enfoncements nommés ventricules servent à renforcer le son produit par les cordes vocales. Quant aux ligaments supérieurs, ils modifient l'étendue des cavités ren-forçantes en se rapprochant plus ou moins, et jouent ainsi un rôle dans la formation de la voix. Mais le rôle essentiel revient aux ligaments inférieurs; c'est là que réellement le son prend naissance; le reste ne sert qu'à le modifier, à le renforcer.

5. Parole. — La voix n'est pas la parole; elle en est, pourrait-on dire, la matière première. La plupart des animaux qui respirent à l'aide de poumons ont une voix, mais aucun d'eux n'a la parole. L'homme seul possède le sublime privilége de penser et de traduire sa pensée par la voix articulée ou découpée en syllabes; en un mot par la parole. Le son engendré par les cordes vocales n'est, au sortir du larynx, que la voix sans signification intellectuelle, le cri informe sans correspondahce avec une idée; mais, en pénétrant dans la bouche, il devient la parole, c'est-à-dire que, par le jeu des lèvres, des joues, de la langue, des dents, des cavités nasales, il se divise en syllabes, dans lesquelles le son vocal presque pur, la voyelle, est modifiée par l'articulation ou consonne, que détermine le mécanisme spécial de l'une ou de l'autre des parties de la bouche.

6. Sourds-muets. — La parole est, avant tout, un acte intellectuel; pour parler, la première condition est de rattacher une idée à un son déterminé. Si les sourds-muets ne peuvent parler, ce n'est pas à cause d'un vice de conformation dans l'organe de la voix. Ils ont, comme nous, souffle, cordes vocales, larynx; ils ont tout l'organisme nécessaire à la parole. Cependant de leur larynx ne s'élancent que des sons, aussi distincts que les nôtres, il est vrai, mais qui demeurent à l'état de cris inarticulés au lieu de se transformer en paroles. Que leur manque-t-il donc pour parler? Il leur manque la faculté principale, la faculté d'associer une idée déterminée à tel ou tel autre son. Étant sourds de naissance, ils n'ont jamais entendu proférer une parole; ils ignorent la valeur intellectuelle d'un arrangement déterminé de syllabes, et de cette ignorance absolue résulte pour eux la privation de la parole. Ils sont muets uniquement parce qu'ils sont sourds. Si l'ouïe leur était jamais rendue, ils apprendraient, comme les autres, l'usage de la parole et cesseraient d'être muets en cessant d'être sourds. L'audition par les oreilles étant impossible, on a recours parfois à l'audition par les dents, qui transmettent assez bien le son jusqu'au nerf acoustique. On parle dans un tuyau dont le sourd-muet serre le bord entre ses dents, et l'on parvient ainsi à lui faire entendre des mots qu'il répète ensuite.

QUESTIONNAIRE.

1. La langue est-elle l'organe de la voix ? — A-t-on des exemples de personnes privées de la langue et néanmoins capables de parler ? — Quel est réellement l'organe de la voix ? — 2. Qu'est-ce que le larynx ? — Où se trouve-t-il ? — 3. Qu'appelle-t-on ligaments inférieurs ou cordes vocales? — Où sont les ligaments supérieurs ? — En quoi consistent les ventricules du larynx ? — 4. Comment se produit la voix ? — A quoi peut-on comparer la production de la voix par les cordes vocales ? — Quel est le rôle des ventricules et des ligaments supérieurs ? — 5. Quelle différence y a-t-il entre la voix et la parole ? — Quels sont les animaux doués d'une voix ? — Comment la voix devient-elle parole ? — 6. Pourquoi les sourds de naissance sont-ils muets ? — Comment parvient-on à leur faire entendre des paroles qu'ils peuvent ensuite répéter ?

FIN.

TABLE DES MATIÈRES